高等学校土木工程专业规划教材

钢结构检测

杭州华新检测技术股份有限公司
浙江交通职业技术学院 编

郑刚兵 赵 伟 主编

人民交通出版社股份有限公司
China Communications Press Co.,Ltd.

内 容 提 要

本教材为高等学校土木工程专业规划教材。全书共分9章,包括:绪论、钢材材料性能检测、钢结构无损检测、钢结构变形检测、钢结构涂装检测、紧固件连接的检测、装配式钢结构检测、钢结构结构试验和钢结构残余应力检测与调控等。每章末均附有复习思考题。书中列举了典型钢结构检测实例,详细列出了常用钢结构工程检测的常用方法,并介绍了包含高强度螺栓预紧力检测、装配式钢结构检测和残余应力检测与调控等在内的新技术。该教材理论和实际并重,便于初学者掌握。

本书可作为高等院校土木工程相关专业的教学用书,经过一定的内容取舍,也可用作高职高专建筑钢结构工程技术专业、建筑工程技术和道路桥梁工程技术等专业的教材,更可供相关工程技术人员参考阅读。

图书在版编目(CIP)数据

钢结构检测/郑刚兵,赵伟主编. — 北京:人民交通出版社股份有限公司, 2019.7 (2024.11 重印)

ISBN 978-7-114-15597-0

Ⅰ. ①钢… Ⅱ. ①赵… ②郑… Ⅲ. ①钢结构—检测—教材 Ⅳ. ①TU391

中国版本图书馆 CIP 数据核字(2019)第111507号

高等学校土木工程专业规划教材
Gangjiegou Jiance

书 名:钢结构检测
著 作 者:郑刚兵 赵 伟
责任编辑:卢俊丽 任雪莲
责任校对:刘 芹
责任印制:刘高彤
出版发行:人民交通出版社股份有限公司
地 址:(100011)北京市朝阳区安定门外外馆斜街3号
网 址:http://www.ccpcl.com.cn
销售电话:(010)85285911
总 经 销:人民交通出版社股份有限公司发行部
经 销:各地新华书店
印 刷:北京虎彩文化传播有限公司
开 本:787×1092 1/16
印 张:14.5
字 数:368千
版 次:2019年7月 第1版
印 次:2024年11月 第5次印刷
书 号:ISBN 978-7-114-15597-0
定 价:38.00元

前言

钢结构具有轻质高强、抗震性能好、可工业化生产、安装周期短、绿色环保和可循环利用等优点,在工程建设领域得到了广泛应用。

2016 年以来,国务院、住房和城乡建设部、交通运输部和各地方政府相继出台了多个文件推广钢结构在建筑和交通领域的应用。相对于钢结构的大发展,我国钢结构检测领域的专业技术人才相对匮乏,国内有关钢结构检测的教材亦较稀缺,钢结构检测人才培养问题突出。为提高钢结构人才尤其是钢结构检测人才的培养质量,在 2017 年度交通运输行业高层次技术人才培养项目(编号 41)的资助下,特编写了本教材。

全书共 9 章,第 1 章绪论,概述了钢结构检测的意义、钢结构检测技术和钢结构检测技术的发展趋势。第 2 章钢材材料性能检测,介绍了钢材的化学成分、力学性能的检测方法;通过本章学习,可以基本掌握钢结构材料检验的方法、技术和步骤。第 3 章钢结构无损检测,主要系统介绍了目视测法、超声检测、磁粉检测、射线检测和渗透检测等主要的无损检测方法;通过本章的学习,可以基本掌握几种钢结构无损检测方法的基本原理和仪器操作方法。第 4 章钢结构变形检测,主要介绍了钢结构零件、钢结构部件及几种典型钢结构安装工程的变形检测方法。第 5 章钢结构涂装检测,主要结合工程实例阐述了防腐涂层检测和防火涂层检测的方法。第 6 章紧固件连接的检测,紧固件连接包含圆头焊接栓钉连接、普通螺栓连接和高强度螺栓连接等三种常用连接形式;主要阐述了规范规定的常规检测项目和检测方法,并对高强度螺栓预紧力的直接测量方法进行了介绍。第7章装配式钢结构检测,结合规范介绍了装配式钢结构的检测,特别结合工程实例阐述了钢管混凝土密实度CT检测和套筒灌浆缺陷冲击回波检测方法。第8章钢结构结构试验,主要结合两个实例分别介绍了结构模型试验和现场承载力试验的试验设计、测量方法和分析方法。第9章钢结构残余应力检测与调控,主要针对钢结构工程中普遍存在的残余应力给出了残余应力的超声波检测和调控方法。

本书第1章由郑刚兵、朱兆刚撰写,第2章由赵伟、赵剑丽、杭振园撰写,第3章由朱兆刚、王力子、王林峰、高允撰写,第4章由周超、杨智敏、金卫明撰写,第5章由王文学、王力子、王银燕撰写,第6章由赵伟、陆森强、秦希撰写,第7章由杨智敏、周超、黄友鹏撰写,第8章由赵伟、陆森强、经秀英撰写,第9章由王文学、王宏、方文平撰写。全书由郑刚兵、赵伟担任主编。

感谢2017年度交通运输行业高层次技术人才培养项目(编号41)的资助,感谢杭州华新检测技术股份有限公司和浙江交通职业技术学院对本书出版给予的大力支持和帮助;书中部分内容引用了同行业专家论著中的成果,在此表示衷心感谢。

本书力求注重理论与实际相结合,通过典型无损检测方法、操作实例与工程案例,以图文并茂的方式介绍了钢结构检测的常规技术和新技术、新方法。但随着检测技术的快速发展和设备的不断更新,新的检测技术将不断应用于钢结构工程,因此,书中不能完全覆盖所有的钢结构检测技术。同时,限于作者水平,书中错误之处难免存在,在此真诚地希望读者批评指正,以便今后改进。

郑刚兵　赵　伟

2019年4月于杭州

目录

第1章

绪论

1.1 钢结构的特点

钢结构是用钢板、角钢、工字钢、槽钢、钢管和圆钢等钢材,通过焊接等有效的连接方式所形成的结构。

钢结构是土木工程的主要结构形式之一。钢与其他材料相比,具有以下优点:

(1)强度和强度质量比高。与混凝土、砖、石和木材等相比,虽然钢材密度较大,但是由于其强度非常高,强度质量比仍然高于这些材料。因此,在同等条件下,钢结构构件体积小、自重低,特别适用于大跨度和高层结构。

(2)延性好、抗震能力强。由于钢结构材料强度高,塑性和韧性好,结构自重轻,结构体系较柔软,结构耗能能力强,在地震时,受地震作用影响小,受损轻。因此,钢结构具有较强的抗震能力。

(3)材质均匀、性能好,结构可靠性高。钢材内部结构均匀,属较理想的各向同性弹塑性材料,按照一般的力学计算理论可以较好地反映钢结构的实际工作性能。另外,钢材由工厂生产,便于进行严格的质量控制。因此,钢结构的可靠性高。

(4)施工简便、工期短。钢结构材料均为专业化工厂成批生产的成品材料,精确度较高,材料可加工性能好,便于现场裁料和拼接,构件质量轻,便于现场吊装。因此,钢结构具有较高的工业化生产程度,采用钢结构可以有效地缩短工期。

(5)易于改造和加固。钢材具有较好的可加工性能,连接措施简单,因此,与其他建筑材料相比,对已有钢结构进行改造和加固相对比较容易。

钢结构的主要缺点如下:

(1)耐火性差。虽然当温度在250℃以下时,钢材性质变化很小,具有较好的耐热性能,但当温度达到300℃以上时,钢材强度明显下降,当温度达到600℃时,钢材强度几乎降低为零。在火灾中,没有防护措施的钢结构耐火时间只有20min左右。因此,对钢结构必须采取可靠的防火措施。

(2)耐腐蚀性差。在正常使用环境下,钢材极易锈蚀,材料耐腐蚀能力较差。因此,对钢结构应注重防腐处理。

1.2 钢结构检测的意义

钢结构检测是发现钢结构工程质量问题的重要有效手段,这项工作的目的是对相应的钢结构工程质量问题进行检测与分析,通过检测结果来判断工程质量是否符合国家现行有关技术标准的规定。可靠的检测数据能为钢结构工程的管理和使用等工作提供客观依据。钢结构检测工作作为钢结构工程质量评定验收及工程管理的重要环节,其重要性和必要性体现在如下几个方面:

(1)可确定钢材等原材料是否满足技术规定的要求,以确定施工质量是否可靠。

(2)可实时反馈新技术、新工艺及新材料的使用情况,对其可行性、适用性、有效性、先进性进行评估,加快其改进及其推广速度。

(3)有利于科学客观地评价施工过程中的施工质量,为竣工后的评定验收提供重要依据。

(4)随着在役时间的推移,各类钢结构会出现各种降低钢结构运行能力的病害,可通过具有针对性的检测,为结构的安全评估及加固提供重要依据。

钢结构无损检测是钢结构检测中工作量最大和最重要的一项工作,在以下几个方面具有重要意义:

(1)保证和提高钢结构质量。

钢结构无损检测可对原材料、各个加工工艺环节的半成品直至最终成品实行全过程的检验和检测,能够有效保证产品的质量。例如,在钢厂中可以通过漏磁检测技术对钢管、钢棒、钢缆等产品开展自动化无损检测,及时发现材料的微小缺陷,保证产品质量。

在产品质量控制的过程中,可将检测所得的信息及时反馈给工艺部门,反过来改进产品生产工艺。例如,在对焊缝进行射线或者超声检测时可以根据检测结果修正焊接参数,优化热处理过程,进一步保证和提高产品质量。

(2)降低产品生产成本。

在生产过程中及时而适当地开展无损检测,有利于防止后续工序的浪费、减少返工、降低废品率,从而降低产品的生产成本。例如,在对钢板进行焊接时可对先焊接部位进行超声无损检测,如果存在问题及时返修,而不必等到全部焊接完成再返修,总体上可降低产品的生产成本。

(3)保障钢结构安全。

由于疲劳、腐蚀、磨损以及使用不当等不可避免的因素，在役钢结构会产生危害结构安全运行的各类缺陷和问题，由此造成的严重事故时有发生。健康监测可以在不破坏结构原有使用性能的情况下及时发现这类缺陷和问题，提高结构的使用安全性，特别是在重点、危险行业，例如桥梁、核设施、特种设备等行业，实时监测对于保障在役结构安全运行的意义更加明显。

1.3 法律法规对钢结构检测的要求

(1)为满足建设工程质量检测的需要，《中华人民共和国计量法》《中华人民共和国标准化法》对检测机构与检测标准都有明确的要求，《建设工程质量检测管理办法》(中华人民共和国建设部令第141号)更是对第三方检测做了纲领性的要求，其中第二条规定：建设工程质量检测，是指工程质量检测机构接受委托，依据国家有关法律、法规和工程建设强制性标准，对涉及结构安全项目的抽样检测和对进入施工现场的建筑材料、构配件的见证取样检测。

(2)为保障钢结构的质量，从钢结构设计开始就对其检测有了具体规定，《钢结构设计规范》(GB 50017—2017)中第4.4.5条规定：焊缝质量等级应符合国家标准《钢结构焊接规范》(GB 50661—2011)的规定，其检验方法应符合国家标准《钢结构工程施工质量验收规范》(GB 50205—2001)的规定。

(3)作为钢结构施工验收的重要规范，《钢结构工程施工质量验收规范》(GB 50205—2001)对钢结构许多重要构件检测均做了强制性检测的规定，如第4.2.1条、第4.3.1条、第4.4.1条规定、第5.2.4条、第6.3.1条、第10.3.4条、第11.3.5条、第12.3.4条、第14.2.2条等条款。这些条款对钢结构原材料检测、焊接检测、螺栓连接检测、变形检测等均做了强制性检测规定，是钢结构验收的重要依据。

(4)焊接检测作为钢结构检测中最重要的一环，是钢结构焊接质量的重要保证。《钢结构焊接规范》(GB 50661—2011)中规定：焊接质量控制和检验应分为自检和监检；质量控制和检验的一般程序包括焊前检验、焊中检验和焊后检验；检查前应根据钢结构所承受的荷载性质、施工详图及技术文件规定的焊缝质量等级要求编制检查和试验计划，由技术负责人批准并报监理工程师备案。检查方案应包括检查批的划分，抽样检查的抽样方法、检查项目、检查方法、检查时机及相应的验收标准等内容。

1.4 钢结构检测技术概述

1.4.1 钢结构检测的主要方法

对于钢结构检测，最基本的是对钢结构原材料的检测，如原材料力学性能及化学成分检测。钢材通过冶炼轧制而成，在这一过程中出现任何偏差将对材料性能产生影响。因此，对原材料的屈服强度、抗拉强度、断后伸长率、弯曲性能、压扁性能、冲击韧性、化学成分等进行检测，能确保钢结构原材料的质量。

钢结构检测除按规程进行原材料的物理化学性能检测外，还应进行承载力、变形、锈蚀和连接质量四个方面的检测及综合评定，以确定其质量等级。钢结构的检测可分为在建钢结构的检测和既有钢结构的检测。当遇到下列情况之一时，应按在建钢结构进行检测：

(1)在钢结构材料制作或施工验收过程中需了解质量状况；

(2)对施工质量或材料质量有怀疑或争议；

(3)需要通过检测分析工程事故的原因以及对结构可靠性的影响；

(4)需要了解和掌握钢结构施工过程和运营初期钢结构的受力状态和健康状况。

当遇到下列情况之一时，应按既有钢结构进行检测：

(1)钢结构安全鉴定；

(2)钢结构抗震鉴定；

(3)钢结构大修前的可靠性鉴定；

(4)钢结构建筑改变用途、改造、加层或扩建前的鉴定；

(5)钢结构受到灾害、环境侵蚀等影响后的鉴定；

(6)对既有钢结构的可靠性有怀疑或争议。

钢结构的现场检测应为钢结构质量的评定或钢结构性能的鉴定提供真实、可靠、有效的检测数据和检测结论。钢结构常用的无损检测方法有射线检测、超声检测、磁粉检测、渗透检测等。

(1)射线检测。

射线检测是利用射线(易于穿透物质的X射线、γ射线和中子射线)在介质中传播时其强度的衰减特性以及胶片的感光特性来探测缺陷。

(2)超声检测。

超声检测应用特别广泛，其原理是基于超声波良好的方向性和所具有的能量特性，利用超声波传播过程中的反射、折射、散射以及能量的传播特点，来对材料内部的缺陷进行定性、定量和定位。

(3)磁粉检测。

磁粉检测的基本原理是：磁化过的材料在其不连续处(包括内部和外部缺陷等不连续处)，磁力线会发生畸变，即形成了漏磁场，通过撒磁粉，漏磁场会使得磁粉形成与缺陷形状相近的磁粉堆积，即形成磁痕，通过磁痕特性来反映缺陷。

(4)渗透检测。

渗透检测的原理是：工件表面涂上含有荧光染料或者着色剂的渗透液后，在毛细管作用下，渗透液会进入缺陷中；除去工件表面多余的渗透液后，在工件表面涂以显影剂，显影剂将吸引缺陷中的渗透液，在一定光源下，缺陷处的渗透液痕迹会被显示出来，从而探测出缺陷的状态。

钢结构的无损检测，应根据检测项目，检测目的，结构的材质、形状和尺寸以及现场条件等因素选择适宜的一种方法或多种检测方法相结合进行，可参照表1-1选择钢结构无损检测方法。钢结构无损检测现场图片如图1-1所示。

钢结构无损检测方法　　表 1-1

序　号	检测方法	适用范围
1	射线检测(RT)	内部缺陷检测,主要用于体积型缺陷检测
2	超声检测(UT)	内部缺陷检测,主要用于平面型缺陷检测
3	磁粉检测(MT)	用于铁磁性材料、表面和近表面缺陷的检测
4	渗透检测(PT)	用于非多孔性材料、表面开口缺陷的检测

a)X射线检测

b)超声检测

c)磁粉检测

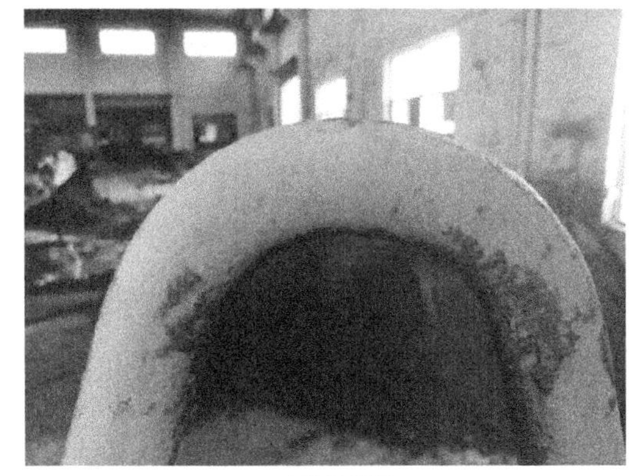

d)渗透检测

图 1-1　钢结构无损检测现场图片

1.4.2　检测和检验的概念

日常生活中经常会遇到和使用“检验”“检查”和“检测”等词汇。它们的规范定义是不同的,在不同标准中的翻译可能出现差异。

(1)在《质量管理体系　基础和术语》(GB/T 19000—2016)标准中定义:

检验(inspection)——对符合规定要求的确定。

注:显示合格的检验结果可用于验证的目的。检验的结果可表明合格、不合格或合格程度。

(2)在《合格评定　词汇和通用原则》(GB/T 27000—2006)标准中定义:

检查(inspection)——审查产品设计、产品、过程或安装并确定其与特定要求的符合性,或根据专业判断确定其与通用要求的符合性的活动。

注:对过程的检查可以包括对人员、设施、技术和方法的检查。检查有时也被称为检验。

(3)检测(testing)——按照程序确定合格评定对象的一个或多个特性的活动。

注:"检测"主要适用于材料、产品或过程。

从上述的定义可以看出"检验"强调"符合性"。检验是对实体的一个或多个特性进行诸如测量、检查、试验,并将其结果与规定的要求进行比较,以确定每项特性的合格情况所进行的活动。从定义可以看出,检验不仅提供数据,还须与规定要求进行比较后,作出合格与否的判定。而"检测"是对给定的对象按照规定程序进行的活动,由此可知"检测"仅是一项技术操作,它只需要按规定程序操作,提供所测结果,在没有明确要求时,不需要给出检测数据合格与否的判定。

1.5 钢结构检测技术的发展趋势

1.5.1 钢结构的发展前景

过去,由于受钢产量和造价的制约,我国钢结构应用相对较少。近十年以来,随着我国经济建设的迅速发展,钢产量大幅度增加,钢结构的应用领域有了较大的扩展。在单层轻型结构厂房、重型厂房、大跨度建筑结构、高层及超高层建筑等工业与民用建筑工程领域,在大跨度公路和铁路桥梁工程中,在城市人行天桥、高架路、储水池、储气罐、输水管等市政工程设施中,在电视塔、微波通信塔、高压传输线路支架、输油管道等信息、能源传输设施中,筒仓、海上采油平台、矿井井架等特种工业设施中,钢结构均有广泛的应用。目前,我国钢结构正处在迅速发展的前期,可以预计不久的将来钢结构在我国会迅猛发展。

1.5.2 钢结构检测技术的发展方向

门捷列耶夫说过,检测是认识自然界的主要手段,有了检测才有科学。西门子更直接地说,检测就是去认识。检测的重要性不言而喻。从信息论的角度上讲,检测就是获得信息的过程。在科学研究、工业生产和军事等领域中,检测是必不可少的过程。检测技术是研究如何获取被测参数信息的一门科学,涉及数学、物理化学、生物学、材料学、机械学、电子、信息和计算机科学等众多学科,可以说检测技术和相应的仪器仪表技术是现代科学技术水平高低的一个标志。目前,钢结构检测技术的发展趋势为:

(1)数字化、图像化、智能化。

随着计算机技术、嵌入式系统技术、传感器技术等的快速发展,检测技术和仪器已呈现出数字化、图像化和智能化现象并且还在进一步扩大和发展。数字化超声探伤、数字化射线技术、相控阵、声发射、漏磁、涡流等技术利用专家系统、神经网络技术、模糊技术以及图像识别技术等先进技术,可研制出智能化程度很高的无损检测设备,实现缺陷的自动识别,并进一步评估设备完整性和安全性。

(2)自动化。

这里说的自动化特指检测过程的自动化,仅需要少量人工处理,区别于传统的手工检测等。随着技术的发展,越来越多的检测技术呈现出自动化趋势。例如,超声波自动化测厚和探伤可以应用于钢材的检测,避免了传统手工探伤劳动强度大、探伤时间长、探伤效率低、难以保证100%覆盖等不足。再如,漏磁自动化探伤设备可以安装在管道、钢材等生产线上,进行大批量、快速、动态、在线的无损检测,检测速度可达每分钟数十米,可检测出表面和内部的缺陷。

(3)标准化和规范化。

检测技术的标准化和人才培养的规范化正在不断加强。在国际范围内检测的国际标准主要由国际标准化组织负责组织和实施。在我国,标准体系已经较为完备,包括各类国家标准、行业标准、技术规范、企业标准等。例如,承压类特种设备无损检测执行的标准是现行《承压设备无损检测》(NB/T 47013)。该检测标准分为14部分,包括通用要求、射线检测、超声检测、磁粉检测、渗透检测、涡流检测、目视检测、泄漏检测、声发射检测、衍射时差法超声检测、X射线数字成像检测、漏磁检测、脉冲涡流检测、X射线计算机辅助成像检测,并规定了5种方法及质量等级。当然由于很多新的无损检测技术尚处在发展和成熟阶段,特别是在应用过程中还需要很多技术经验和总结,因此相关国家标准还在制定中,例如,对于超声检测残余应力的相关标准正在制定中。另一方面,人才培养、资格鉴定等工作也将越来越规范。例如,无损检测从业人员的专业分化为Ⅰ、Ⅱ、Ⅲ共三个等级,同时对超声波、射线、磁粉、渗透、涡流、声发射等按照无损检测技术分类开展分等级的培训和考核。

(4)新技术、新材料不断提升现有检测技术。

由于新技术和新材料的不断发展,给现有的检测技术带来了新的血液和发展动力。通过新技术和新材料,可以对现有技术进行改造和提升,提高原有技术的检测精度、可靠性、实用性以及扩展其应用范围。例如,普通超声一般来说难以检测工件表面裂纹,研发的双晶表面波或者Lamb波探头激发出的沿着工件表面传播的超声波可实现薄板裂纹检测,这种技术特别适合于飞机零件的表面检测。再如,早期的空气耦合式超声探头由于探头材料与空气声阻抗的不匹配,造成换能效率低、频带窄、脉冲余振长,从而导致整个系统灵敏度、分辨率都很低,难以实际应用。随着微加工技术和高分子材料的发展,空气耦合式超声检测技术有了长足进步。例如,采用聚醚砜和尼龙便可以基本解决匹配材料的问题。再如,采用显微加工技术制作的静电换能器可以将金属化后的薄膜附在导体基板上,使得该种空气耦合式换能器具有频响宽、阻尼性能好、特性阻抗低的优点。正是由于包括新加工技术、新材料技术以及新的信号处理技术等的发展,空气耦合式超声检测技术在复合材料、纺织织品、食品等领域得到了较好应用。

(5)检测新方法不断涌现。

可以预见,未来的无损检测技术将更加丰富。尽管很多新方法在原理上没有重大突破,但是由于新技术、新方法的引入,可以认为其检测过程、检测装置将与现有的技术系统有明显的区别。例如,超声相控阵技术将明显区别于传统的超声检测技术。新涌现的技术还包括激光超声检测、电磁超声检测、远场涡流检测、脉冲漏磁检测、金属磁记忆检测、数字射线检测、微波检测、红外和激光全息检测等。特别是光学方法,未来将是一个突飞猛进、成果不断产生的领域。例如,太赫兹波检测技术,被国际公认为尚待开拓并将对世界产生巨大影响的技术,由于其对大部分干燥、非金属、非极性材料具有较好的穿透力及可成像性,已经在航天器绝热泡沫、多孔陶瓷检测、陶瓷轴承、机场安检等领域得到应用或研究。

(6)应用范围不断扩展。

随着新技术、新材料、新方法等的不断出现，检测技术的应用范围也在不断扩展。一方面，对传统的应用范围而言，其要求不断提高，除了要求探测是否存在缺陷，还要进一步知道缺陷的位置、类型、尺寸以及对缺陷进行成像，甚至要求能够对缺陷进行在线监测和自动化检测；另一方面，无损检测技术将突破传统领域范围，在更宽广的领域得到应用，例如，实现构件中残余应力检测、金属材料各向异性检测、钢-混凝土结构的无损检测和监测、土木工程质量检测、过程参数（温度、压力、流量、液位）监测等。

(7)绿色化。

总体来说，建筑业的一个重要发展方向为绿色化建筑，即装配式建筑。无损检测技术作为与钢结构紧密相连的一个技术体系，绿色化也将成为无损检测技术未来的一个重要发展方向。我国著名无损检测专家耿荣生教授将低耗能、低排放和环境友好作为绿色无损检测技术的核心。将绿色无损检测技术定义为在不实施破坏的同时，还应当具有不对材料或者结构造成二次污染的无损检测方法。按照绿色程度从高到低的顺序，可以将目前的无损检测技术分为目视、声发射、涡流、超声（图1-2）、渗透、射线、磁粉的检测方法。随着技术的发展和进步，一些传统的、可能会对环境产生污染的无损检测方法将会逐步被淘汰，或者被新的方法、新的检测媒介所代替。例如，由于传统射线检测对图像无法处理，无法实现数字化传输，因此其绿色程度较低，而数字化射线检测的显示媒介可以重复利用，图像可以在计算机存储和传输，因此更加符合绿色要求，由此可见数字化射线检测将替代传统射线检测。在传统检测技术中，磁粉检测被认为是最不绿色环保的，一方面磁粉液会引起二次污染，另一方面磁粉检测用的设备能耗较高，而漏磁检测技术容易实现数字化和图像化，只要漏磁检测更加小型化、高灵敏度、高性能，则将在更大范围内替代磁粉检测。

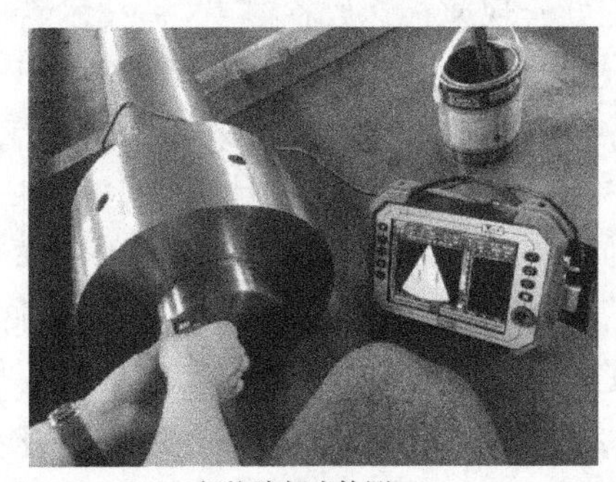

a)相控阵超声检测

b)TOFD超声检测

c)残余应力超声检测

图1-2　超声检测

1.5.3　检测技术队伍的建设

随着我国科学技术与经济的快速发展，我国主要工业部门（例如，特种设备、航空航天、核电、铁路、冶金、交通等行业或部门）都广泛应用了无损检测技术，从事检测工作的检测技术人员的需求量也越来越大。

1982年南昌航空工业学院（现南昌航空大学）在我国首创无损检测专业，此后国内无损检测教育层次不断完善，教育质量不断提高，目前国内已经有约20所高校具有测控技术大专、本科、硕士、博士等全部高等教育层次，每年培养千余名检测专业技术人才。但是这还远远不能满足钢结构发展的需要，特别是无损检测领域的高级技术人员仍然较少。

在2017年印发的《中共中央 国务院关于开展质量提升行动的指导意见》中，提出了健全质量人才教育培养体系，加强人才梯队建设，实施青年职业能力提升计划，完善技术技能人才培养培训工作体系，培育众多“中国工匠”等要求。弘扬工匠精神，培育大国工匠，是实施质量强国战略的需要。人才是实现民族振兴、赢得国际竞争主动的战略资源。加强技能人才队伍建设是实现质量强国的战略支撑与保障，在我国经济发展进入新常态下，积极培育发展战略性新兴产业，调整和振兴传统产业，加快发展现代服务业，推动经济提质增效升级、迈向中高端水平，都迫切要求我们拥有一支掌握精湛技能和高超技艺的高技能人才队伍。

建立一支具有良好的专业素养、精湛技术和丰富经验的检测技术人员队伍，可以在钢结构工程检测工作中按时、保质、保量地完成检测工作，对钢结构工程的质量和安全起到关键性作用。而一支高素质的检测专业技术人才队伍对检测企业的发展也起着决定性的作用。

一支好的检测技术队伍应具有专业的检测人员、熟悉检测技术的科研人员、管理人员、业务人员以及辅助人员等，按照专业的不同组成技术团队，而各种专业技术团队的组合就构成了检测技术人才队伍。检测人员应具备以下专业素质和基本素质：

(1)专业素质要求。

检测技术人员应具有与检测技术行业相关的学历背景，掌握本岗位所必需的专业技术理论、检测方法和其他相关的专业知识。作为检测技术职务较高的技术人员还应具有与检测技术相适应的操作技能和处理问题的能力，具有较扎实的专业理论基础，熟悉国内外检测技术专业的相关法律、法规，在职责和专业范围内具有指导检测技术工作和独立处理疑难问题的能力。对于检测技术科研人员还应具备较高的专业造诣和科学研究能力，能够创新检测方法，有较多的科研业绩和成果。同时检测技术科研人员可根据检测技术研究和检测情况，指导检测技术工作开展，培养检测技术专业人才。

(2)基本素质要求。

检测技术工作人员首先要爱岗敬业，充分认识到检测工作的重要性，工作积极肯干、脚踏实地；其次要坚持科学严谨的工作态度，始终保持高度的责任心和使命感，在检测工作中严格按照有关检测技术标准、规范开展检测工作；再次，要有积极的服务理念，将高效优质的服务作为工作的宗旨；最后，检测工作技术性较强，新技术、新方法、新标准、新要求等层出不穷，要求检测技术人员必须要有勤奋学习、善于思考和不断创新的能力。

建设一支高素质的检测技术队伍需要采取一些行之有效的办法，建立责任、培训、激励、评估以及人才引进等工作机制，营造良好的工作氛围，以提高检测技术队伍的整体素质。

复习思考题

1. 钢结构检测的意义是什么？
2. 钢结构的特点是什么？
3. 质量控制和检验的一般程序是什么？
4. 钢结构常用的无损检测方法有哪些？
5. 简述钢结构检测的发展趋势。

第2章 钢材材料性能检测

2.1 钢材性能的分类

钢材的主要性能可分为使用性能和工艺性能。

钢材的使用性能包括力学性能和耐久性能。钢材的力学性能又被称为机械性能或物理性能,是钢材最重要的性能指标,它表示钢材在力的作用下所显示的弹性和非弹性反应或涉及应力-应变关系的性能。因力的种类、加载方式、应力状态、受力环境不同,钢材表现出不同的力学性能。力学性能可分为强度性能、塑性性能、冲击韧性性能和Z向性能,其中强度性能又包括屈服强度、抗拉强度、疲劳强度、硬度等。

钢材的工艺性能表示钢在各种生产加工过程中的行为。良好的工艺性能可以保证钢能顺利通过各种加工过程,不仅可以保证制成品的质量,而且可以提高成品率,并降低成本。对钢结构来说,工艺性能主要是指冷弯性能和焊接性能。材料的单项指标不能代表其全部特征,必须依据常规试验的各项指标进行综合评定。评定中还应收集下述资料作参考数据:钢材生产的时间、钢材供应的技术条件及其产品说明书(必须查明钢材牌号技术指标、极限强度、屈服强度、受拉时的延伸率、冷变、反复弯曲、冲击韧性与化学成分等)。

建筑钢结构的钢材分类方法有多种,可按化学成分分类,也可按钢材的用途分类,还可按钢材中有害杂质(S、P)含量和冶炼时脱氧程度分类。在实际应用中,钢材按化学成分和用途可分为:碳素结构钢(GB/T 700—2006)、优质碳素结构钢(GB/T 699—2015)、低合金高强度结构钢(GB/T 1591—2018)、建筑结构用钢板(GB/T 19879—2015)、合金结构钢(GB/T 3077—2015)、耐候结构钢(GB/T 4171—2008)、铸钢等。

2.2 钢材化学成分分析

钢材的化学成分分析包含熔炼分析和成品分析两种。熔炼分析是指在钢液浇注过程中采取样锭,然后进一步制成试样并对其进行的化学分析,分析结果表示同一炉或同一罐钢液的平均化学成分。成品分析是指在经过加工的成品钢材(包括钢坯)上采取试样,然后对其进行的化学分析。成品分析主要用于验证化学成分,又被称为验证分析或仲裁分析。钢结构工程中钢的化学分析属于成品分析,应满足《钢的成品化学成分允许偏差》(GB/T 222—2006)中的要求。

2.2.1 取样方法

化学分析所用的试样样屑,可以钻取、刨取,或用某些机械工具制取。样屑应粉碎并混合均匀。制取样屑时,不能用水、油或其他润滑剂,并应去除表面氧化铁皮和脏物。成品钢材还应除去脱碳层、渗碳层、涂层、镀层金属或其他外来物质。

当用钻头采取试样样屑,进行熔炼分析或小断面钢材成品分析时,钻头直径应尽可能大,至少不应小于6mm;进行大断面钢材成品分析时,钻头直径不应小于12mm。供仪器分析用的试样样块,使用前应根据分析仪器的要求,适当地予以磨平或抛光。

2.2.2 成品取样

进行成品分析所用的试样样屑应按下列方法之一采取,不能按下列方法采取时由供需双方协议。

(1)大断面钢材。

大断面的初轧坯、方坯、扁坯、圆钢、方钢、锻钢件等,样屑应从钢材的整个横断面或半个横断面上刨取;或从钢材横断面中心至边缘的中间部位(或对角线1/4处)平行于轴线钻取;或从钢材侧面垂直于轴中心线钻取,此时钻孔深度应达钢材或钢坯轴心处;大断面中空锻件或管件,应从壁厚内外表面的中间部位钻取,或在端头整个横断面上刨取。

(2)小断面钢材。

小断面钢材包括圆钢、方钢、扁钢、工字钢、槽钢、角钢、复杂断面型钢、钢管、盘条、钢带、钢丝等,不适用大断面钢材的规定取样时,可按下列规定取样。

从钢材的整个横断面上刨取(焊接钢管应避开焊缝)或从横断面上沿轧制方向钻取,钻孔应对称均匀分布或从钢材外侧面的中间部位垂直于轧制方向用钻通的方法钻取。当按上述规定不可能钻取时,如钢带、钢丝,应从弯折叠合或捆扎成束的样块横断面上刨取,或从不同根钢带、钢丝上截取。

(3)钢管。

钢管可围绕其外表面在几个位置钻通管壁钻取,薄壁钢管可压扁叠合后在横断面上刨取。

(4)钢板。

对于纵轧钢板,钢板宽度小于1m时,沿钢板宽度剪切一条宽50mm的试料。钢板宽度不小于1m时,沿钢板宽度自边缘至中心剪切一条宽50mm的试料。将试料两端对齐,折叠一两次或多次,并压紧弯折处,然后在其长度的中间,沿剪切的内边刨取,或自表面用钻通的方法钻取。对于横轧钢板,自钢板端部与中央之间,沿板边剪切一条宽50mm、长500mm的试料,将两端对齐,折叠一两次或多次,并压紧弯折处,然后在其长度的中间,沿剪切的内边刨取,或自表面用钻通的方法钻取。厚钢板不能折叠时,按上述方法在相应折叠的位置钻取或刨取,然后将等量样屑混合均匀,进行化验。

(5)除在技术条件中或双方协议中有特殊规定外,不对沸腾钢做成品分析。

2.2.3 化学分析方法

钢的化学分析应按相应的现行国家标准或能保证标准规定准确度的方法进行。

仲裁分析应按相应的现行国家标准进行。

2.2.4 成品化学分析允许偏差

成品化学成分允许偏差应满足《钢的成品化学成分允许偏差》(GB/T 222—2006)的规定。同一熔炼号的成品分析,同一元素只允许有单向偏差,不能同时出现上偏差和下偏差。不满足要求时,一般应进行复验。

2.3 钢材力学性能检测

2.3.1 钢材的取样规定

(1)钢材取样数量及方法

钢结构工程所采用的钢材,都应具有质量证明书,当对钢材的质量有疑义时,应按国家现行有关标准的规定进行抽样检验。作为钢厂的产品,通用的检验项目、取样数量和试验方法可按表2-1规定进行。检验规则明确产品由供方技术监督部门检查和验收,需方有权进行验证。钢材应成批验收,每批由同一牌号、同一炉号、同一质量等级、同一品种、同一尺寸、同一交货状态的钢材组成,每批钢材质量不得大于60t。只有A级钢或B级钢允许同一牌号、同一质量等级、同一冶炼和浇注方法、不同炉号组成混合批,但每批不得多于6个炉号,且各炉号含碳量之差不得大于0.02%,含锰量之差不得大于0.15%。

钢材的检验项目、取样数量和试验方法　　表 2-1

序　　号	检 验 项 目	取样数量(个)	取 样 方 法	试 验 方 法
1	化学分析	1(每炉号)	GB/T 20066—2006	GB/T 4336—2016、GB/T 20125—2006
2	拉伸	1	GB/T 2975—2018	GB/T 228.1—2010 GB/T 232—2010
3	弯曲	1		GB/T 229—2007
4	冲击	3		
5	厚度方向性能	3	GB/T 5313—2010	GB/T 5313—2010
6	超声波检验	逐张	—	GB/T 2970—2016
7	表面质量	逐张(根)	—	目视及测量
8	尺寸、外形	逐张(根)	—	合适的量具

若属于下列情况之一,钢结构工程用的钢材须同时具备材质质量保证书和试验报告:①国外进口的钢材;②钢材质量保证书的项目少于设计要求(应提供缺少项目的试验报告);③钢材混批;④设计有特殊要求的钢结构用钢材。

(2)力学性能试验试样取样规定

各种试验的试样取样,应遵循《钢及钢产品力学性能试验取样位置及试样制备》(GB 2975—2018)的要求(在产品标准或双方协议对取样另有规定时,则按规定执行)。标准规定样坯应在外观及尺寸合格的钢材上切取,切取时应防止因受热、加工硬化及变形而影响其力学及工艺性能。用烧割法切取样坯时,必须留有足够的加工余量,一般应不小于钢材的厚度,且不得小于 20mm。冷剪样胚所留的加工余量按表 2-2 选取。

冷剪样胚所留的加工余量表(mm)　　表 2-2

厚度或直径	加 工 余 量	厚度或直径	加 工 余 量
≤4	4	>20~35	15
>4~10	厚度或直径	>35	20
>10~20	10		

工字钢、槽钢、角钢、H 形钢、T 形钢应按图 2-1 所示部位切取拉伸、弯曲和冲击样坯。

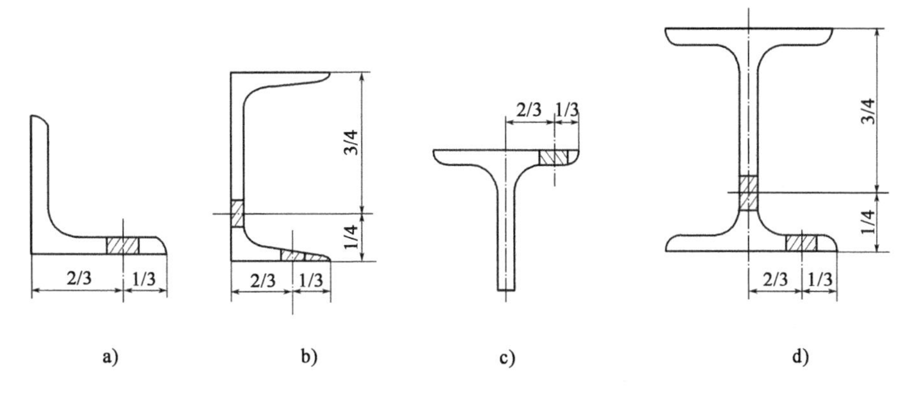

图　2-1

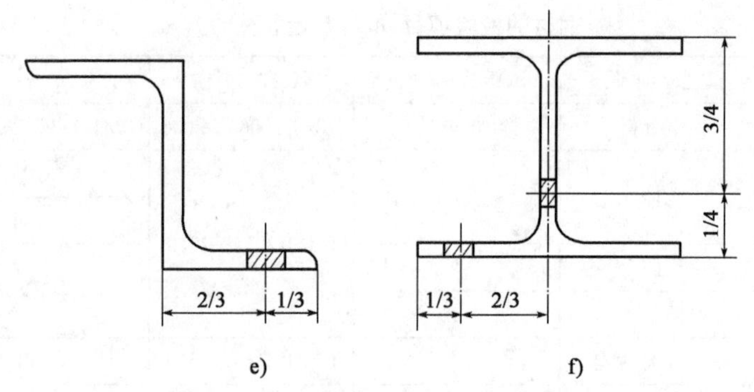

图 2-1　拉伸和冲击式样在型钢腹板及翼缘宽度方向的取样位置

钢板应分别按图 2-2 和图 2-3 所示部位切取拉伸、弯曲和冲击试样的样坯。

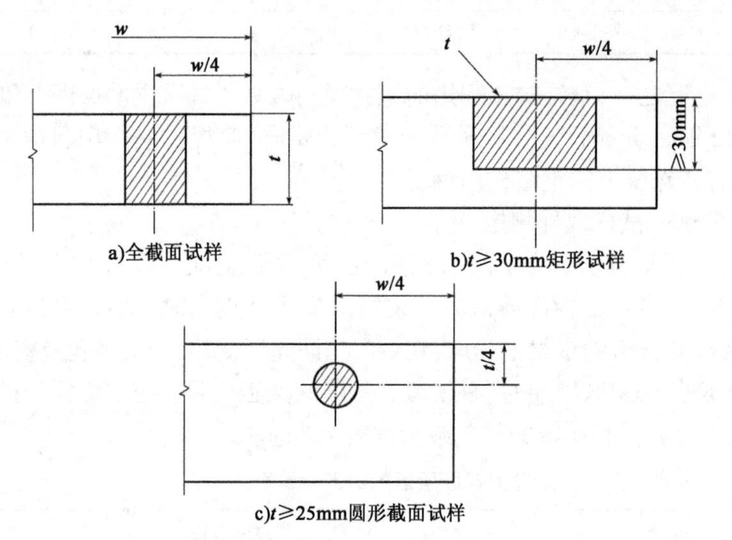

图 2-2　对钢板做拉伸试验取样位置

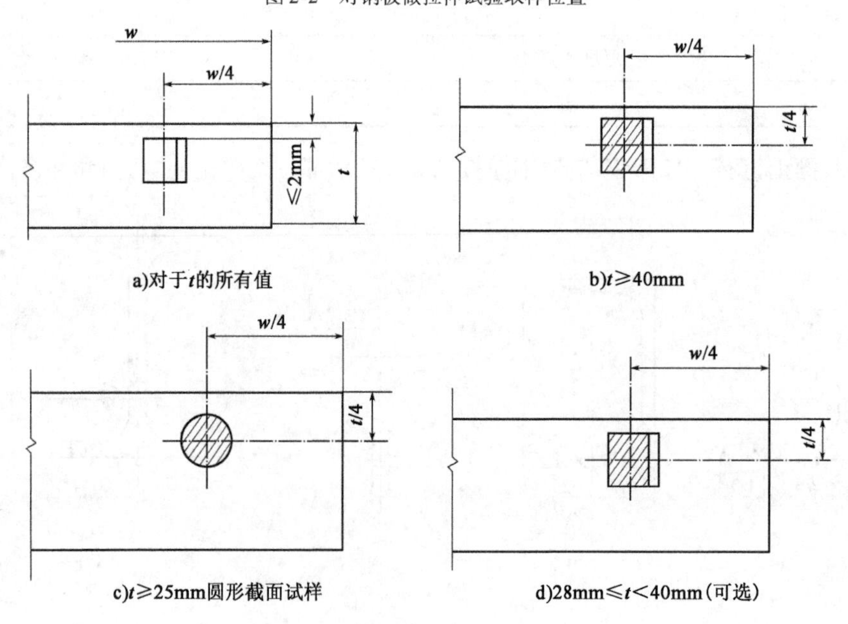

图 2-3　对钢板做冲击试验取样位置

钢管应分别按图 2-4 和图 2-5 所示部位切取拉伸、弯曲和冲击试样的样坯。

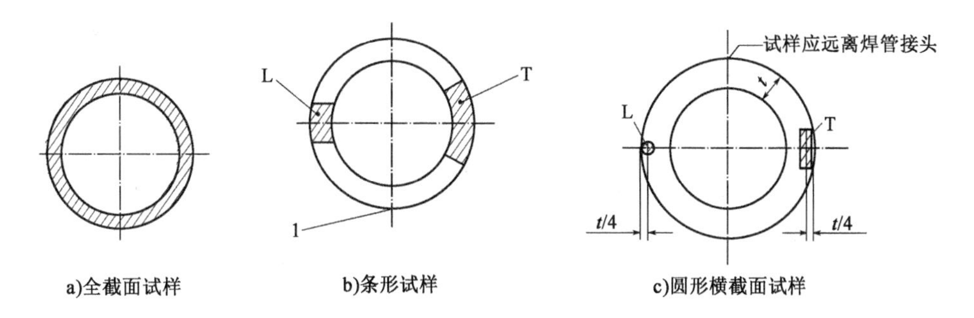

图 2-4　对管材和空心截面型材做切取拉伸及弯曲试样的位置

1-焊接接头位置,试样应远离;L-纵向试样;T-横向试样;以下类同

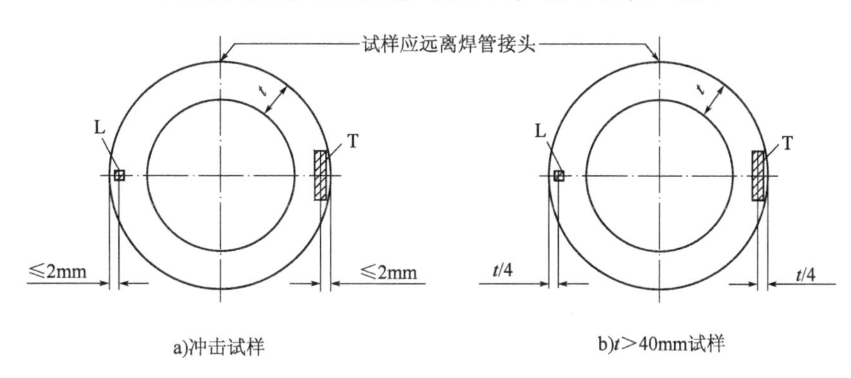

图 2-5　对管和空心截面型材做切取冲击试样的位置

方形钢管应分别按图 2-6 和图 2-7 所示部位切取拉伸、弯曲和冲击试样的样坯。

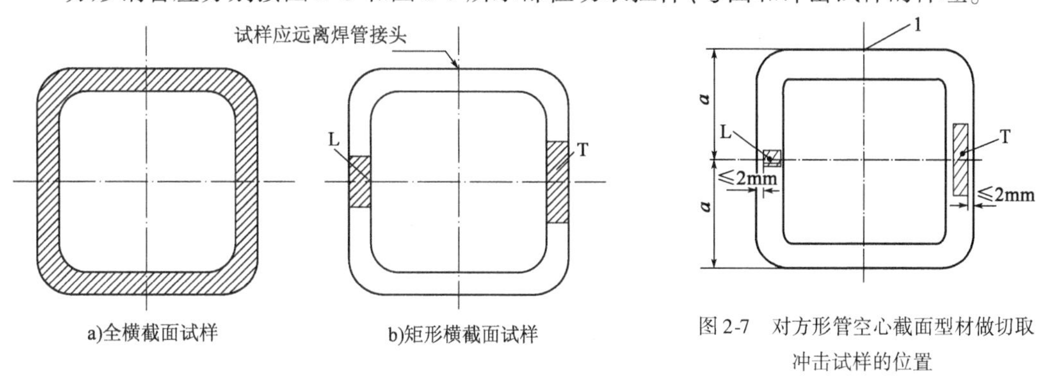

图 2-6　对方形管空心截面型材做切取拉伸及弯曲试样的位置

图 2-7　对方形管空心截面型材做切取冲击试样的位置

2.3.2　钢材拉伸试验及性能检测

钢材拉伸试验试样的制备、形状和尺寸应符合《金属材料　拉伸试验　第 1 部分:室温试验方法》(GB/T 228.1—2010)的规定。

(1)试样要求

①一般要求。

试样的形状与尺寸取决于试验钢材的形状与尺寸,一般拉伸试样的横截面形状有圆形、矩形、多边形、环形以及未经机加工的全截面等。

试样原始标距与原始横截面面积有 $L_0 = K\sqrt{S_0}$ 关系者被称为比例试样。国际上使用的比例系数 K 的值为5.65，原始标距应不小于15mm；当试样横截面面积太小，以致采用比例系数 K 为5.65的值不能符合这一最小标距要求时，可以采用较高的值（优先采用11.3）或采用非比例试样。

注：选用小于20mm标距的试样，测量的不确定度可能增加。非比例试样其原始标距（L_0）与其原始横截面面积（S_0）无关。

②线材、棒材和型材的试样。拉伸试样有多种类型，其中板材试样、管材试样和棒材试样与钢材关系密切；钢结构构件多为厚度不小于3mm的板材和扁材，以及直径或厚度不小于4mm的线材、棒材和型材。

厚度大于或等于3mm板材比例试样见图2-8、图2-9，圆形、矩形横截面比例试样尺寸分别见表2-3和表2-4，矩形横截面非比例试样尺寸见表2-5。

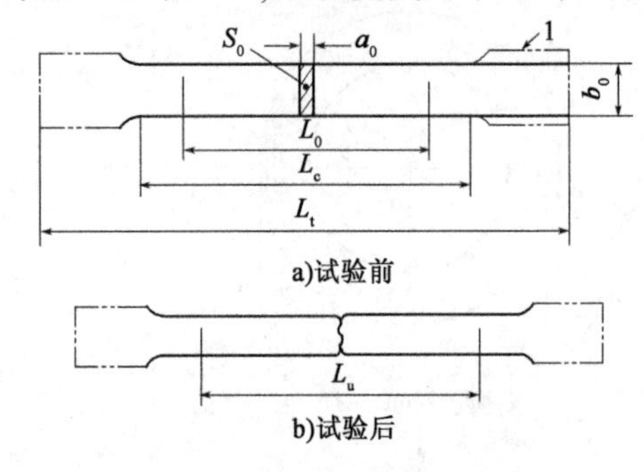

图2-8　a 机加工的矩形横截面试样

a_0-板试样原始厚度或管壁原始厚度；L_t-试样总长度；b_0-板试样平行长度的原始宽度；L_u-断后标距；L_0-原始标距；S_0-平行长度的原始横截面面积；L_c-平行长度；1-夹持头部。试样头部形状仅为示意性

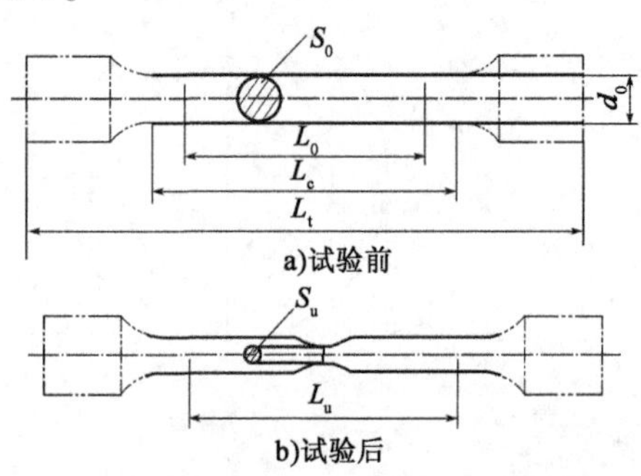

图2-9　b 机加工的圆形横截面试样

d_0-圆试样平行长度的原始直径；L_0-原始标距；L_c-平行长度；L_t-试样总长度；L_u-断后标距；S_0-平行长度的原始横截面面积；S_u-断后最小横截面面积。试样头部形状仅为示意性

圆形横截面比例试样尺寸　　表2-3

d_0(mm)	r(mm)	$K=5.65$			$K=11.3$		
		L_0(mm)	L_c(mm)	试样编号	L_0(mm)	L_c(mm)	试样编号
25	$\geqslant 0.75d_0$	$5d_0$	$\geqslant L_0+d_0/2$ 仲裁试验：L_0+2d_0	R1	$10d_0$	$\geqslant L_0+d_0/2$ 仲裁试验：L_0+2d_0	R01
20				R2			R02
15				R3			R03
10				R4			R04
8				R5			R05
6				R6			R06
5				R7			R07
3				R8			R08

注：1. 如相关产品标准无具体规定，优先采用R2、R4或R7试样。

2. 试样总长度取决于夹持方法，原则上 $L_t > L_0 + 4d_0$。

3. 国际标准仅规定直径20mm、10mm和5mm试样（R2、R4和R7试样）。表中增加的试样为产品标准中常用的圆形横截面试样。

矩形横截面比例试样尺寸 表 2-4

b_0(mm)	r(mm)	$K=5.65$			$K=11.3$		
		L_0(mm)	L_c(mm)	试样编号	L_0(mm)	L_c(mm)	试样编号
12.5	≥12	$5.65\sqrt{S_0}$	$\geq L_0+1.5\sqrt{S_0}$ 仲裁试验：$L_0+2\sqrt{S_0}$	P7	$11.3\sqrt{S_0}$	$\geq L_0+1.5\sqrt{S_0}$ 仲裁试验：$L_0+2\sqrt{S_0}$	P07
15				P8			P08
20				P9			P09
25				P10			P010
30				P11			P011

注：1. 如相关产品标准无具体规定，优先采用比例系数 $K=5.65$ 的比例试样。
2. 国际标准未规定这些试样。表中增加的矩形横截面比例试样是产品标准常用的试样。

矩形横截面非比例试样尺寸 表 2-5

b_0(mm)	r(mm)	L_0(mm)	L_c(mm)	试样编号
12.5	≥20	50	$\geq L_0+1.5\sqrt{S_0}$ 仲裁试验：$L_0+2\sqrt{S_0}$	P12
20		80		P13
25		50		P14
38		50		P15
40		200		P16

注：国际标准未规定这些试样。表中增加的矩形横截面非比例试样是产品标准常用的试样。

③管材的试样。

管材试样可以分为全壁厚纵向弧形试样（图 2-10）、管段试样（图 2-11）、全壁厚横向试样

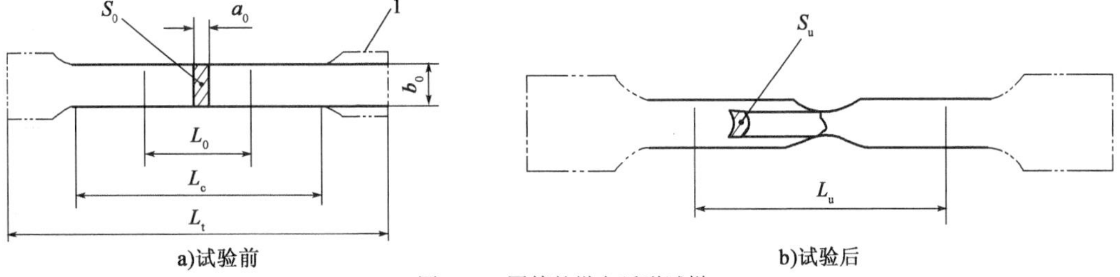

图 2-10 圆管的纵向弧形试样

注：试样头部形状仅为示意性。

a_0-原始管壁厚度；L_u-断后标距；b_0-圆管纵向弧形试样原始宽度；S_0-平行长度的原始横截面面积；L_0-原始标距；S_u-断后最小横截面面积；L_c-平行长度；L_t-试样总长度；1-夹持头部

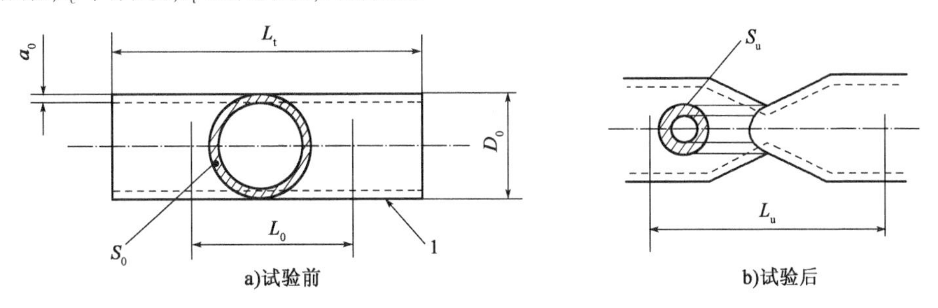

图 2-11 圆管管段试样

a_0-原始管壁厚度；L_u-断后标距；D_0-原始管外直径；S_0-平行长度的原始横截面面积；L_0-原始标距；S_u-断后最小横截面面积；L_t-试样总长度；1-夹持头部

或从管壁厚度机加工的圆形横截面试样。管材纵向弧形试样尺寸、管段试样尺寸和管壁厚机加工的纵向圆形横截面试样尺寸分别见表 2-6 ~ 表 2-8。

管材纵向弧形试样尺寸　　表 2-6

D_0 (mm)	b_0 (mm)	a_0 (mm)	r (mm)	$K=5.65$			$K=11.3$		
				L_0(mm)	L_c(mm)	试样编号	L_0(mm)	L_c(mm)	试样编号
30 ~ 50	10	原壁厚	≥12	$5.65\sqrt{S_0}$	$\geq L_0+1.5\sqrt{S_0}$ 仲裁试验：$L_0+2\sqrt{S_0}$	S1	$11.3\sqrt{S_0}$	$\geq L_0+1.5\sqrt{S_0}$ 仲裁试验：$L_0+2\sqrt{S_0}$	S01
> 50 ~ 70	15					S2			S02
> 70 ~ 100	20/19					S3/S4			S03
> 100 ~ 200	25					S5			
> 200	38					S6			

注：采用比例试样时，优先采用比例系数 $K=5.65$ 的比例试样。

管段试样尺寸　　表 2-7

L_0(mm)	L_c(mm)	试 样 编 号
$5.65\sqrt{S_0}$	$\geq L_0+D_0/2$ 仲裁试验：L_0+2D_0	S7
50	≥100	S8

管壁厚度机加工的纵向圆形横截面试样尺寸　　表 2-8

管壁厚度(mm)	采用试样编号	管壁厚度(mm)	采用试样编号
8 ~ 13	R7	> 16	R4
> 13 ~ 16	R5		

管段试样应在其两端加配塞头，塞头至最接近的标距标记不应小于 $D_0/4$，只要材料足够，仲裁试验时应取 D_0。塞头相对于试验机夹头在标距方向伸出的长度不应超过 D_0，而其形状不应妨碍标距内的试样变形。

允许压扁管段试样两夹持头部，加或不加扁块塞头后进行试验。但仲裁试验不压扁，应加配塞头。

(2) 试样原始横截面面积的测定

①直径或厚度小于 4mm，线材、棒材和型材使用的试样类型。

原始横截面面积的测定应准确到 ±1%。

对于圆形横截面的产品，应在两个相互垂直方向测量试样的直径，取其算术平均值计算横截面面积。可以根据测量的试样长度、试样质量和材料密度，按照公式(2-1)确定原始横截面面积：

$$S_0=\frac{1000\times m}{\rho\times L_t} \tag{2-1}$$

式中：m——试样质量(g)；

L_t——试样的总长度(mm)；

ρ——试样材料密度（g/m³）。

②厚度大于或等于3mm板材和扁材以及直径或厚度大于或等于4mm线材、棒材和型材使用的试样类型。

对于圆形横截面和四面机加工的矩形横截面试样，如果试样的尺寸公差和形状公差均满足要求，可以用名义尺寸计算原始横截面面积。对于所有其他类型的试样，应根据测量的原始试样尺寸计算原始横截面面积 S_0，测量每个尺寸应准确到 ±0.5%。

③管材使用的试样类型。

试样原始横截面面积的测定应准确到 ±1%。

管段试样、不带头的纵向或横向试样的原始横截面面积可以根据测量的试样长度、试样质量和材料密度，按照公式(2-1)计算。

对于圆管纵向弧形试样：

当 $\frac{b_0}{D_0} < 0.25$ 时

$$S_0 = a_0 b_0 \left[1 + \frac{b_0^2}{6D_0(D_0 - 2a_0)}\right] \tag{2-2}$$

当 $\frac{b_0}{D_0} < 0.1$ 时

$$S_0 = a_0 b_0 \tag{2-3}$$

对于管段试样：

$$S_0 = \pi a_0 (D_0 - a_0) \tag{2-4}$$

(3)原始标距(L_0)的标记

①应用小标记、细画线或细墨线标记原始标距，但不得用引起过早断裂的缺口做标记。

②对于比例试样，应将原始标距的计算值修约至最接近5mm的倍数，中间数值向较大一方修约。原始标距的标记应精确至 ±1%。

③如平行长度 L_c 比原始标距长许多，例如不经机加工的试样，可以标记一系列套叠的原始标距。有时，可以在试样表面画一条平行于试样纵轴的线，并在此线上标记原始标距。

(4)试验要求

①试验机。

a.各种类型试验机均可使用，如电子式拉力试验机(图2-12)、液压式万能试验机(图2-13)

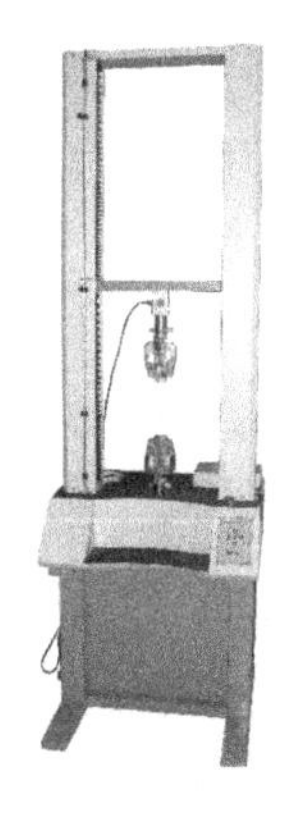

图2-12 电子式拉力试验机

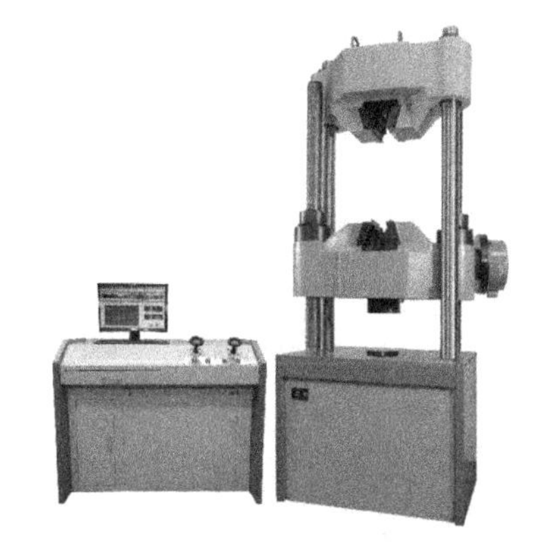

图2-13 液压式万能试验机

等。试验机应按照《静力单轴试验机的检验　第1部分:拉力和(或)压力试验机测力系统的检验与校准》(GB/T 16825.1—2008)进行检验,并应为1级或优于1级。

b. 试验机应具备调速指示装置,试验时能在规定的速度范围内灵活调节。

c. 试验机应具有记录或显示装置,能满足测定力学性能的要求。

d. 试验机应由计量部门定期进行检定。试验时所施加力的范围在检定范围内。

②引伸计。

a. 应进行引伸计(包括记录器或指示器)标定,标定时引伸计的工作状态应尽可能与试验时的工作状态相同。

b. 引伸计的准确度级别应符合《外径千分尺》(GB/T 1216—2018)中的要求。测定上屈服强度、下屈服强度、屈服点延伸率、规定塑性延伸强度、规定总延伸强度、规定残余延伸强度,以及规定残余延伸强度的验证试验,应使用不劣于1级准确度的引伸计;测定其他具有较大延伸率的性能(如抗拉强度、最大力总延伸率和最大力塑性延伸率、断裂总伸长率,以及断后伸长率)时,应使用不劣于2级准确度的引伸计。

c. 经过标定的引伸计,在日常试验前应注意检查,当引伸计经过检修或发现异常时,应重新标定。

(5)试验条件

除非产品标准另有规定,试验速率取决于材料特性并应符合下列要求。

①上屈服强度。

钢筋拉伸时在弹性范围和直至上屈服强度,试验机夹头的分离速率应尽可能保持恒定,并在表2-9中规定的应力速率的范围内。

应力速率 表2-9

材料弹性模量 E (N/mm^2)	应力速率($N/mm^2/s$)	
	最小	最大
<150000	2	20
≥150000	6	60

②下屈服强度。

若仅测定下屈服强度,在试样平行长度的屈服期间应变速率为0.00025~0.0025/s。平行长度内的应变速率应尽可能保持恒定,如不能直接调节这一应变速率,应通过调节屈服即将开始前的应力速率来调整,在屈服完成之前不再调节试验机。任何情况下,弹性范围内的应力速率不得超过表2-9中规定的最大速率。

③规定塑性延伸强度、规定总延伸强度和规定残余延伸强度。

在弹性范围试验机的横梁位移速率应在规定的应力速率范围内,并尽可能保持恒定。

在塑性范围和直至规定强度(规定塑性延伸强度、规定总延伸强度和规定残余延伸强度)应变速率不应超过0.0025/s。

(6)试样夹持方法

应使用如楔形夹头、螺纹夹头、套环夹头等合适的夹具夹持试样。

应尽最大努力确保夹持的试样受轴向拉力的作用,尽量减小弯曲。这对试验脆性材料或测定规定塑性延伸强度、规定总延伸强度、规定残余延伸强度或屈服强度时尤为重要。

为了得到直的试样和确保式样与夹头对中,可以施加不超过规定强度或预期屈服强度的5%相应的预拉力。宜对预拉力的延伸影响进行修正。

(7)性能伸长率和断裂总伸长率的测定

①断裂后伸长率测定。

为了测定断裂后伸长率,应将试样断裂的部分仔细地配接在一起,并使其轴线处于同一直线上,同时采取措施确保试样断裂部分适当接触后测量试样断后标距。这对小横截面试样和低伸长率试样尤为重要。

原则上只有断裂处与最接近的标距标记的距离不小于原始标距的1/3为有效。但断后伸长率不小于规定值,不管断裂位置处于何处,测量均有效。

能用引伸计测定断裂延伸的试验机,引伸计标距应等于试样原始标距,无须标出试样原始标距的标记。以断裂时的总延伸量作为伸长测量时,为了得到断裂后伸长率,应从总延伸量中扣除弹性延伸量。为了得到与手工方法可比的结果,有一些额外的要求。

原则上断裂发生在引伸计标距以内方为有效,但断后伸长率不小于规定值时,不管断裂处于何处,测量均为有效。

如产品标准规定用一固定标距测定断后伸长率,引伸计标距应等于这一标距。

试验前通过协议,可以在一固定标距上测定断后伸长率,然后使用换算公式或换算表将其换算成比例标距的断后伸长率。例如,可以使用《钢的伸长率换算 第1部分:碳素钢和低合金钢》(GB/T 17600.1—1998)和《钢的伸长率换算 第2部分:奥氏体钢》(GB/T 17600.2—1998)的换算方法。

注:仅当标距或引伸计标距、横截面的形状和面积均相同时,或当比例系数 k 相同时,断后伸长率才具有可比性。

测定的断裂总延伸量除以引伸计标距得到断裂总伸长率。

②最大力总伸长率和最大力塑性伸长率的测定。

伸长的定义如图2-14所示。在用引伸计得到的力-延伸曲线图上测定最大力时的总延伸量。

有些材料在最大力时呈现一平台。当出现这种情况时,取平台中点的最大力对应的总伸长率。

③屈服点延伸率的测定。

对于不连续屈服的材料,从力延伸图上均匀加工硬化开始点的延伸减去上屈服强度 R_{eH} 对应的延伸得到屈服点 A_e。均匀加工硬化开始点的延伸通过曲线图上,经过不连续屈服阶段最后的最小值点作一条水平线或经过均匀加工硬化前屈服范围的回归线,与均匀加工硬化开始处曲线的最高斜率线相交点确定,屈服点延伸量除以引伸计标距 L_e 得到屈服点延伸率,试验报告应注明确定均匀加工硬化开始点的方法(图2-15)。

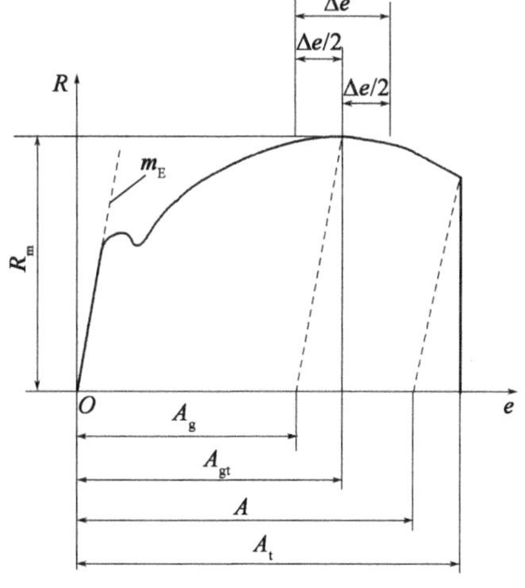

图2-14 伸长的定义

A-断后伸长率;A_g-最大力塑性延伸率;A_{gt}-最大力总延伸率;A_t-断裂总延伸率;e-延伸率;m_E-应力延伸率曲线上弹性部分的斜率;R-应力;R_m-抗拉强度;Δe-平台范围

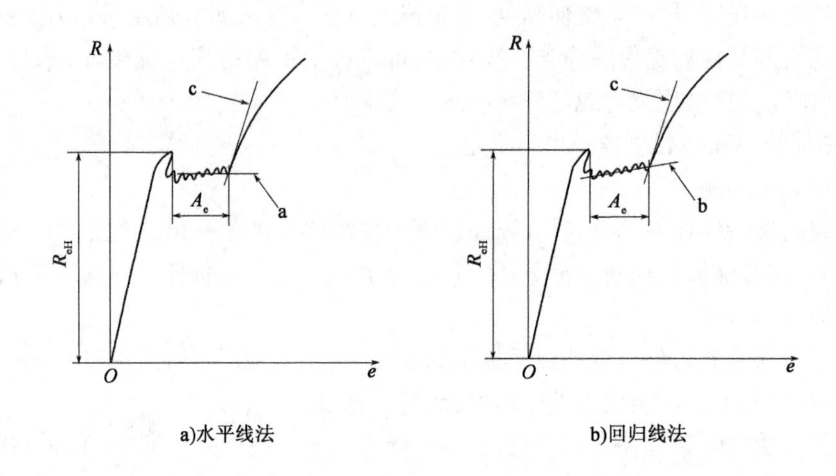

图 2-15 屈服点延伸率 A_e 的不同评估方法

A_e-屈服点延伸率；e-延伸率；R-应力；R_{eH} -上屈服强度；a-经过均匀加工硬化前最后最小值点的水平线；b-经过均匀加工硬化前屈服范围的回归线；c-均匀加工硬化开始处曲线的最高斜率线

④上屈服强度和下屈服强度的测定。

呈现明显屈服(不连续屈服)现象的金属材料,相关产品标准应规定测定上屈服强度或下屈服强度,或测定上、下屈服强度。如未具体规定,应测定上屈服强度和下屈服强度。试验时记录力-延伸曲线或力-位移曲线。上屈服强度可以从力-延伸曲线图或峰值力显示器上测得,定义为力首次下降前的最大力值对应的应力,下屈服强度可以从力-延伸曲线上测得,定义为不计初始瞬时效应时屈服阶段中的最小力所对应的应力。

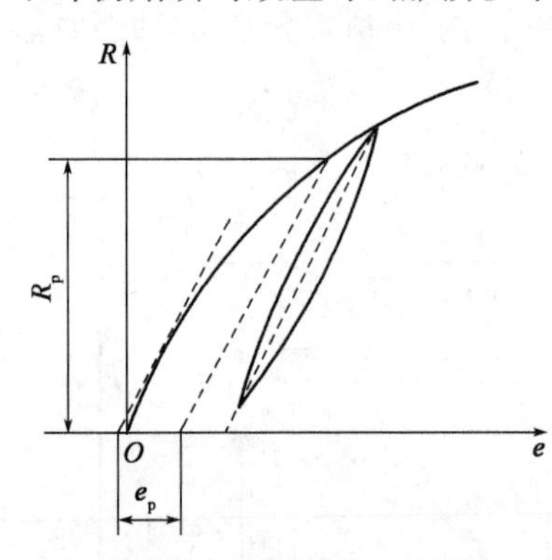

图 2-16 规定塑性延伸强度

e-延伸率；e_p-规定的塑性延伸率；R-应力；R_p-规定塑性延伸强度

准确绘制力-延伸曲线图十分重要。如果力-延伸曲线图的弹性直线部分不能明确地确定,以致不能以足够的准确度画出这一平行线,因此推荐采用如下方法(图 2-16)。

试验时,当已超过预期规定的塑性延伸强度后,将力降至约为已达到的力的 10%,然后再施加力直至超过原已达到的力。为了测定规定塑性延伸强度,过滞后环画一直线。然后经过横轴上与曲线原点的距离等效时所规定的塑性延伸率的点,作平行于此直线的平行线与曲线的交点,给出相应于规定塑性延伸强度的力。此力除以试样原始横截面面积(S_0)得到规定非比例延伸强度。可以使用自动装置(如微处理机等)或自动测试系统测量规定塑性延伸强度,可以不绘制力-延伸曲线图。

⑤断面收缩率(Z)的确定。

将试样断裂部分仔细地配接在一起,使其轴线处于同一直线上。断裂后最小横截面面积的测定应准确到 ±2%,原始横截面面积与断后最小横截面面积之差除以原始横截面面积的百分率得到断面收缩率。

注:对于小直径的圆试样或其他横截面形状的试样,断后横截面面积的测量准确度达到 ±2% 很困难。

(8)试验结果数值的修约

试验测定的性能结果数值应按照相关产品标准的要求进行修约。如未规定具体要求,应按照如下要求进行修约:

强度性能值修约至1MPa,屈服点延伸率修约至0.1%,其他延伸率和断后伸长率修约至0.5%,断面收缩率修约至1%。

(9)试验报告

试验报告应至少包括以下信息,除非双方另有约定:

①本部分国家标准编号;

②注明试验条件信息;

③试样标识;

④材料名称、牌号;

⑤试样类型;

⑥试样的取样方向和位置;

⑦试验控制模式和试验速率或试验速率范围;

⑧试验结果。

试验测试的性能指标见表2-10～表2-14。

Q235钢的拉伸试验性能指标(GB/T 700—2006)　　表2-10

屈服强度(MPa)						抗拉强度(MPa)	伸长率				
钢材的厚度或直径(mm)							钢材的厚度或直径(mm)				
≤16	>16～40	>40～60	>60～100	>100～150	>150～200		≤40	>40～60	>60～100	>100～150	>150～200
≥235	≥225	≥215	≥215	≥195	≥185	370～500	≥26	≥25	≥24	≥22	≥21

热轧钢材的拉伸试验性能指标(GB/T 1591—2018)　　表2-11

牌号		上屈服强度R_{eH}[a](MPa)不小于									抗拉强度R_m(MPa)			
钢级	质量等级	公称厚度或直径(mm)												
		≤16	>16～40	>40～63	>63～80	>80～100	>100～150	>150～200	>200～250	>250～400	≤100	>100～150	>150～250	>250～400
Q355	B、C	355	345	335	325	315	295	285	275	—	470～630	450～600	450～600	—
	D									265[b]				450～600[b]
Q390	B、C、D	390	380	360	340	340	320	—	—	—	490～650	470～620	—	—
Q420[c]	B、C	420	410	390	370	370	350	—	—	—	520～680	500～650	—	—

续上表

牌号		上屈服强度R_{eH}[a](MPa)不小于									抗拉强度 R_m(MPa)			
		公称厚度或直径(mm)												
钢级	质量等级	≤16	>16~40	>40~63	>63~80	>80~100	>100~150	>150~200	>200~250	>250~400	≤100	>100~150	>150~250	>250~400
Q460[c]	C	460	450	430	410	410	390	—	—	—	550~720	530~700	—	—

注:a. 当屈服不明显时,可用规定塑性延伸强度 $R_{po,z}$ 代替上屈服强度。

b. 只适用于质量等级为 D 的钢板。

c. 只适用于型钢和棒材。

热轧钢材的伸长率 表 2-12

牌号		断后伸长率 A(%)不小于						
		公称厚度或直径(mm)						
钢级	质量等级	试样方向	≤40	>40~63	>63~100	>100~150	>150~250	>250~400
Q355	B、C、B	纵向	22	21	20	18	17	17[a]
		横向	20	19	18	18	17	17[a]
Q390	B、C、B	纵向	21	20	20	19	—	—
		横向	20	19	19	18	—	—
Q420[b]	B、C	纵向	20	19	19	19	—	—
Q460[b]	C	纵向	18	17	17	17	—	—

注:a. 只适用于质量等级为 D 的钢板。

b. 只适用于型钢和棒材。

结构用热镀锌板的力学性能(1) 表 2-13

钢材牌号	力学性能					钢材交货状态硬度 HBW10/3000	
	抗拉强度(MPa)	屈服强度(MPa)	伸长率 δ_5(%)	断面收缩率 ψ(%)	冲击韧性 A_{KU2}(J)	未热处理钢	退火钢
20	410	245	≥25	55	—	≤156	—
25	450	275	≥23	50	70	≤170	—
30	490	295	≥21	50	63	≤179	—
35	530	315	≥20	45	55	≤197	—
40	570	335	≥19	45	47	≤217	187
45	600	355	≥16	40	39	≤229	187

结构用热镀锌板的力学性能(2) 表 2-14

钢材牌号	力学性能			锌层	
	屈服点强度(MPa)	抗拉强度(MPa)	伸长率 δ_5(%)	锌层代号	锌层弯曲试验时弯心直径
StE280-2Z	280	470~630	≥18	001~275	2*a*
StE345-2Z	345	≥450	≥12	180~275	—

2.3.3 弯曲试验

1)原理

钢材弯曲试验应遵循《金属材料 弯曲试验方法》(GB/T 232—2010)的规定。该标准适用于检验金属材料承受规定弯曲角度的弯曲变形性能,其试验过程是将一定形状和尺寸的试样放置于弯曲装置上,以规定直径的弯曲压头将试样弯曲到所要求的角度后,卸除试验力,检查试样承受变形的能力。弯曲试验在压力机或万能试验机上进行,试验机上装备有足够硬度的支承辊,其长度大于试样宽度,支座辊的距离可调节,另备有不同直径的弯曲压头。

弯曲试样可以有不同形状的横截面,钢结构常用板状试样,板厚不大于25mm时,试样厚度与材料厚度相同,试样宽度为其厚度的2倍,但不得小于10mm;当材料厚度大于25mm时,试样厚度加工成25mm,保留一个原表面,宽度加工成30mm。试验机能力允许时,厚度大于25mm的材料,也可用全厚度试样进行试验,试样宽度取厚度的2倍。弯曲试验时,试样两臂的轴线保持在垂直于弯曲轴的平面内。如为弯曲180°的弯曲试验,按照相关产品标准的要求,将试样弯曲至两臂相距规定距离且相互平行或两臂直接接触。弯曲试验符号、说明及单位见表2-15。

弯曲试验符号、说明及单位 表2-15

符　号	说　明	单　位
a	试样厚度、直径(或多边形横截面内切圆直径)	mm
b	试样宽度	mm
L	试样长度	mm
l	支辊间距离	mm
D	弯曲压头直径	mm
α	弯曲角度	°
r	试样弯曲后的弯曲半径	mm
f	弯曲压头的移动距离	mm
c	试验前支辊中心轴所在水平面与弯曲压头中心轴所在水平面之间的距离	mm
p	试验后支辊中心轴所在垂直面与弯曲压头中心轴所在垂直面之间的距离	mm

2)试验装备

弯曲装置包括:支辊式弯曲装置(图2-17)、V形模具式弯曲装置(图2-18)、虎钳式弯曲装置(图2-19)。

应在配备弯曲装置之一的万能试验机或压力机上完成试验。

(1)支辊式弯曲装置

支辊长度和弯曲压头的宽度应大于试样宽度或直径。弯曲压头的直径由产品标准规定。支辊和弯曲压头应具有足够的硬度。除非另有规定,支辊间距离(图2-17)在试验期间应保持不变,应按式(2-5)计算,即:

$$l = (D + 3a) \pm \frac{1}{2}a \tag{2-5}$$

注：此距离在试验前期保持不变，对于180°弯曲试样，此距离会发生变化。

弯曲压头直径应在相关产品标准中规定。支辊长度和弯曲压头宽度应大于试样宽度或直径。支辊和弯曲压头应具有足够的硬度。

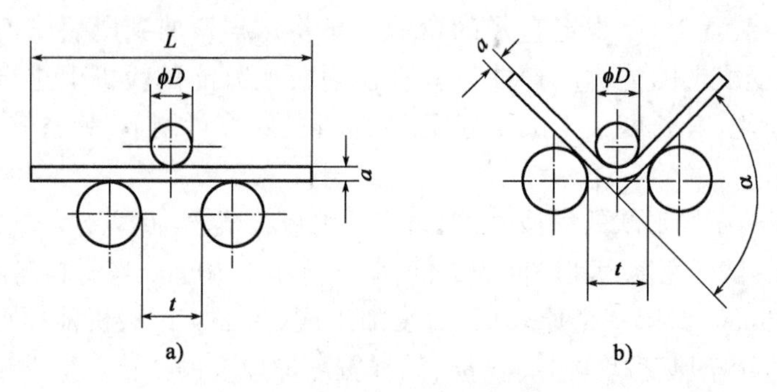

图2-17　支辊式弯曲装置

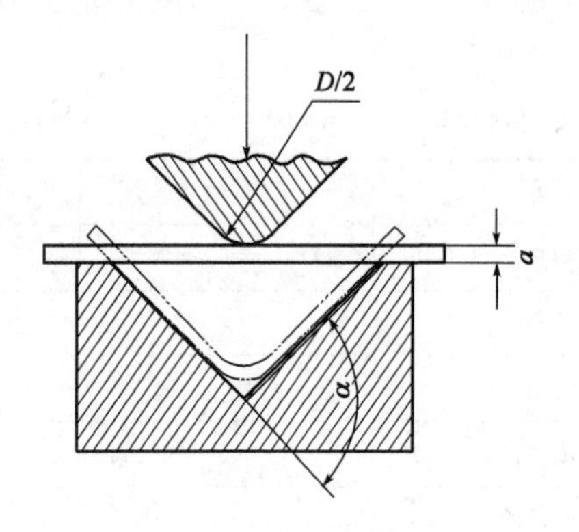

图2-18　V形模具式弯曲装置

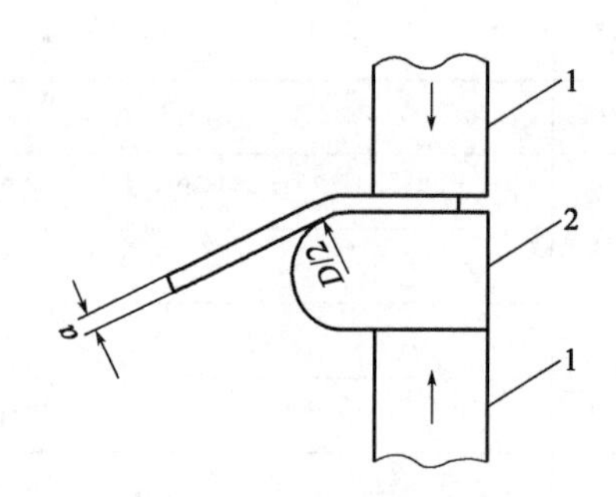

图2-19　虎钳式弯曲装置
1-虎钳；2-弯曲压头

(2)V形模具式弯曲装置

模具的V形槽的角度应为180° − α(图2-18)，弯曲角度应符合相关产品标准的要求。模具的支承棱边应倒圆，其倒圆半径应为1～10倍试样厚度。模具和弯曲压头宽度应大于试样宽度或直径，并应具有足够的硬度。

(3)虎钳式弯曲装置

该装置由虎钳及有足够硬度的弯曲压头组成(图2-19)，可以配置加力杠杆。弯曲压头直径应按照相关产品标准的要求，弯曲压头宽度应大于试样宽度或直径。

由于虎钳左端面的位置会影响测试结果，因此虎钳的左端面不能达到或超过弯曲压头中心垂线。

也可使用符合弯曲试验原理的其他弯曲装置(例如翻板式弯曲装置等)。

3)试样

试验使用圆形、方形、矩形或多边形横截面的试样。样坯的切取位置和方向应符合相关产品标准的要求。如未具体规定,对于钢产品,应符合《钢及钢产品 力学性能试验取样位置及试样制备》(GB/T 2975—2018)的要求。试样应去除由于剪切或火焰切割或类似的操作而影响了材料性能的部分。如果试验结果不受影响,允许不去除试样受影响的部分。

矩形试样的棱边:试样表面不得有划痕和损伤。方形、矩形和多边形横截面试样的棱边应倒圆,倒圆半径不能超过以下数值:

(1)1mm,当试样厚度小于10mm。

(2)1.5mm,当试样厚度大于或等于10mm且小于50mm。

(3)3mm,当试样厚度不小于50mm。

棱边倒圆时不应形成影响试验结果的横向毛刺、伤痕或刻痕。如果试验结果不受影响,允许试样的棱边不倒圆。

试样宽度应按照相关产品标准的要求确定。如未具体规定,试样宽度应按照如下要求:

(1)当产品宽度不大于20mm时,试样宽度为原产品宽度。

(2)当产品宽度大于20mm,厚度小于3mm时,试样宽度为(20±5)mm;厚度不小于3mm时,试样宽度为20~50mm。

试样厚度或直径应按照相关产品标准的要求确定,如未具体规定,应符合以下要求。

(1)对于板材、带材和型材,产品厚度不大于25mm时,试样厚度应为原产品的厚度;产品厚度大于25mm时,试样厚度可以机加工减薄至不小于25mm,并应保留一侧原表面。弯曲试验时试样保留的原表面应位于受拉变形一侧。

(2)直径(圆形横截面)或内切圆直径(多边形横截面)不大于30mm的产品。其试样横截面应为原产品的横截面。对于直径或多边形横截面内切圆直径超过30mm但不大于50mm的产品,可以将其机加工成横截面内切圆直径不小于25mm的试样。直径或多边形横截面内切圆直径大于50mm的产品,应将其机加工成横截面内切圆直径不小于25mm的试样(图2-20)。试验时,试样未经机加工的原表面应置于受拉变形的一侧。

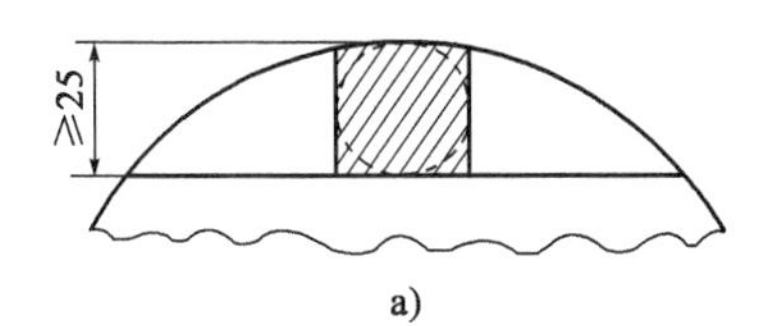

a)

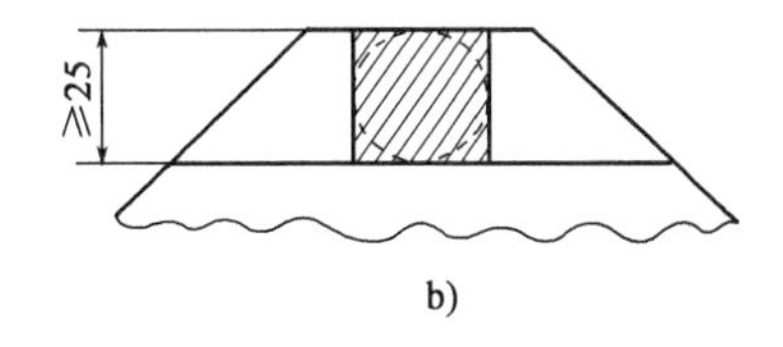

b)

图2-20 减薄试样横截面形状与尺寸(尺寸单位:mm)

锻材、铸材和半成品,其试样尺寸应在交货要求或协议中规定。试样长度应根据试样厚度和所使用的试验设备确定。

4)试验程序

试验一般在10~35℃的温室下进行。按照相关产品标准规定,采用下列方法之一完成试验。

(1)试样在图2-21~图2-23所给定的条件和在力作用下弯曲至规定的弯曲度。

(2)试样在力作用下弯曲至两臂相距规定距离且相互平行(图2-22)。

(3)试样在力作用下弯曲至两臂直接接触(图2-23)。

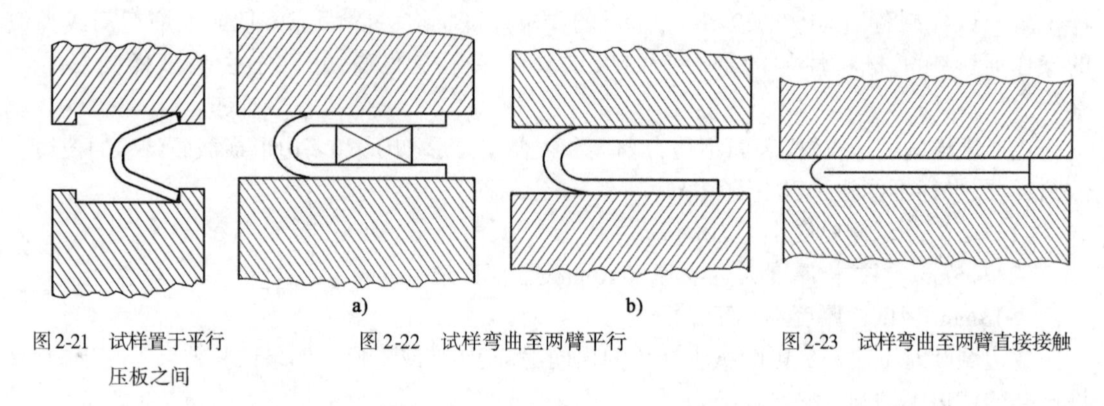

图 2-21 试样置于平行压板之间

图 2-22 试样弯曲至两臂平行

图 2-23 试样弯曲至两臂直接接触

试样弯曲至规定弯曲角度的试验:应将试样放于两支辊[图 2-17a)]或 V 形模具(图 2-18)上,试样轴线应与弯曲压头轴线相垂直,弯曲压头在两支座之间的中点处对试样连续施加力使其弯曲,直至达到规定的弯曲角度。弯曲角度 α 可以通过测量弯曲压头的位移计算得出。

可以采用图 2-19 所示的方法进行弯曲试验,试样一端固定,绕弯曲压头进行弯曲,可以绕过弯曲压头,直至达到规定的弯曲角度。

弯曲试验时,应当缓慢地施加弯曲力,以使材料能够自由地进行塑性变形。当出现争议时,试验速率应为(1 ±0.2)mm/s。

使用上述方法如不能直接达到规定的弯曲角度,应将试样置于两平行压板之间(图2-21),连续施加力压其两端,使其进一步弯曲,直至达到规定的弯曲角度。

试样弯曲至两臂相互平行的试验:首先对试样进行初步弯曲,然后将试样置于两平行板之间,连续施加力压其两端。使其进一步弯曲,直至两臂平行(图 2-22)。试验时可以加或不加内置垫块,垫块厚度等于规定的弯曲压头直径,除非产品标准中另有规定。

试样弯曲至两臂直接接触的试验,首先对试样进行初步弯曲,然后将试样置于两平行板之间,连续施加力压其两端,使其进一步弯曲,直至两臂直接接触(图 2-23)。

5)试验结果评定

弯曲试验结果评定标准如下:

(1)完好:试样弯曲处的外表面金属基体上无肉眼可见因弯曲变形产生的缺陷时称为完好。

(2)微裂纹:试样弯曲外表面金属基体上出现的细小裂纹,其长度不大于 2mm、宽度不大于 0.2mm 时称为微裂纹。

(3)裂纹:试样弯曲外表面金属基体上出现开裂,其长度大于 2mm、小于或等于 5mm,宽度大于 0.2mm、小于或等于 0.5mm 时称为裂纹。

(4)裂缝:试样弯曲外表面金属基体上出现明显开裂,其长度大于 5mm、宽度大于 0.5mm 时称为裂缝。

(5)裂断:试样弯曲外表面出现沿宽度贯穿的开裂,其深度超过试样厚度的 1/3 时称为裂断。

钢结构用钢材弯曲试验合格要求为达到完好标准。

6)试验报告

试验报告至少应包括下列内容:

(1)试验报告所用标准编号;
(2)试样标识(材料牌号、炉号、取样方向等);
(3)试样的形状和尺寸;
(4)试验条件(弯曲压头直径、弯曲角度);
(5)试验结果。
试验报告示例如图 2-24 所示。

检测报告
Testing report

报告编号 Report No.:HXT-LH-********

客户名称 Customer name	—			送样日期 Sample delivery date	2018.7.6
工程名称 Project name	—			检测日期 Test date	2018.7.20
监理单位 Supervision unit	—			见证人 Witnesses	—
样品名称 Sample name	钢板			牌号 Brand number	Q345B Q345B-Z15 Q420GJC-Z25
样品编号 Sample number	HZAT-02-01～03	规格、型号 Specification	35～60mm	温/湿度 Temperature/humidity	24℃/55%RH
检测依据 Testing basis	GB/T 1591—2008、GB/T 19879—2010、GB/T 5313—2010、GB/T 228.1—2010、GB/T 232—2010、GB/T 229—2007、GB/T 4336—2016				
仪器名称 Instrument name	电液伺服万能材料试验机(WAW-1000B)HXT-M-94、冲击试验机(JB-300B)HXT-M-15、M5000直读光谱仪HXT-M-61				
检测项目 Test item(s)	拉伸试验、弯曲试验、冲击试验、Z向性能、化学成分检测(C、Si、Mn、S、P)				
检测结论 Test Conclusion	按GB/T 1591—2008、GB/T 19879—2010、GB/T 5313—2010、GB/T 228.1—2010、GB/T 232—2010、GB/T 229—2007、GB/T 4336—2016标准检测下述项目，检测结果符合标准要求。 (检验检测专用章) 签发日期(Issue date):2018年07月24日				
备注	—				

编制:　　　　审核:　　　　批准:

Edit by　　　　Check by　　　　Approve by

Form No:HXT-4-113 Rev:D/0　　　　第2页 共5页(page)

a)

图 2-24

检测报告
Testing report

报告编号 Report No.:HXT-LH-********

样品编号 Sample number	HZAT-02-01	规格 Specification	35mm	牌号 Brand number	Q345B
生产单位 Manufacturer	—			炉批号 Lot No.	—

检测项目 Test item(s)	技术要求 Requirement	检测结果 Test results	单项评定 Item conclusion
屈服强度R_{el} (MPa)	≥335	370	合格
抗拉强度R_m (MPa)	470～630	552	合格
断后伸长率A (%)	≥20	29.0	合格
弯曲试验 d=3a α=180°	弯曲外表面无肉眼可见裂纹	弯曲外表面无肉眼可见裂纹	合格
冲击试验 A_{kv}(J) (20℃)	≥34	180、194、210 平均195	合格
C(碳) (%)	≤0.20	0.173	合格
Si(硅) (%)	≤0.50	0.362	合格
Mn(锰) (%)	≤1.70	1.520	合格
P(磷) (%)	≤0.035	0.027	合格
S(硫) (%)	≤0.035	<0.008	合格

Form No:HXT-4-113 Rev:D/0 第3页 共5页(page)

b)

图 2-24 试验报告示例

2.3.4 冲击韧性试验

冲击韧性是钢材抵抗冲击荷载的能力，它用钢材断裂时所吸收的总能量来衡量。单向拉伸试验所表现的钢材性能都是静力性能，韧性则是动力性能。韧性是钢材强度和塑性的综合指标，韧性低则发生脆性破坏的可能性大。

冲击韧性试验符号、名称及单位见表 2-16。

冲击韧性试验符号、单位及名称 表 2-16

符号	单位	名称
K_p	J	实际初始势能(势能)
FA	%	断面率
h	mm	试样高度
KU_2	J	U 形缺口试样在 2mm 摆锤刀刃下的冲击吸收能量
KU_8	J	U 形缺口试样在 8mm 摆锤刀刃下的冲击吸收能量

续上表

符　号	单　位	名　称
KV_2	J	V 形缺口试样在 2mm 摆锤刀刃下的冲击吸收能量
KV_8	J	V 形缺口试样在 8mm 摆锤刀刃下的冲击吸收能量
LE	mm	侧膨胀值
l	mm	试样长度
T_t	℃	转变温度
w	mm	试样宽度

1）原理

将规定几何形状的缺口试样置于试验机两支座之间，缺口背向打击面放置，用摆锤一次打击试样，测定试样的吸收能量（图 2-25）。由于大多数材料冲击值随温度变化，因此试验应在规定温度下进行。当不在室温下试验时，试样必须在规定条件下加热或冷却，以保持规定的温度。

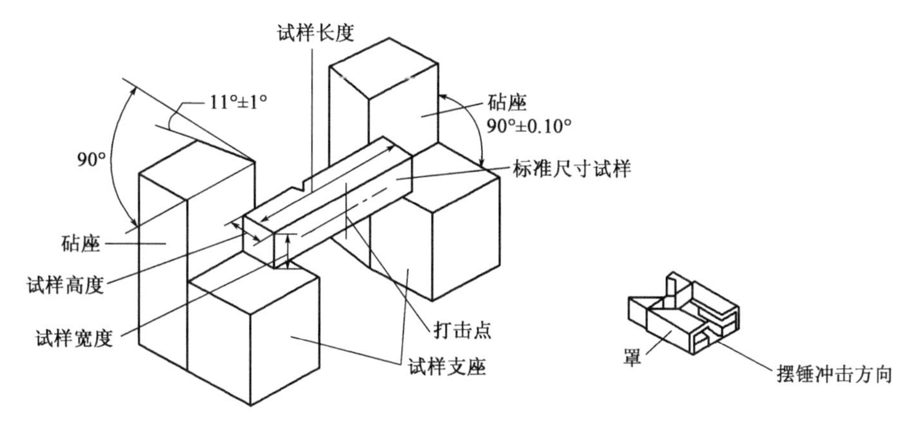

图 2-25　试样与摆锤冲击试验机支座及砧座相对位置示意图

2）试样一般要求

标准尺寸冲击试样长度为 55mm，横截面为 10mm × 10mm 的方形截面。试样长度中间有 V 形或 U 形缺口。如试料不够制备标准尺寸试样，可使用宽度为 7.5mm、5mm 或 2.5mm 的小尺寸试样。

注：对于低能量的冲击试验，因为摆锤要吸收额外能量，因此垫片的使用非常重要，对于高能量的冲击试验并不十分重要。应在支座上放置适当厚度的垫片，以使试样打击中心的高度为 5mm（相当于宽度 10mm 标准试样打击中心高度）。

试样表面粗糙度 Ra 应小于 5μm，端部除外。对于需热处理的试验材料，应在最后精加工前进行热处理，除非已知两者顺序改变不会导致性能上的差别。

对缺口的制备应仔细，以保证缺口根部处没有影响吸收能的加工痕迹。缺口对称面应垂直于试样纵向轴线（图 2-25）。

（1）V 形缺口。V 形缺口应有 45°夹角，其深度为 2mm，底部曲率半径为 0.25mm［图 2-26a）］。

（2）U 形缺口。U 形缺口深度为 2mm 或 5mm（除非另有规定），底部曲率半径为 1mm

[图 2-26b)]。

试样尺寸及偏差:规定的试样及缺口尺寸与偏差在图 2-26 和表 2-17 中示出。

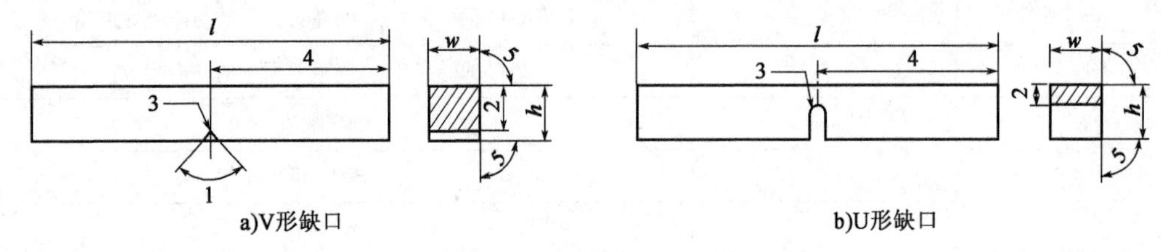

图 2-26　冲击试样(尺寸单位:mm)

注:1 ~5 的含义见表 2-17。

试样的尺寸与偏差　　表 2-17

名　称		符号或序号	V 形缺口试样		U 形缺口试样	
			公称尺寸	机加工偏差	公称尺寸	机加工偏差
长度		l	55mm	±0.60mm	55mm	±0.60mm
高度[a]		h	10mm	±0.075mm	10mm	±0.11mm
宽度[a]	标准试样	w	10mm	±0.11mm	10mm	±0.11mm
	小试样		7.5mm	±0.11mm	7.5mm	±0.11mm
	小试样		5mm	±0.06mm	5mm	±0.06mm
	小试样		2.5mm	±0.04mm	—	—
缺口角度		1	45°	±2°	—	—
缺口底部高度		2	8mm	±0.075mm	8mm[b] 5mm[b]	±0.09mm ±0.09mm
缺口根部半径		3	0.25m	±0.025mm	1mm	±0.07mm
缺口对称面—端部距离[a]		4	27.5mm	±0.42mm[c]	27.5mm	±0.42mm[c]
缺口对称面—试样纵轴角度		—	90°	±2°	90°	±2°
试样纵向面间夹角		5	90°	±2°	90°	±2°

注:a. 除端部外,试样表面粗糙度 Ra 应优于 5μm。

b. 如规定其他高度应规定相应偏差。

c. 对自动定位试样的试验机,建议偏差用 ±0.165mm 代替 ±0.42mm。

3)试样的制备

试样样胚的切取应按相关产品标准或《钢及钢产品　力学性能试验取样位置及试样制备》(GB/T 2975—2018)的规定执行,试样制备过程应使由于过热或冷加工硬化而改变材料冲击性能的影响减至最小。

试样标记应远离缺口,不应标在与支座、砧座或摆锤刀刃接触的面上。试样标记应避免塑形变形和表面不连续性对冲击吸收能量的影响。

钢材冲击试验应遵循国家标准《金属材料　夏比摆锤冲击试验方法》(GB/T 229—2007)的规定。标准试样尺寸为 10mm×10mm×55mm 带有 V 形或 U 形缺口的试样为标准试样(如试料不够制备标准尺寸试样,可使用宽度 7.5mm、5mm 或 2.5mm 的小尺寸试样),试样可以保留一个或两个轧制面,缺口的轴线应垂直于轧制面,缺口底部应光滑,无与缺口轴线平行的明显划痕。试样尺寸及偏差应符合图2-26和表2-17的规定。

冲击韧性值 A_{kV} 按一组3个试样算术平均值计算，允许其中1个试样单值低于标准规定，但不得低于规定值的70%。

4）试验设备

所有测量仪器均应溯源至国家标准或国标标准。这些仪器应在合适的周期内进行校准。

安装及检验：试验机应按《摆锤式冲击试验机的试验》（GB/T 3808—2018）或《摆锤式冲击试验机检定规程》（JJG 145—2007）进行安装及检验。

摆锤刀刃：摆锤刀刃半径分为2mm和8mm两种，可分别用符号 KV_2 和 KV_8 表示。摆锤刀刃半径的选择应参考相关产品标准。

注：对于低能量的冲击试验，一些材料用2mm和8mm摆锤刀刃试验测定的结果有明显不同，半径2mm摆锤刀刃的结果可能高于半径8mm摆锤刀刃的结果。

5）试验程序

试样应紧贴试验机砧座，锤刃沿缺口对称面打击试样缺口背面，试样缺口对称面偏离两砧座间的中点应不大于0.5mm。试验前应检查摆锤空打时的回零差或空载耗能。试验前应检查砧座跨距，砧座跨距应保证在（40±0.2）mm以内。

6）试验温度

对于试验温度有规定的，应在规定温度±2℃范围内进行。如果没有规定，室温冲击试验应在（23±5）℃范围进行。

当使用液体介质冷却试样时，试样应放置于一容器中的网栅上，网栅至少高于容器底部25mm，液体浸过试样的高度至少25mm，试样距容器侧壁至少10mm。应连续均匀搅拌介质以使温度均匀。

测定介质温度的仪器推荐置于一组试样中间处。介质温度应在规定温度±1℃以内，保持至少5min。当使用气体介质冷却试样时，试样距低温装置内表面以及试样之间应保持足够的距离，这样应在规定温度下保持至少20min。

注：当液体介质接近其沸点时，从液体介质中移出试样至打击的时间间隔中，介质蒸发冷却会明显降低试样温度。

对于试验温度不超过200℃的高温试验，试样应在规定温度±2℃的液体中保持至少10min；对于试验温度超过200℃的高温试验，试样应在规定温度±5℃的液体中保持至少20min。

当试验不在温室进行时，试样从高温或低温装置中移出至打断的时间不大于5s。

转移装置的设计和使用应能使试样温度保持在允许的温度范围内。转移装置与试样接触部分应与试样一起加热或冷却。应采取措施确保试样对中装置的间隙或定位部件的间隙大于13mm，否则，在断裂过程中，试样端部可能回弹至摆锤上。

注：（1）对于试样从高温或低温装置中移出至打击时间在3～5s的试验，可考虑采用过冷或过热试样的方法补偿温度损失，过冷或过热温度补偿值见表2-18和表2-19，对于高温试样应充分考虑过热对材料性能的影响；

（2）V形缺口自动对中夹钳一般用于将试样从控温介质中移至适当的试验位置，此类夹钳消除了由于断样和固定的对中装置之间相互影响带来的潜在间隙问题。

过冷温度补偿值(℃) 表 2-18

试验温度	过冷温度补偿	试验温度	过冷温度补偿
-192 ~ < -100	3 ~ <4	-60 ~ <0	1 ~ <2
-100 ~ < -60	2 ~ <3		

过热温度补偿值(℃) 表 2-19

试验温度	过冷温度补偿	试验温度	过冷温度补偿
35 ~ <200	1 ~ <5	600 ~ <700	20 ~ <25
200 ~ <400	5 ~ <10	700 ~ <800	25 ~ <30
400 ~ <500	10 ~ <15	800 ~ <900	30 ~ <40
500 ~ <600	15 ~ <20	900 ~ <1000	40 ~ <50

7)试验机能力范围

试样吸收能量 K 不应超过实际初始势能 K_p 的 80%,如果试样吸收能量超过此值,在试验报告中应报告为近似值并注明超过试验机能力的 80%。建议试样吸收能量 K 的下限应不低于试验机最小分辨率的 25 倍。

注:理想的冲击试验应在恒定的冲击速度下进行。在摆锤式冲击试验中,冲击速度随断裂进程降低,对于冲击吸收能量接近摆锤打击能力的试样,打击期间摆锤速度已下降至不能再准确获得冲击能量。

8)试样未完全断裂

对于试样试验后没有完全断裂,可以报出冲击吸收能量,或与完全断裂试样结果平均后报出。

由于试验机打击能量不足,试样未完全断裂,吸收能量不能确定,试验报告应注明用 XJ 的试验机试验,试样未断裂。

9)试样卡锤

如果试样卡在试验机上,试验结果无效,应彻底检查试验机,否则试验机的损伤会影响测量的准确性。

如断裂后检查显示出试样标记是在明显的变形部位,试验结果可能不代表材料的性能,应在试验报告中注明。

10)试验结果

读取每个试样的冲击吸收能量,应至少估读到 0.5J 或 0.5 个标度单位(取两者之间较小值)。试验结果至少应保留两位有效数字,修约方法按《数值修约规则与极限数值的表示和判定》(GB/T 8170—2008)执行。

11)试验报告

试验报告应包括以下内容。

必需的内容如下:

(1)国家标准编号;

(2)试样相关资料(如钢种、炉号等);

(3)缺口类型(缺口深度);

(4)与标准尺寸不同的试样尺寸;

(5)试验温度;

(6)吸收能量 KV_2、KV_8、KU_2、KU_8;

(7)可能影响试验的异常情况。

可选的内容如下:

(1)试样的取向;

(2)试验机的标称能量;

(3)侧膨胀值 LE;

(4)断口形貌与剪切断面率;

(5)吸收能量-温度曲线;

(6)转变温度,判定标准;

(7)没有完全断裂的试样数。

冲击韧性对钢材的化学成分、内部组织状态,以及冶炼、轧制质量都较敏感。例如,钢中磷、硫含量较高,存在偏析或非金属夹杂物,以及焊接中形成的微裂纹等,都会使冲击韧性值显著降低。冲击韧性值受温度的影响也很大,当温度低于某一值时会急剧下降。因此,应根据相应温度提出冲击韧性要求。

Q235、Q345、Q390、Q420 和 Q460 钢材的冲击韧性指标及温度见表 2-20。

钢材的冲击韧性指标及温度　　表 2-20

牌　号	质量等级				
	A	B	C	D	E
	V 形冲击功(J,纵向),不小于				
Q235	不要求	27(20℃)	27(0℃)	27(−20℃)	—
Q345	不要求	34(20℃)	34(0℃)	34(−20℃)	34(−40℃)
Q390	不要求	34(20℃)	34(0℃)	34(−20℃)	34(−40℃)
Q420	不要求	34(20℃)	34(0℃)	34(−20℃)	34(−40℃)
Q460	不要求	不要求	34(0℃)	34(−20℃)	34(−40℃)

2.4 钢材焊接性能检测

钢材的焊接性能也称为钢材的可焊性,即在一定的材料、结构和工艺条件下,要求钢材施焊后能获得良好的焊接接头性能。焊接性能分为施工上的可焊性和使用上的可焊性两类。

施工上的可焊性是指在一定的焊接工艺条件下,焊缝金属和热影响区产生裂纹的敏感性。施工可焊性好,即施焊时焊缝金属和热影响区均不出现热裂纹或冷裂纹。使用上的可焊性是指焊接金属和焊接接头的冲击韧性和热影响区的塑性。要求施焊后的力学性能不低于母材的力学性能,若焊缝金属的冲击韧性下降较多或热影响区的脆性倾向较大,则其在使用上的可焊性较差。

钢材的可焊性取决于熔融区和热影响区，对连接的性能也有较大的影响，其中又以热影响区最为薄弱。在工程实践中，钢材的可焊性常用专门的试验来测定。针对不同的焊接性能指标，可焊性的试验方法有很多，焊接的制样与试验方法应遵循《焊接接头冲击试验方法》(GB/T 2650—2008)、《焊接接头拉伸试验方法》(GB/T 2651—2008)、《焊接及熔融金属拉伸试验方法》(GB/T 2652—2008)、《焊接接头弯曲及试验方法》(GB/T 2653—2008)、《焊接接头硬度试验方法》(GB/T 2654—2008)等方法执行。

2.4.1 焊接接头冲击试验方法

《焊接接头冲击试验方法》(GB/T 2650—2008)规定，冲击试验按《金属材料　夏比摆锤冲击试验方法》(GB/T 229—2007)进行，除按《金属材料　夏比摆锤冲击试验方法》(GB/T 229—2007)要求外，缺口位置可以通过宏观腐蚀确定。焊接接头冲击试验采用 10mm × 10mm × 55mm 带有 V 形或 U 形缺口的试样为标准试样，缺口位置及方向见表 2-21、表 2-22。

S 位置(缺口面平行于试件表面)　　表 2-21

符　号	缺口在焊缝	符　号	缺口在热影响区
	示意图		示意图
VWS a/b	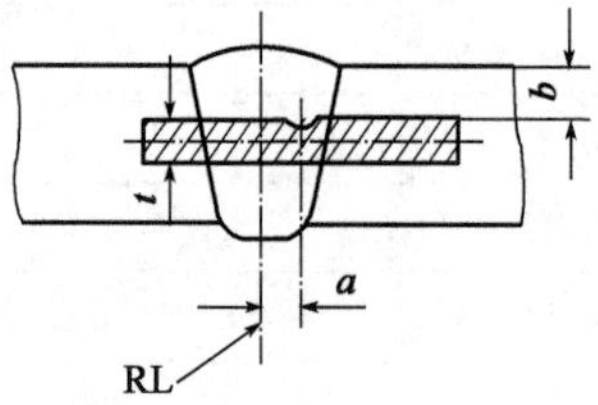 b t a RL	VHS a/b (压焊)	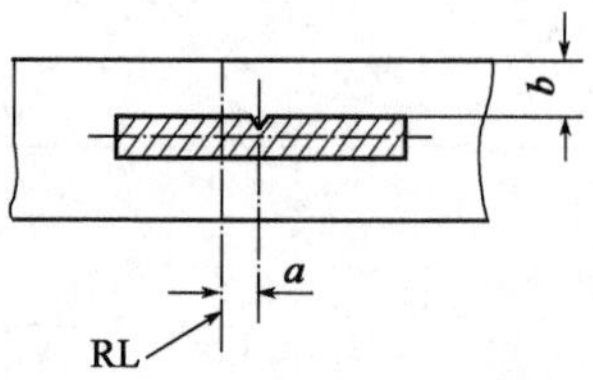 b a RL
		VHS a/b (熔化焊)	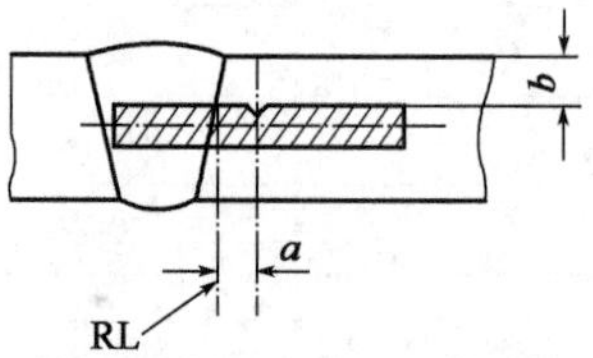 b a RL

T 位置(缺口面垂直于试件表面)　　表 2-22

符　号	缺口在焊缝	符　号	缺口在热影响区
	示意图		示意图
VWT 0/b	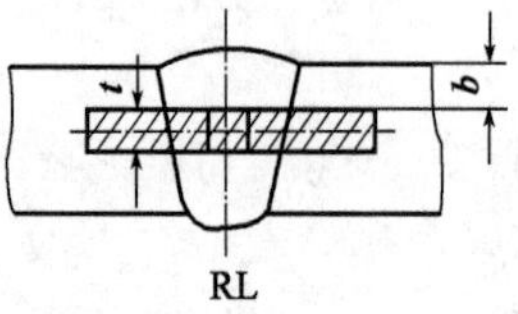 t b RL	VHT 0/b	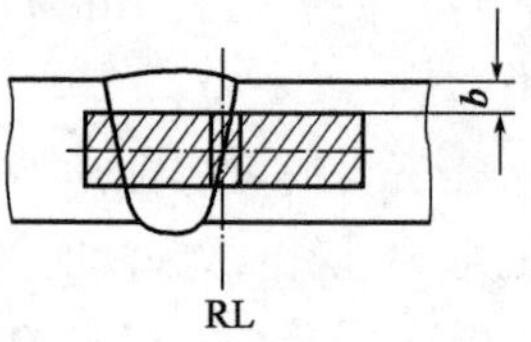 b RL

续上表

符号	缺口在焊缝 示意图	符号	缺口在热影响区 示意图
VWT a/b	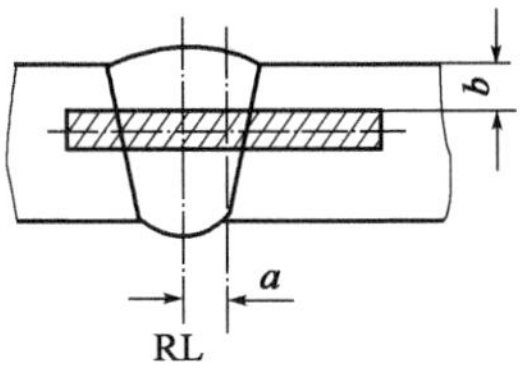 b a RL	VHT a/b	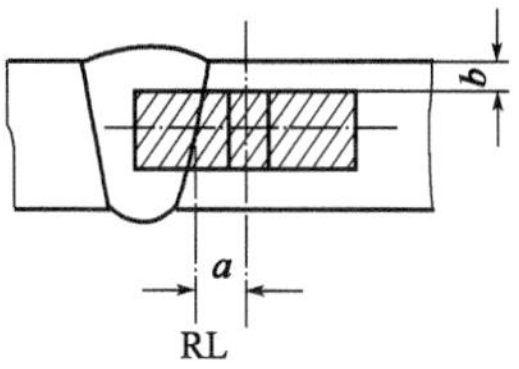 b a RL
VWT $0/b$	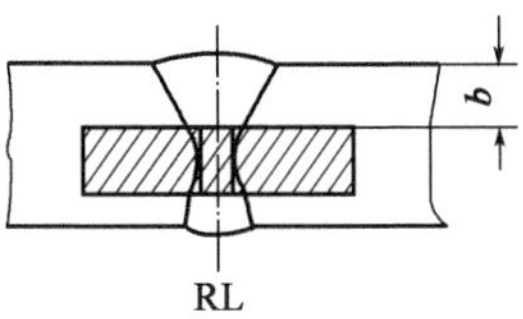 b RL	VHT a/b	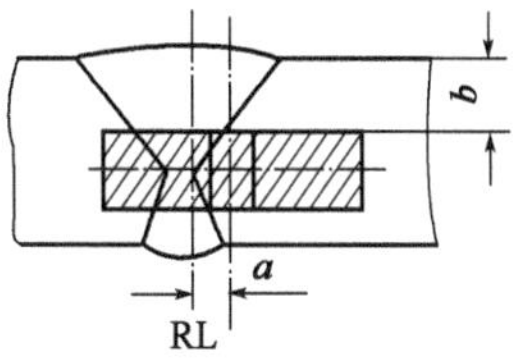 b a RL
VWT a/b	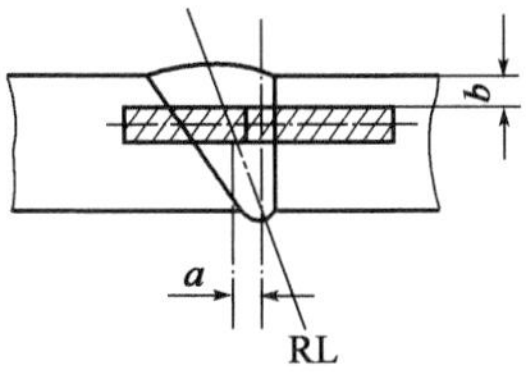 b a RL	VHT a/b	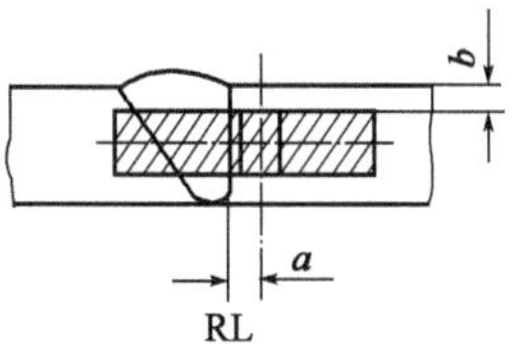 b a RL

说明:以上表 2-21、表 2-22 中,U 为夏比 U 形缺口;V 为夏比 V 形缺口;W 为缺口在焊缝;H 为缺口在热影响区;S 为缺口面平行于焊缝表面;T 为缺口面垂直于焊缝表面;a 为缺口中心线距参考线的距离;b 为试样表面距焊缝表面的距离。RL 实际上是参考线,缺口在焊缝时,RL 为试样上焊缝中心线;缺口在热影响区时,RL 为试样上熔合线或压焊接头的结合线。

试样缺口按试验的试验机、试验要求应符合《金属材料　夏比摆锤冲击试验方法》(GB/T 229—2007)中的规定。试验结果可以用冲击吸收功或冲击韧性值表达。试验结果依据相应标准或产品技术条件进行评定。

2.4.2 焊接接头拉伸试验方法

《焊接接头拉伸试验方法》(GB/T 2651—2008)规定了金属材料焊接接头横向拉伸试验方法,分别用于测定接头的抗拉强度。

试样应从焊接接头垂直于焊缝轴线方向截取,试样加工完成后,焊缝的轴线应位于试样并行长度的中间。取试样采用的机械加工方法或热加工方法不得对试样性能产生影响。

接头拉伸试验的试样横截面可以是板状、整管和圆形三种,应根据试验要求选用。其中板状式样可以是取自钢板的矩形截面(图 2-27),也可以是切剖钢管的弧形截面。

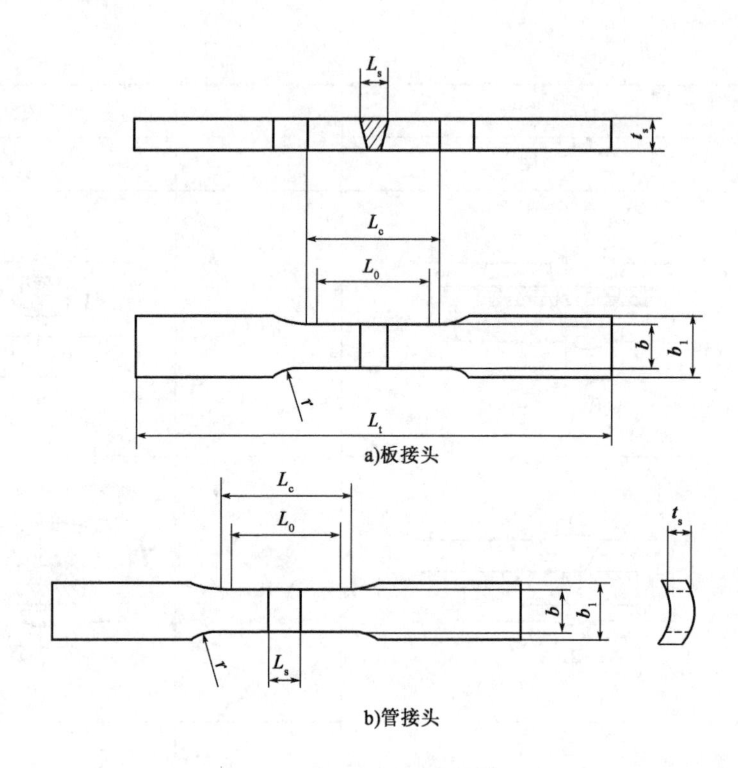

图 2-27 板接头和管接头的板状试样

b-平行部分宽度；b_1-夹持端宽度；L_c-平行长度；L_0-原始标距；L_t-试样总长度；L_s-加工后焊缝的最大宽度；r-过渡弧半径；t_s-试样厚度

板状试样的具体尺寸要求见表 2-23。

板状试样的具体尺寸要求(GB/T 2651—2008) 表 2-23

名 称		符 号	尺寸要求
试样总长度		L_t	适合于所使用的试验机
夹持端宽度		b_1	$b+12$
平行长度部分宽度	板	b_s	$12(t_s \leq 2)$ $25(t_s > 2)$
	管	b_s	$6\ (D \leq 50)$ $12\ (50 < D \leq 168)$ $25\ (D > 168)$
平行长度		L_c	$\geq L_s+60$
过渡弧半径		r	≥ 25

试验仪器、试样尺寸测定，试验条件和性能测定应符合《金属材料拉伸试验 第一部分：室温试验方法》(GB/T 228.1—2010)中的规定。试验结果依据相应标准或产品技术条件进行评定。

2.4.3 焊缝及熔敷金属拉伸试验方法

试样样坯的取样位置应符合《焊缝及熔敷金属拉伸试验方法》(GB/T 2652—2008)中的规

定。试样应从试件的焊缝及熔敷金属上纵向截取;加工完成后,试样的平行长度应全部由焊缝金属组成(图 2-28 和图 2-29)。

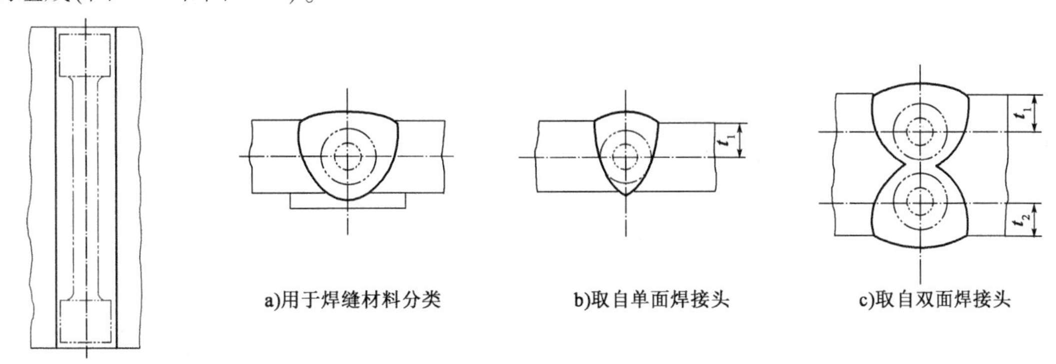

图 2-28 试样的位置示例

a)用于焊缝材料分类 b)取自单面焊接头 c)取自双面焊接头

图 2-29 试样横向截面位置示例

试验采用圆形横截面试样,而且平行长度范围内的直径 d 应符合《金属材料拉伸试验 第一部分:室温试验方法》(GB/T 228.1—2010)的规定。试样的公称直径 d 应为 10mm,如果无法满足这一要求,直径应尽可能大,且不得小于 4mm,试验报告应记录实际的尺寸。

试验报告除应包含《金属材料拉伸试验 第一部分:室温试验方法》(GB/T 228.1—2010)规定的内容之外,还应包括以下内容:

(1)依据的国家标准,例如《焊缝及熔敷金属拉伸试验方法》(GB/T 2652—2008);

(2)试样的位置,如果需要可附示意图(图 2-28 和图 2-29);

(3)试验温度;

(4)观察到的缺欠类型和尺寸;

(5)试样直径 d。

典型的试验报告示例如图 2-30 所示。

编号:

依据的焊接工艺规程(WPS)或预焊接工艺规程(pWPS):

依据 GB/T 2652 进行焊缝及熔敷金属拉伸试验。

试验结果:

制造商:

试验目的:

产品种类:

母材:

填充金属:

依据 GB/T 2652 焊缝及熔敷金属拉伸试验 表 A.1

试样编号 No./位置	尺寸/直径(mm)	屈服力 F_p(N)	最大力 F_m(N)	屈服强度 R_p (N/mm^2)	抗拉强度 R_m (N/mm^2)	原始标距 L_0(mm)	伸长率 A(%)	断面收缩率 Z(%)	试验温度 (℃)	备注 (例如缺陷类型和尺寸)

检测: 审核:

(签名和日期) (签名和日期)

图 2-30 试验报告示例

2.5 铸钢件材料检验

2.5.1 一般要求

建筑结构用铸钢件的外观要求较高,对其表面粗糙度和表面缺陷必须逐个进行检查。按照国家标准《一般工程用铸造碳钢件》(GB 11352—2009)的规定。对铸件几何形状和尺寸检验应选择相应精度的检测工具、量规、样板或划线检查。除另有规定外,铸件的检验由供方质量部门检验。除供需双方商定只能在需方做检验外,最终检验一般应在供方进行。供方不具备必需的手段或双方对铸件质量发生争议时,检验可在独立机构进行。

检验批量划分一般有以下三种方式,具体要求可由供需双方商定。

(1)按炉次划分:铸件由同一炉次钢液浇注,作相同热处理的为一批。

(2)按数量和质量划分:同一牌号在熔炼工艺稳定的条件下,几个炉次浇注的并经相同工艺多次热处理后,以一定数量或以一定质量的铸件为一批,具体要求由供需双方商定。

(3)按件划分:以一件为一批。

对于精度要求较高的铸钢件,则应逐个检验。

2.5.2 铸钢件外部质量检验

铸钢件表面粗糙度比较样块应按国家标准《表面粗糙度比较样块铸造表》(GB/T 6060.1—2018)的要求选定,表面粗糙度评审按国家标准《铸造表面粗糙度评定方法》(GB/T 15056—2017)进行。

(1)铸钢件材料表面粗糙度应根据所用涂料种类确定,不同涂料有不同的要求,应根据产品说明书确定,一般宜为 25 ~ 50μm。与其他构件连接的焊接端口表面粗糙度 Ra ≤ 25μm,对需要超声波探伤和焊接的部位,应进行打磨或机械加工,其表面粗糙度应符合探伤工艺要求。

(2)铸钢件的几何形状与尺寸应符合订货图样、模样或合同的要求,尺寸偏差应符合国家标准《铸件尺寸公差与机械加工余量》(GB/T 6414—2017)规定。

(3)铸钢件端口圆和孔机械加工的允许偏差应符合表 2-24 规定或设计要求。平面、端面、边缘机械加工的允许偏差应符合表 2-25 规定或设计要求。

端口圆和孔机械加工的允许偏差(mm) 表 2-24

项目	允许偏差	项目	允许偏差
端口圆直径	-2.0 ~ 0	管口曲线	2.0
孔直径	0 ~ 2.0	同轴度	1.0
圆度	$d/200$,且不大于 2.0	相邻两轴线夹角	30′
端面垂直度	$d/200$,且不大于 2.0		

注:d 为铸钢件端口圆直径或孔径。

平面、端面、边缘机械加工的允许偏差(mm)　　表2-25

项　目	允许偏差	项　目	允许偏差
宽度、长度	±1.0	平面度	0.3/m²
平面平行度	0.5	加工边直线度	*L*/3000,且不应大于2.0
加工面对轴线的垂直度	*L*/1500,且不大于2.0	相邻两轴线夹角	30′

注:*L*为平面的边长。

2.5.3 铸钢件材料物理化学性能检验

铸钢件材料按熔炼炉次进行化学成分分析,化学分析和试样的取样方法按国家标准《钢的成品化学成分允许偏差》(GB/T 222—2006)和《钢和铁化学成分测定用试样的取样和制样方法》(GB/T 20066—2006)的规定执行。

拉力试验按国家标准《金属材料拉伸试验　第一部分:室温试验方法》(GB/T 228.1—2010)的规定执行,冲击试验按国家标准《金属夏比缺口冲击试验方法》(GB/T 229—2007)的规定执行。力学性能试验时,对于拉伸试验,每1批量取1个拉伸试样,试验结果应符合技术条件的要求。做冲击试验时,每1批量取3个冲击试样进行试验,3个试样的平均值应符合技术条件或合同中的规定,其中允许最多只有1个试样的值可低于规定值,但不得低于规定值的2/3。

2.5.4 铸钢件材料无损检验

铸钢件材料超声波检测质量应按国家标准《铸钢件　超声检测　第1部分:一般用途铸钢件》(GB/T 7233.1—2009)的规定执行,当检测部位是与其他构件相连接的部位时应为Ⅱ级,当检测部位是铸钢件本体的其他部位时应为Ⅲ级。

2.6 钢材厚度检测

2.6.1 概述

在钢材入库前和钢结构检测中,都要核对和检测钢材的厚度。钢材的厚度一般采用游标卡尺测量法和超声波测量法。

当可以在构件横截面或外侧直接量测厚度时,宜优先选用游标卡尺量测。构件厚度的测量,应在构件的3个不同位置进行,取3处测量值的平均值作为构件厚度的代表值。因游标卡尺量测较为简单,此处不赘述。

对不方便直接测量的部位,可采用超声波法测量钢材的厚度,其原理与光波测量原理相似。探头发射的超声波脉冲进入被测物体并在其中传播,到达材料分界面时被反射回探头,通过精确测量超声波在材料中传播的时间来确定被测材料的厚度。

2.6.2 超声测厚的步骤

(1)设备的一般技术要求

超声测厚仪的主要技术指标应符合表2-26的要求。超声测厚仪应配有校准用的标准块，一般的操作界面如图2-31所示。

超声测厚仪的主要技术指标 表2-26

项　　目	技 术 指 标
显示最小单位	0.1mm
工作频率	5MHz
测量范围	板材：1.2～200mm；管材下限：3×ϕ20
测量误差	±（t/100＋0.1）mm，t为被测物的厚度
灵敏度	能检出距探测面80mm、直径为2mm的平底孔

（2）测量方法

①单测量法：在一点的测量。

②双测量法：在一点处用探头进行两次测量，两次测量中探头串音隔层板要互相垂直。

③多点测量法：在某一测量范围内进行多次测量，取最小值作为材料厚度值。

（3）检测步骤

①在承接检测时应向委托方索取工程图纸及相关技术资料。

②检测人员应根据技术资料要求，确定检测标准、检测部位及检测等级、检测比例、合格级别。

③清洁表面。测量前，应清除表面上的任何附着物质，如尘土油脂及腐蚀物质等覆盖层物质。

④检查电源。

⑤将测头置于开放空间，按一下“ON”键，开机。开机后，如果出现“5900m/s”，表明可以正常使用（图2-32）；反之则应校准仪器。

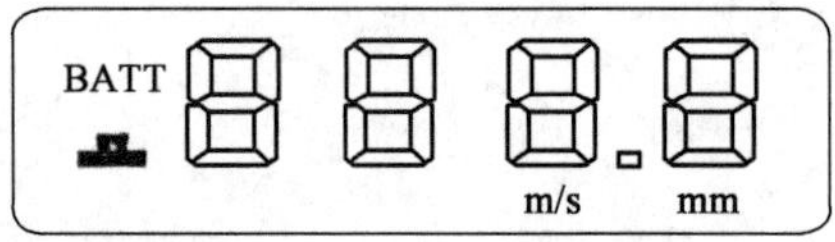

BATT-低电压标志；▲-耦合标志；m/s-声速单位；mm-厚度单位

键盘功能说明：

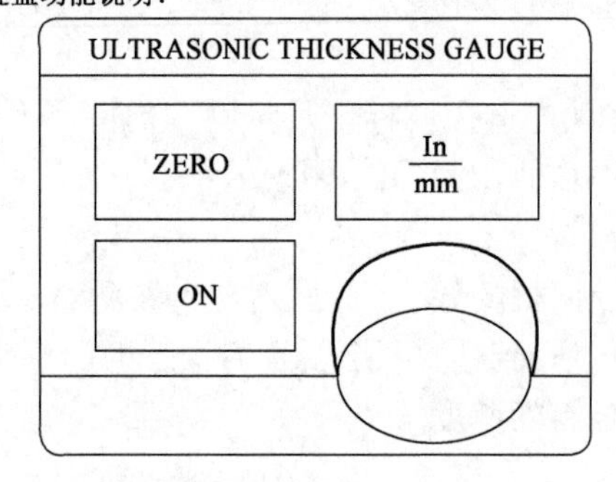

ON-开机键；ZERO-校准键

图2-31　超声波测厚仪操作界面

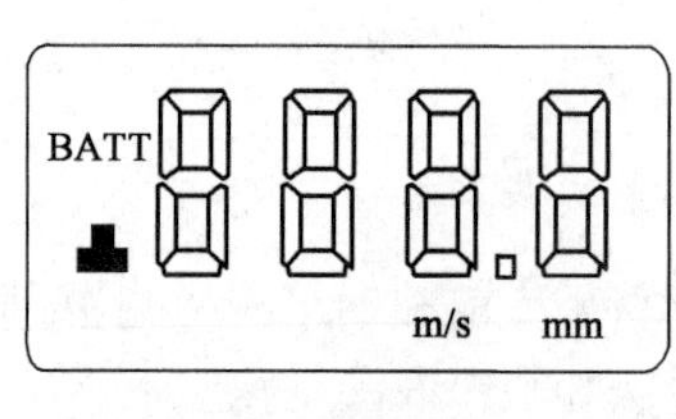

全屏幕显示

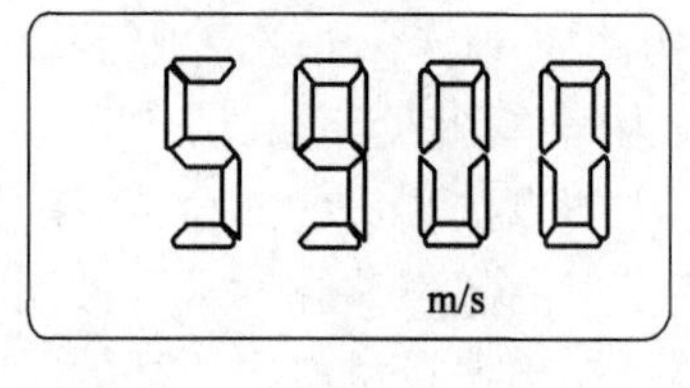

声速

图2-32　步骤⑤

⑥仪器的校准。给仪器标准块上涂抹耦合剂,使探头与标准块垂直接触,轻轻按住探头,仪器显示“4.0mm”,即完成探头校准。

⑦测量。首先在钢板测试面位置涂抹耦合剂,然后迅速将探头与测试面垂直接触并轻轻压住,屏幕显示测量值,提起测头可进行下次测量。如果在测量中测头放置不稳,显示一个明显的可疑值,可挪动探头或左右旋转探头,最后选取最小测量数值。每个构件检测 5 处,每处测量三次,取平均值。

⑧关机。

(4)原始记录与报告

①原始数据记录在记录表格中,并由现场检测人员签字。

②检测报告内容必须包括必要的检测信息,符合标准、规范、规程的要求,并与相应的原始记录一致。检测报告主要包括:标题、检测单位的名称、报告唯一性编号和每页的标识、委托单位名称、工程名称、所用检测方法的标识或说明、检测样品的状态描述和编号、委托日期、检测日期、报告日期、检测结果、检测人员、报告编写人员、报告审核人员及批准人的签名等。

③如检测报告的内容是有关复检检测的内容,检测报告上应有明确的标记。凡分包项目的检测报告,可在备注栏中作必要的说明。

(5)检测结果的评价

钢构件的厚度偏差,应以设计图纸规定的尺寸为基准计算尺寸偏差;构件厚度偏差的评定,应按相应的产品标准的规定执行。

复习思考题

1. 简述钢材力学性能的各个指标及其含义。
2. 何为钢材的工艺性能?
3. 简述钢材化学分析取样方法。
4. 如何检验进口钢材?
5. 材料质量检验包含哪些内容?
6. 简述 Q345B 钢板弯曲试验的试验原理和程序。
7. 简述焊接接头机械性能试验取样方法。
8. 简述铸钢件外部质量检验的要求。
9. 简述钢板冲击韧性试验的试样制备方法。
10. 简述钢板厚度超声波检验的步骤。

第3章

钢结构无损检测

3.1 概　　述

3.1.1 无损检测的概念与常用方法

无损检测是指在不损害或不影响被检测对象的使用性能,不伤害被检测对象内部组织的前提下,利用材料内部结构异常或缺陷存在引起的热、声、光、电、磁等反应的变化,以物理或化学方法为手段,借助现代化的技术和设备器材,对试件内部及表面的结构、性质、状态及缺陷的类型、性质、数量、形状、位置、尺寸、分布及其变化进行检查和测试的方法。

无损检测是工业发展必不可少的有效工具,在一定程度上反映了一个国家的工业发展水平,其重要性已得到公认。我国在1978年11月成立了全国性的无损检测学术组织——中国机械工程学会无损检测分会。此外,冶金、电力、石油化工、船舶、宇航、核能等行业还成立了各自的无损检测学会或协会;部分省、自治区、直辖市和地级市成立了省(市)级、地市级无损检测学会或协会;东北、华东、西南等区域还各自成立了区域性的无损检测学会或协会。常用的无损检测方法:目视检测(VT)法、超声检测(UT)法、磁粉检测(MT)法、射线照相检验(RT)法、渗透检测(PT)法。

如今,无损检测已不再仅仅使用X射线,包括声、电、磁、电磁波、中子、激光等各种物理现象几乎都已用于无损检测,如超声检测、涡流检测、磁粉检测、射线检测、渗透检测、目视检测、红外检测、微波检测、泄漏检测、声发射检测、漏磁检测、磁记忆检测、热中子照相检测、激光散斑成像检测、光纤光栅传感技术等,新的方法和技术还在不断涌现。

3.1.2 焊接的概念

焊接是通过加热或加压或两者并用,用填充材料或不用填充材料使两个分离的材料达到原子结合的一种加工方法。接头形式主要有对接、角接、搭接和T形接头等几种,如图3-1所示。对接接头常用于板的焊接,T形接头常见于建筑结构中梁柱结合和装配部件的角焊;角接接头常见于箱形部件的边角焊接;搭接接头则常见于角焊的板材结合。

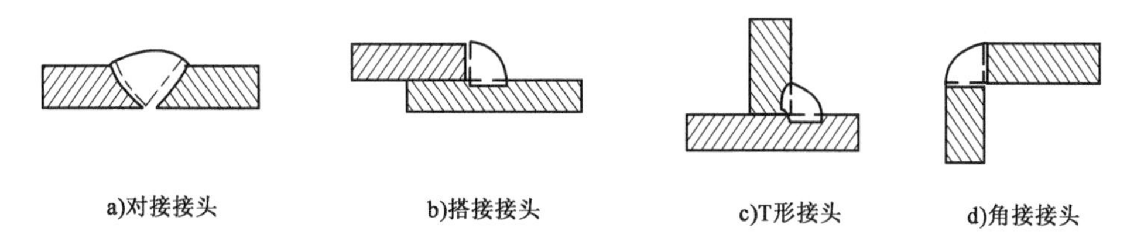

图3-1 焊接接头形式

焊接接头由焊缝、熔合区和热影响区三部分组成。焊缝是焊接件经焊接后由熔化的母材和焊材组成(图3-2)。熔合区是焊接接头中焊缝与母材交接的过渡区域,它是刚好加热到熔点与凝固温度区间的部分。热影响区是焊接过程中,材料因受热的影响(但没有熔化)而发生金相组织和力学性能变化的区域,热影响区的宽度受焊接方法、焊接时的电流、金属板材的厚度及焊接工艺等因素的影响。

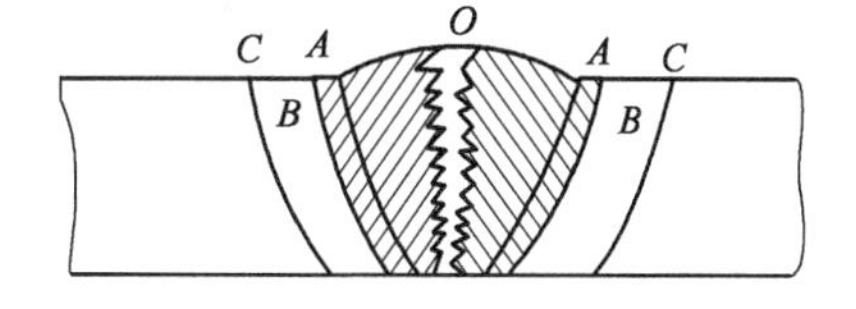

图3-2 焊接接头示意图

3.1.3 常见焊接缺陷类型

(1)咬边

咬边是指沿着焊趾,在母材部分形成的凹陷或沟槽(图3-3),它是由于电弧将焊缝边缘的母材熔化后没有得到熔敷金属的充分补充而留下的缺口。咬边可分为连续边和局部咬边,或焊缝单侧和双侧咬边。

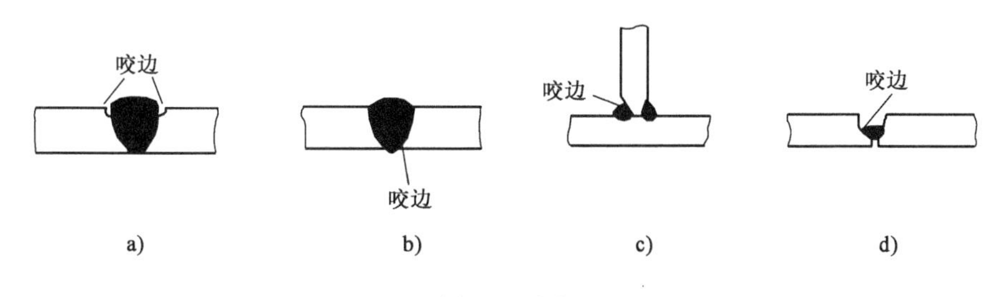

图3-3 咬边

(2)焊瘤

焊瘤是指焊缝中的液态金属流到加热不足未熔化的母材上或焊缝根部溢出,冷却后形成与母材熔合的金属瘤(图3-4)。

(3)成形不良

成形不良是指焊缝的外观几何尺寸不符合要求;有焊缝余高超高、表面不光滑、焊缝过宽、焊缝向母材过渡不圆滑等(图3-5)。

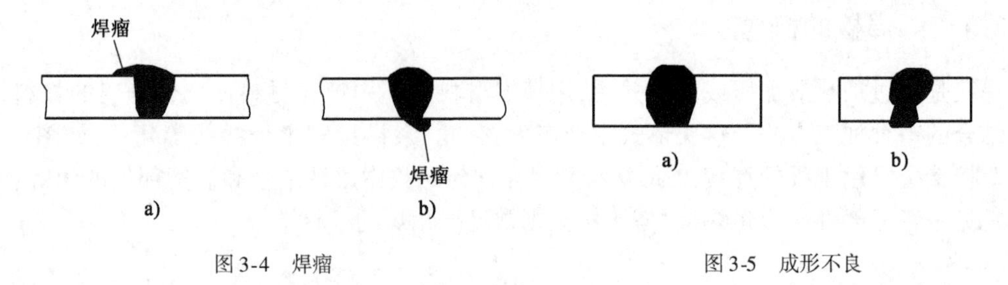

图3-4　焊瘤

图3-5　成形不良

(4)错边

错边是指两个工件在厚度方向上错开一定的位置(图3-6)。

(5)凹坑

凹坑是指焊缝表面或背面局部低于母材的部分(图3-7)。

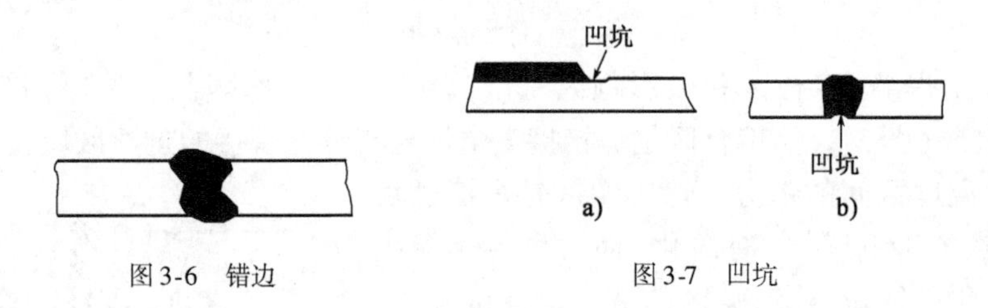

图3-6　错边

图3-7　凹坑

(6)烧穿

烧穿是指焊接过程中,熔深超过焊件厚度,熔化金属自焊缝背面流出,形成穿孔性缺陷(图3-8)。

(7)塌陷

单面焊时由于输入热量过大,熔化金属过多而使液态金属向焊缝背面塌落,形成后焊缝背面突起,正面下塌(图3-9)。

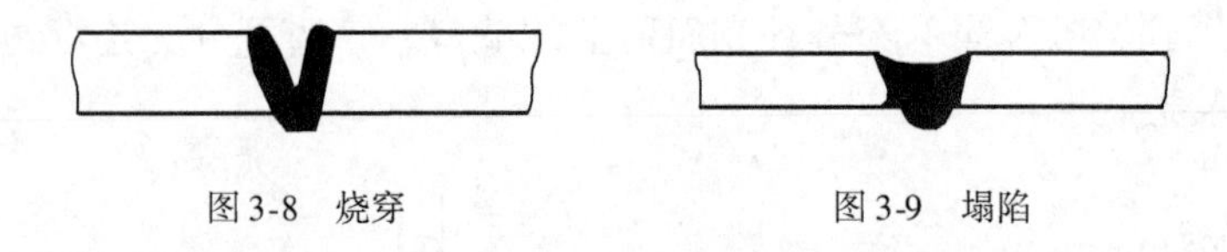

图3-8　烧穿

图3-9　塌陷

(8)裂纹

焊缝中原子结合遭到破坏,形成新的界面而产生的缝隙称为裂纹。

纵向裂纹:基本上平行于焊缝轴线的裂纹,它可能位于焊缝、熔合线、热影响区、母材等部位。

横向裂纹:基本上垂直于焊缝轴线的裂纹,它可能位于焊缝、热影响区、母材等部位。

辐射裂纹:具有公共点的呈辐射状的裂纹,可能出现在焊缝、热影响区、母材等部位,有时也将此类缺陷称作星形裂纹。

弧坑裂纹:在焊缝末端弧坑中的裂纹,可以分为纵向、横向、星形状裂纹。

裂纹群:一群不连续的裂纹,它们可能位于焊缝、热影响区、母材等部位。

枝状裂纹:起源于一条公共裂纹而又相互连接的一组裂纹,不同于不连续的裂纹和辐射裂纹,它们可能位于焊缝、热影响区、母材等部位。

(9)气孔

气孔是指焊接时熔池中的气体未在金属凝固前逸出,残存于焊缝之中所形成的空穴。其气体可能是熔池从外界吸收的,也可能是焊接冶金过程中反应生成的。存在于焊缝表面的气孔称为表面气孔(目视可见)。

(10)夹渣

夹渣是指焊后残存在焊缝中的熔渣。夹渣分为金属夹渣和非金属夹渣。在焊缝表面形成的夹渣称为表面夹渣。

(11)未熔合

未熔合是指焊缝金属与母材金属,或焊缝金属之间未熔化结合在一起的缺陷。按其所在位置的不同,未熔合可分为坡口未熔合、层间未熔合和根部未熔合三种(图3-10)。坡口未熔合和根部未熔合在焊缝表面时可以通过目视检测的方法进行检测。

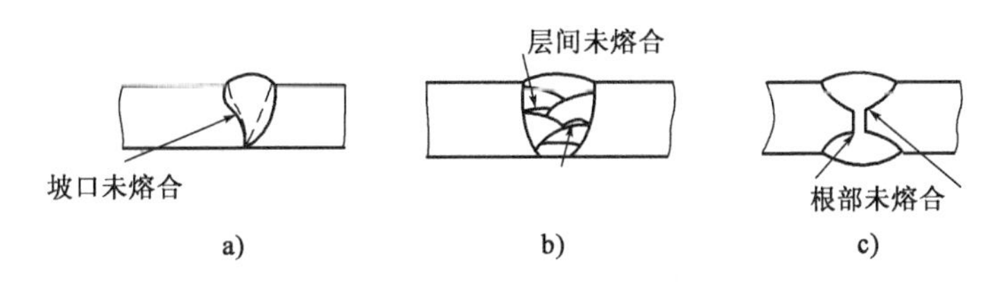

图3-10 未熔合

(12)未焊透

未焊透是指母材金属未熔化,焊接金属没有进入接头根部的缺陷(图3-11)。单面焊时的未焊透可以被目视检测所发现。

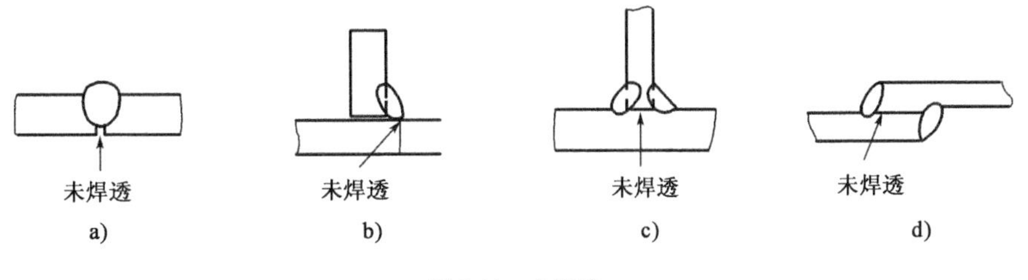

图3-11 未焊透

3.2 目视检查

3.2.1 常用设备与仪器

(1)反光镜

反光镜包括平面反光镜、凹面反光镜和凸面反光镜三种。目视检测中最常用的反光镜是平面反光镜,即反射面为平面的反光镜,它是利用光的反射原理在人眼不能直接观察的情况下,转折光路,从而达到观察的目的。

平面反光镜是由玻璃加镀层组成,通常采用透光性能良好的光学玻璃并在其背面镀银制成。人们日常生活中使用的镜子就是最简单的平面反光镜。平面反光镜因其结构简单、成本低廉,市场上随处都可购得,故而是目视检测的必备工具之一。但是由于平面反光镜由玻璃构成,使用中非常容易破坏和破裂,因而在特殊场合,如容器内部及洁净场合应当慎用。

医用咽喉镜也是目视检测常用工具之一,其镜面直径均为 22mm,并与手柄成 45°角,医学上常用作口腔检查,用在目视检测上,能清晰显示小范围内的表面状况。

(2)放大镜

为了增大视角,便于仔细观察工件的各部分细节,应近距离观察。但是,眼睛的调节是有限度的,一般人眼聚焦的距离不得小于 150 ~ 250mm。在平均视野条件下,能看清直径约 0.25mm 的圆盘和宽度为 0.025mm 的线。使用放大镜就可以克服人眼这些极限条件,使眼睛能够看清工件各部分细节。一般目视检测所使用的放大镜的放大倍数在 6 倍以下。为了使用方便通常选用带有手柄、带照明、透镜直径一般为 80 ~ 150mm 的放大镜。

(3)直杆内窥镜

直杆内窥镜通常限用于观察者和被观察物之间是直通道的场合,根据使用要求的不同,可分为不同的类型。典型的焦距可调直杆内窥镜结构如图 3-12 所示,在不锈钢镜管内,光导的纤维束将光从外部光源导入,以照明观测区,由接物镜、一系列消色差转像透镜和接目镜组成的光学系统使观测者可对观测区进行高分辨率的观测,放大倍数常为 3 ~ 4 倍,最大可至 50 倍。这种内窥镜的插入部分管径为 1.7 ~ 10mm,工作长度为 20 ~ 1500m,观测方向(视向)可以是 0°、30°、45°、70°、90°、110°,而视野可以是 35°、50°、56°、60°、70°、80°、90°(图 3-13)。目前的直杆镜可以做轴向的 360°旋转,周向扫查更为方便,并且可以实现单根直杆镜视向在 55° ~ 115°可调,具有这种功能就可以达到用一根直杆镜来代替多根直杆镜的目的。图像可用肉眼观测,也可通过转接器用照相机拍摄,也可通过转接器和电视摄像机在电视监视器上观测。插入部分可全防水,工作温度为 -10 ~ 150℃,压力可至 405kPa。

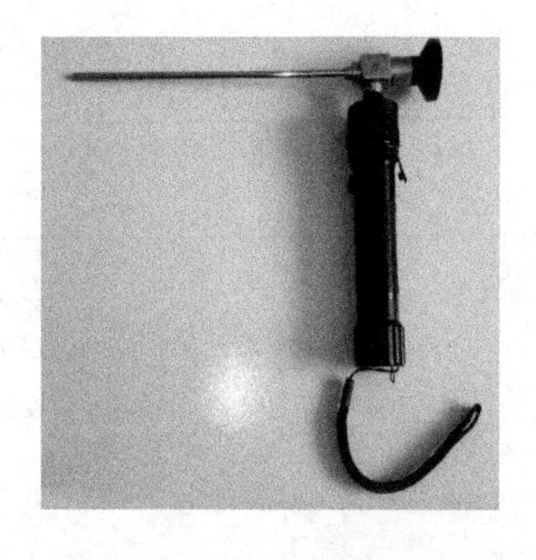

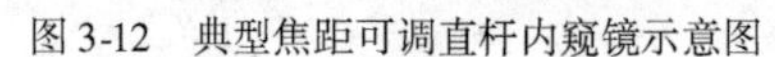

图 3-12 典型焦距可调直杆内窥镜示意图

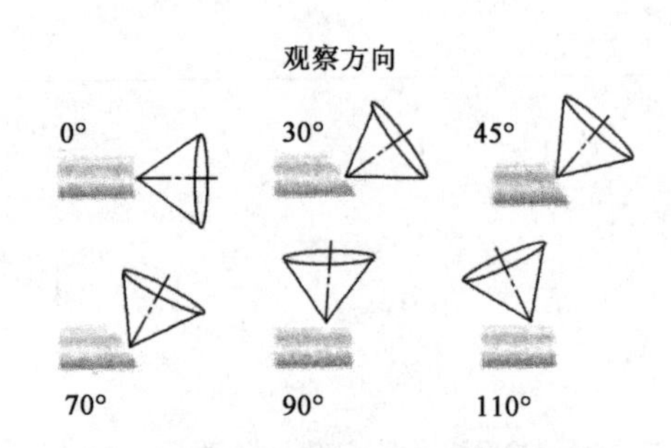

图 3-13 直杆内窥镜观察方向

微型直杆内窥镜结构如图 3-14 所示,在不锈钢镜管内装的是光导纤维和由目聚焦透镜等组成的自聚焦光学系统,其特点是可做到插入部分的管径为 1.7 ~ 27mm,在极小的焦距处放大倍数可高达 30 倍，工作长度可达 260mm，视向为 0°、15°、30°、70°、视野为 65°、80°、90°。

(4)光纤内窥镜

光纤内窥镜主要用于观察者到观察区无直通道的场合。

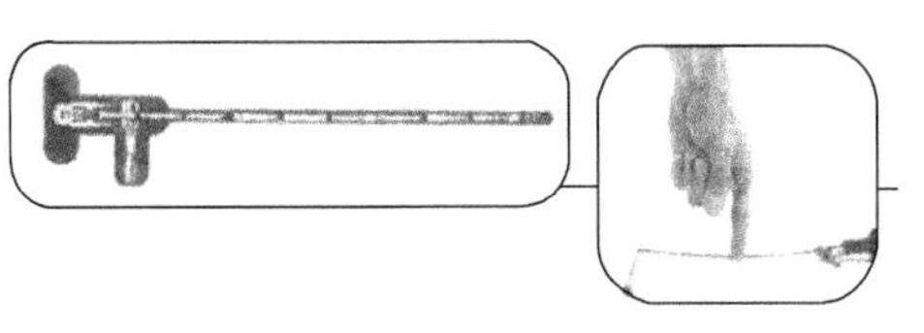

图 3-14 微型直杆内窥镜结构示意图

用光学玻璃制成的细纤维能沿弯曲路径很好地传送光线，该细纤维称为光导纤维(光纤)。光导纤维的截面多数是圆形，由具有较高折射率(N_1)的芯体和较低折射率(N_2)的涂层组成，如图 3-15 所示。在光纤中，如果光线以 θ 角入射到光纤的入射端面上，按折射角 θ_1 进入光纤后将到达芯体与涂层间的光滑界面，当满足全反射条件时，便会在界面上发生光纤内的全反射，全反射光线又可按同样的角度在相对面上发生全反射，依靠不断的全反射，该光线即可在光纤中传播，直至从光纤的另一端(出射端面)射出。显然，要使光线在包含光纤轴线的平面(子午面)内作全反射传播，其入射角必有一极限值 θ_M，有

$$\sin\theta_M = (N_1^2 - N_2^2)^{\frac{1}{2}} \tag{3-1}$$

只有入射角 $\theta < \theta_M$ 的光线才能在光纤中传播。$\sin\theta_M$ 称为光纤的数值孔径，它反映了光纤的集光本领，数值孔径越大，集光本领也就越强。

光纤弯曲时，光线在内部的入射角 φ 将发生变化，如图 3-16 所示，此时，通过光纤轴线的平面也只有一个，一部分光线将在弯曲部分逸出，从而引起传输损失。一般，由于芯体直径很小(几微米至数百微米)，当弯曲的曲率半径相对于光纤直径很大时，弯曲损耗可以忽略。此外，入射到光纤端面的光线，除了处于通过光纤轴线平面的光线外，还有许多斜光线，它们的逸出也会引起一定的传输损失。

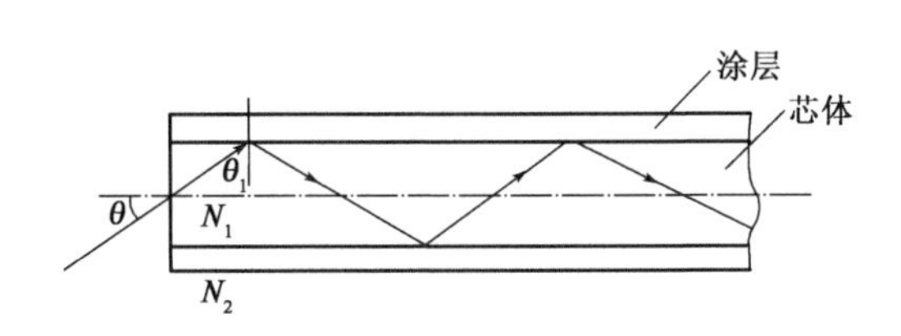

图 3-15 光线在光纤子午面内的传播图

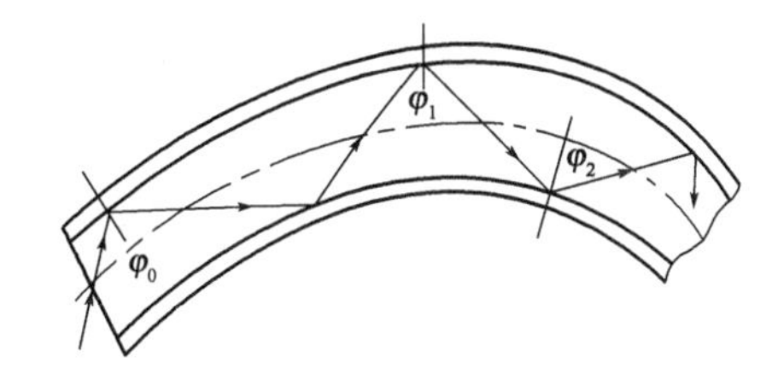

图 3-16 光线在弯曲子午面内的传播图

一根非常细的光纤不可能传送足够的光，将许多单根光纤整齐排列成光纤束，则可将每根光纤的端面看成是一个取像单元，这样，通过光纤束即可把图像从入射端面传输到出射端面，完成图像的传送，如图 3-17 所示。

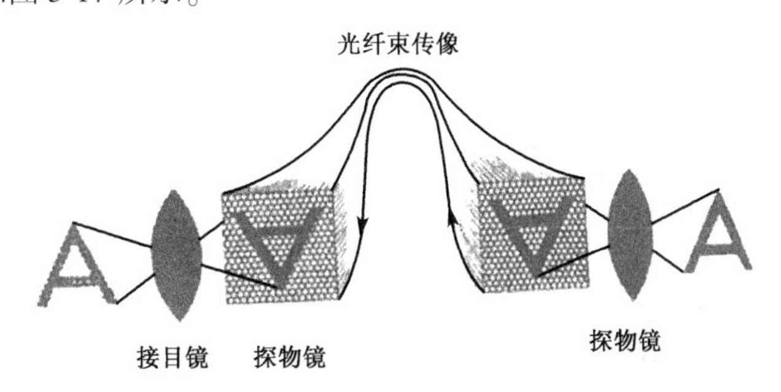

图 3-17 光纤束的传像面内传播的光线传播的影响

(5)视频内窥镜

首先利用光导束将光传送至检测区(有时在远端处也有采用发光二极管作为工作长度大于15m时的照明),先用端部的一只固定焦点透镜收集由检测区反射回来的光线,并将之导至CCD(电荷耦合器件)芯片(直径约7mm)表面,数千只细小的光敏电容器将反射光转变成电模拟信号;然后,此信号进入探测头,经放大、滤波及时钟分频后,可直接在仪器数字显示屏上成像或通过模拟输出到外接监视器上观察,见图3-18。

(6)焊接检验尺

焊接接检验尺主要由主尺、高度尺、咬边深度尺和多用尺四部分组成,如图3-19是一种多用途焊缝检验尺,用来检测焊件的各种角度和焊缝高度、宽度、焊接间隙以及焊缝咬边深度等。

图3-18 视频内窥镜示意图

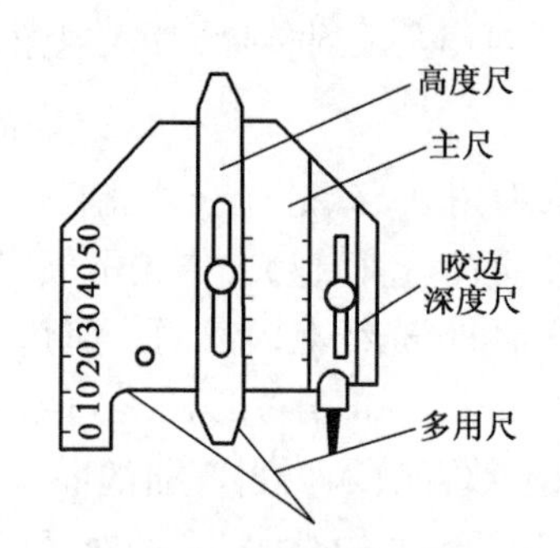

图3-19 焊缝检验尺示意图

注:图中检验尺的单位为毫米(mm)。

3.2.2 焊缝缺陷的目视检查方法

(1)对接焊缝的余高

对接焊缝的余高是指超出基体金属表面的焊接金属的高度,表面与根部余高如图3-20所示。

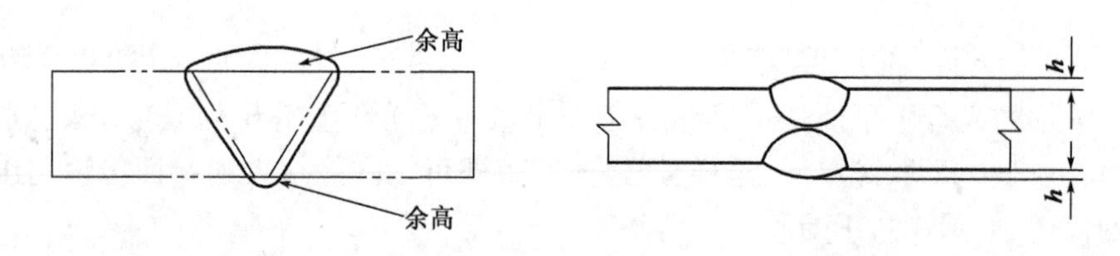

图3-20 对接焊缝余高

用于测量余高的焊接检验尺有多种,图3-21为常用的两种量规。对每一条焊缝,量规的一个脚置于基体金属上,另一个脚与余高的顶接触,则在滑尺上可读出余高高度。为了能符合大多数验收标准,量规的读出精度一般不应低于0.8mm。

(2)对接焊缝宽度

对接焊缝宽度是指焊成形后上表面焊缝横向的几何尺寸。测量焊缝时以使用直尺或焊缝检验尺。使用焊缝检验尺测量焊缝宽度时,先用主体测量脚靠紧焊缝一边,然后旋转多用尺的测量脚紧靠焊缝另一边,读出焊缝宽度示值(图3-22)。

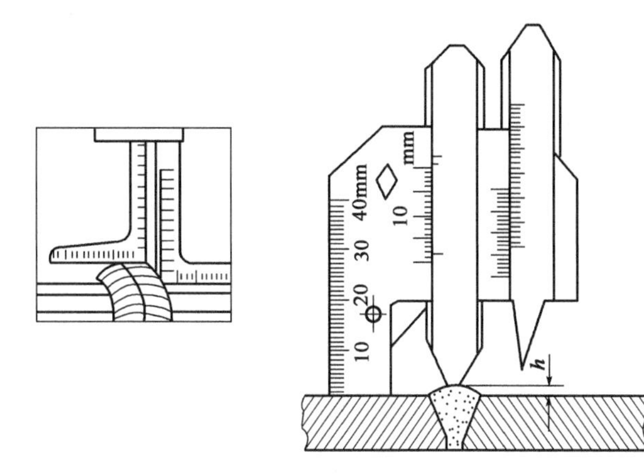

图3-21 对接焊缝余高的两种量规

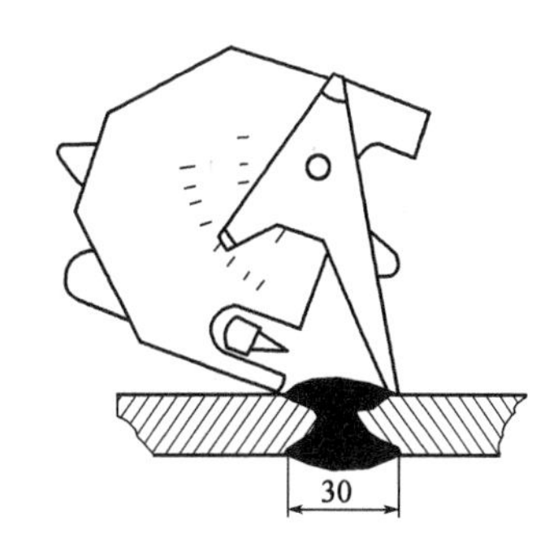

图3-22 对接焊缝宽度测量方法(尺寸单位:mm)

(3)角焊缝尺寸

角焊缝尺寸主要用焊脚来表示。焊脚的定义为:角焊缝横截面内,从一个板的焊趾至另一个板件表面的垂直距离,如图3-23所示。

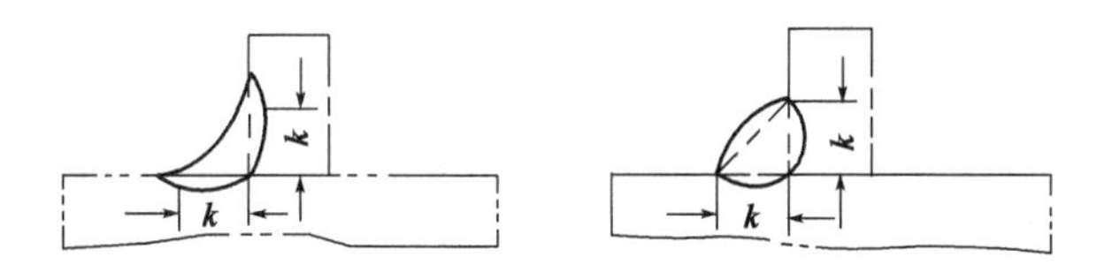

图3-23 焊脚等高的角焊缝

(4)角焊缝厚度

如图3-24所示,角焊缝厚度尺寸通常要求以三个不同的焊接厚度术语表示,了解它们的定义对目视检验十分重要。

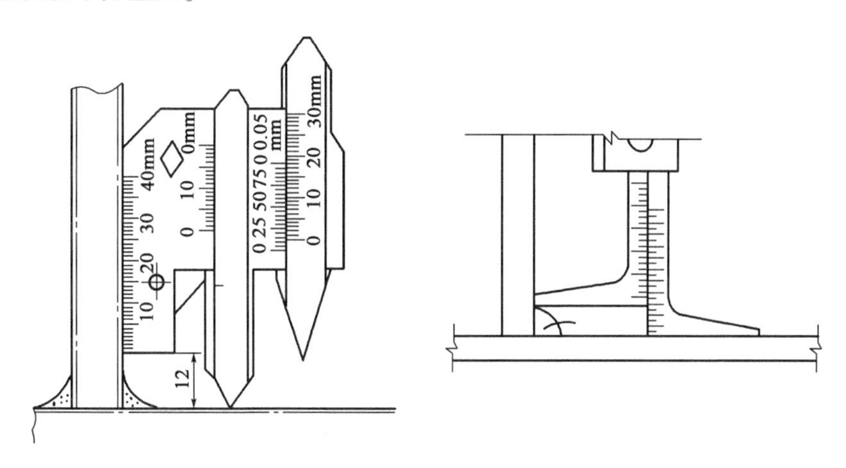

图3-24 角焊缝焊脚尺寸测量

①焊缝计算厚度:定义为焊脚尺寸的0.7707倍。

②焊缝实际厚度:从焊缝的根部到焊缝的顶面最短距离,它必须大于或等于焊脚尺寸的

0.707 倍。由于目视检验不可能接近角焊缝的根部区域,不考虑向基体金属的渗透。

③焊缝有效厚度:考虑到焊接金属向基体金属内的渗透,但是忽路了理论表面与实际表面之间的多余金属,由于这些情况目视检验人员不考虑焊缝有效厚度(图 3-25),应用焊缝检验尺测量焊缝实际厚度,如图 3-26 所示,量规的两垂直表面与角接的基体金属接触,在滑尺上可以读出焊缝厚度值。

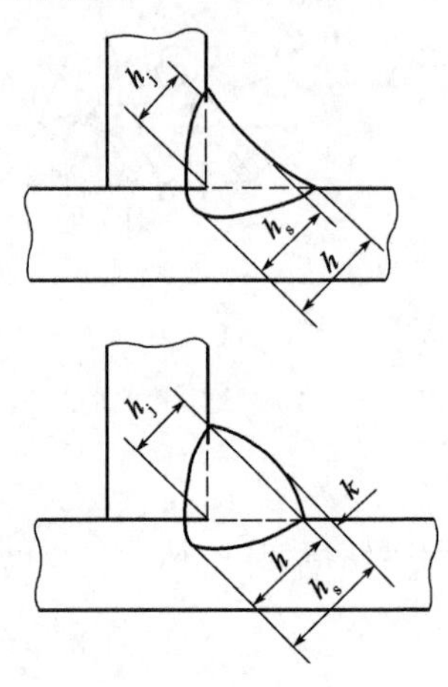

图 3-25　角焊缝的厚度

h-焊缝厚度;h_s-焊缝实际厚度;h_j-焊缝计算厚度;k-余高

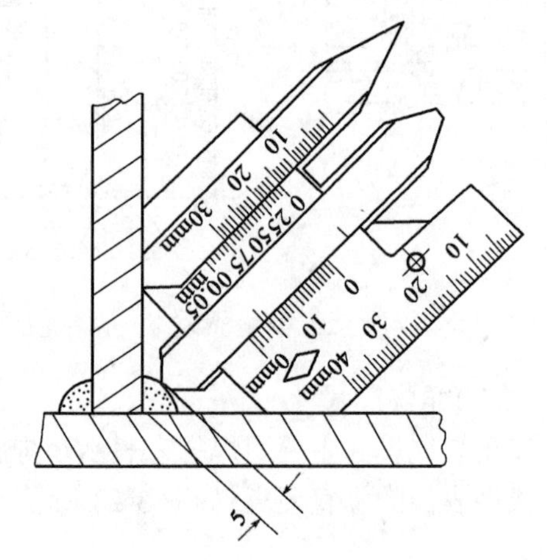

图 3-26　用焊缝检验尺测量焊缝实际厚度(尺寸单位:mm)

(5)凹面

凹下的角焊缝或对接坡口焊缝表面是内凹的面称为凹面,内凹应是光滑的过渡,焊缝两边应完全熔合,凹面上不应有焊瘤,在厚度上呈现比较平缓的变化。对接焊缝的内凹,当其厚度小于相接的两焊接件中较薄的厚度时,该焊缝不能验收,如图 3-27 所示。

(6)错边

错边:两个焊接件之间没有对齐,虽然它们的表面平行,但它们的设计表面没有在同一水平面上。可用焊缝检验尺测量错边量,如图 3-28 所示,测量时先将主体靠紧焊缝一边,滑动高度尺使其与焊缝的另一边接触,高度尺上的示值即为错边量。

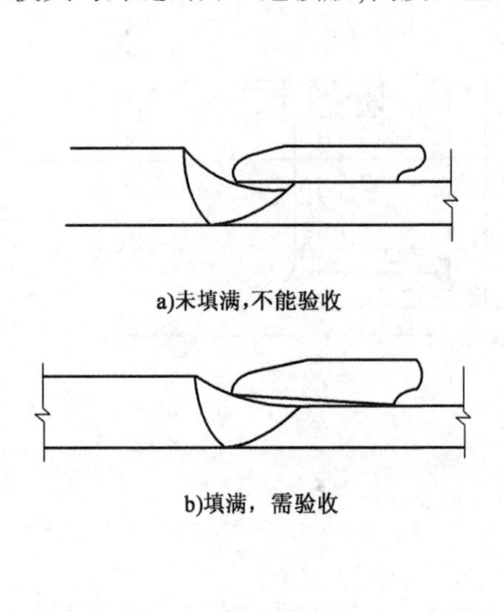

图 3-27　对接焊缝的凹陷

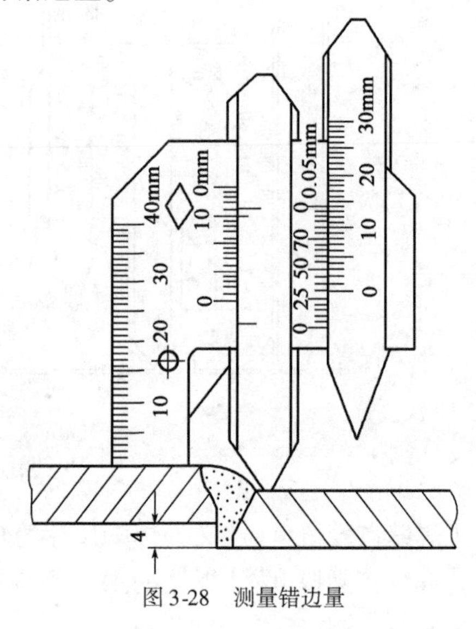

图 3-28　测量错边量

3.3 超声检测

3.3.1 超声检测原理

利用超声波对材料中的微观缺陷进行探测,依据超声波在材料中传播时的一些特性,如:超声波在通过材料时能量会有损失,在遇到两种介质的分界面时,会发生反射等,常用的频率为0.5~25MHz。通常利用超声波来发现缺陷并对缺陷进行评估,评估的基本信息为:

(1)来自材料内部各种不连续的反射信号及其幅度;

(2)入射信号与接收信号之间的声传播时间;

(3)声波通过材料以后能量的衰减。

3.3.2 超声检测设备与器材

(1)设备类型

超声检测仪是专门用于超声检测的一种电子仪器,它的作用是产生电脉冲并施加于探头使其发射超声波,同时接收来自探头的电信号,并将其放大处理后显示在荧光屏上。

超声检测仪器按照其指示的参量的不同,可以分为三种类型。

第一种类型指示声的穿透能量,称为穿透式检测仪。这类仪器发射单一频率的连续波信号,根据透过试件的超声波强度来判断试件中有无缺陷及缺陷的大小,是最初发明的超声检测仪的形式。由于这种仪器对缺陷检测的灵敏度较低,且可操作性也受到限制,目前已很少使用。

第二种类型指示频率可变的超声连续波在试件中形成共振的情况,用于共振法测厚,称为共振法测厚检测仪,目前已较少使用。

第三种类型指示脉冲反射声波的幅度和传播时间,称为脉冲反射式检测仪,是目前应用最广泛的一种检测仪。这种仪器发射一持续时间很短的电脉冲,激励探头发射脉冲超声波,并接收在试件中反射回来的脉冲波信号,通过检测信号的返回时间和幅度判断是否存在缺陷和缺陷的大小。脉冲反射式检测仪的信号显示方式可分为A型、B型、C型三种,又称为A、B、C扫描。

除了上述按照原理的差异分类以外,根据采用的不同信号处理技术,超声检测仪还可分为模拟式超声检测仪和数字式超声检测仪;按照不同的用途,可分为便携式检测仪、非金属检测仪、超声测厚仪等不同类型的超声检测仪。A型脉冲反射式超声检测仪是使用范围最广的、最基本的一种类型。

数字式超声检测仪是计算机技术和超声检测仪技术相结合的产物。它是在传统的超声检测仪的基础上,采用计算机技术实现仪器功能的精确、自动控制,信号获取和处理的数字化、自动化,检测结果的可记录性和可再现性。因此,它具有传统的超声检测仪的基本功能,同时增加了数字化带来的数据测量、显示、存储与输出功能。近年来,数字式超声检测仪发展很快,有逐步替代模拟式超声检测仪的趋势。

所谓数字式超声检测仪主要是指发射、接收电路的参数控制和接收信号的处理、显示均采

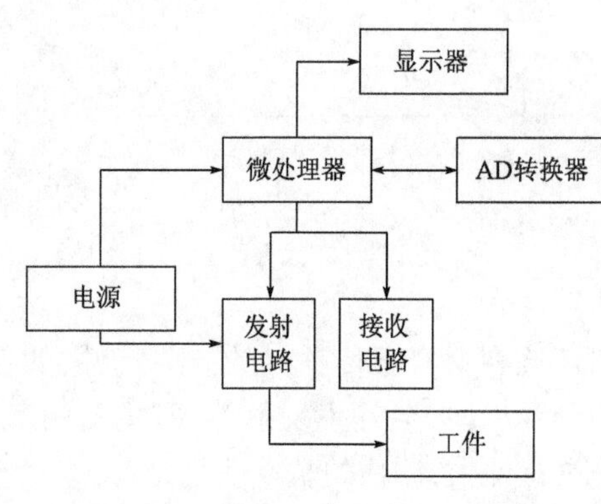

图 3-29 数字式超声检测仪的工作原理

用数字化方式的仪器。不同的制造商生产的数字式超声检测仪,可能会采用不同的电路设置,保留的模拟电路部分也不相同,但最主要的一点是,探头接收的随时间变化的超声信号,需经模-数转换、数字处理后显示出来,见图 3-29。

(2)探头结构

图 3-30 所示是压电换能器探头的基本结构。压电换能器探头由压电晶片、阻尼块、电缆线、接头、保护膜和外壳组成。斜探头中通常还有一个使晶片与入射面呈一定角度的斜楔。

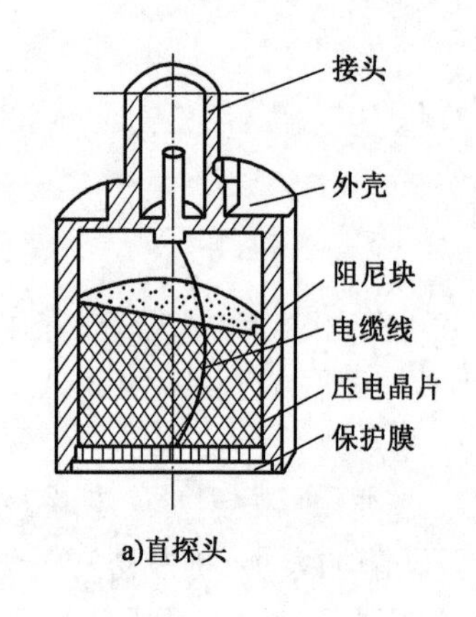

a)直探头

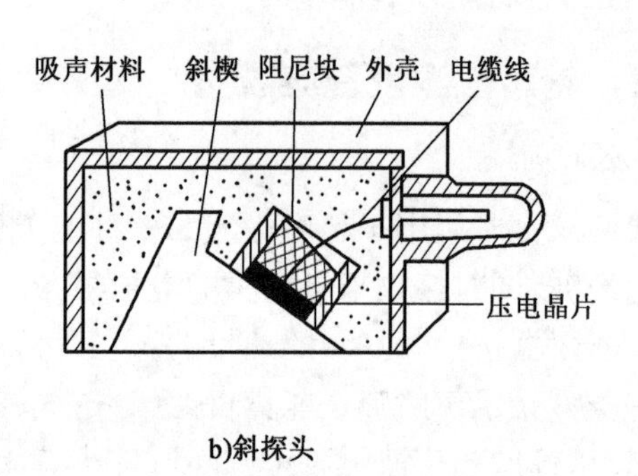

b)斜探头

图 3-30 压电换能器探头的基本结构

(3)试块

在做超声检测前要对仪器进行校准,是为了让仪器获得与被检材料相同的声速及相关参数,如图 3-31 所示。

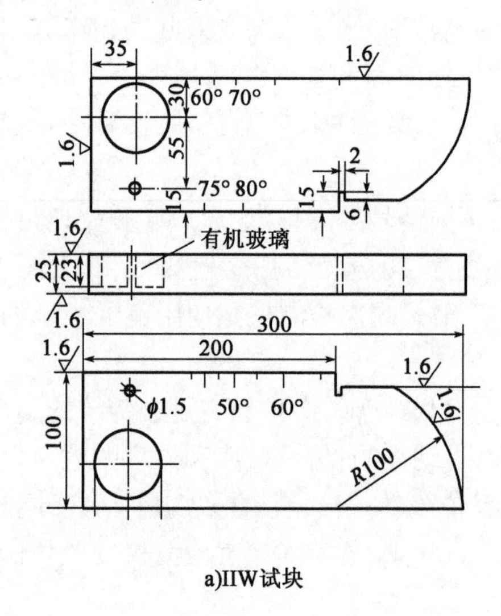

a)IIW试块

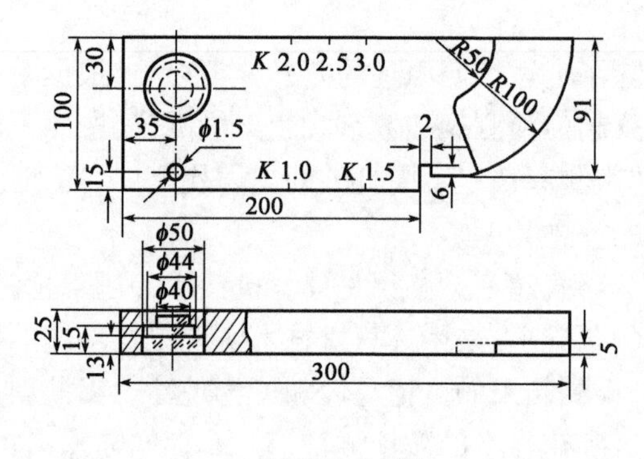

b)CSK-IA试块

图 3-31

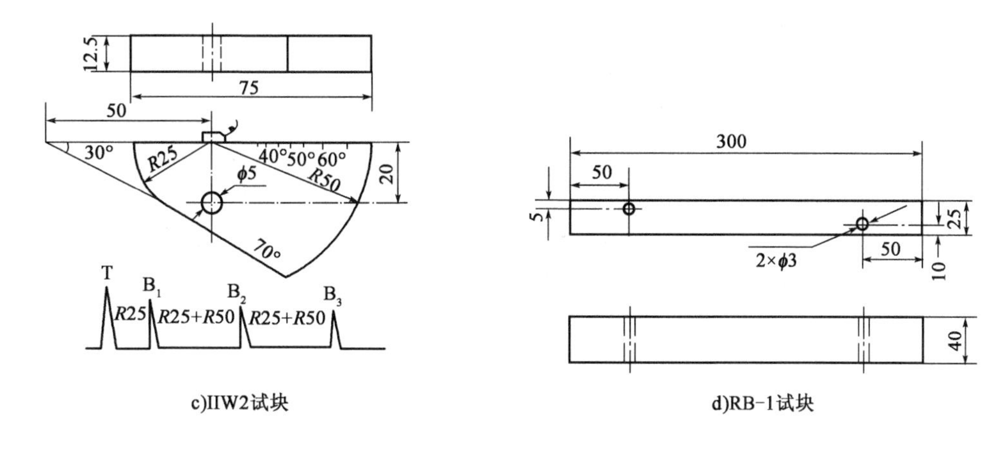

c)IIW2试块　　d)RB-1试块

图3-31　试块(尺寸单位:mm)

3.3.3　超声检测方法及特点

超声检测技术分类的方式有多种,较常用的有以下几种:

①按原理分类:脉冲反射法、穿透法、共振法;

②按显示方式分类:A 型显示、B 型显示、C 型显示;

③按波型分类:纵波法、横波法、瑞利波法、兰姆波法;

④按探头数目分类:单探头法、双探头法、多探头法;

⑤按耦合方式分类:接触法、液浸法;

⑥按入射角度分类:直射声束法、斜射声束法。

(1)穿透法

穿透法通常采用两个探头,分别放置在试件两侧,一个将脉冲波发射到试件中,另一个接收穿透试件后的脉冲信号,依据脉冲波穿透试件后能量的变化来判断内部缺陷的情况,如图3-32所示。

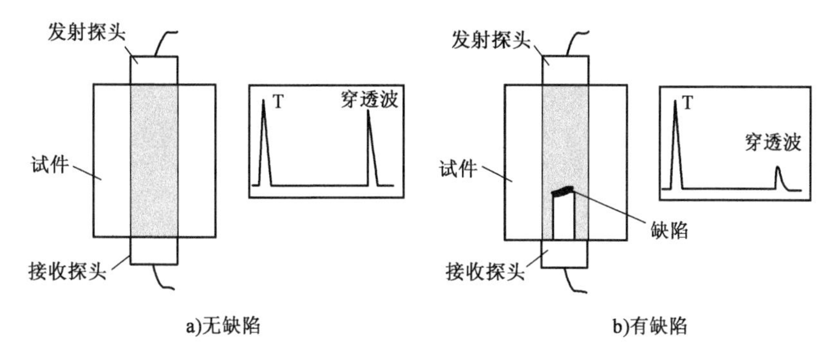

a)无缺陷　　b)有缺陷

图3-32　接触法直射声束穿透法

当材料均匀完好时,穿透波幅度高且稳定;当材料中存在一定的尺寸缺陷或存在材质的剧烈变化时,由于缺陷遮挡了一部分穿透声能,或材质引起声能衰减,可使穿透波幅度明显下降甚至消失。很明显,这种方法无法得知缺陷深度的信息,对于缺陷尺寸的判断也是十分粗略的。

(2)直射声束法与斜射声束法

直射声束波使声束轴线垂直于检测面进入试件进行检测,该技术被称为直射声束法。直射声束法可以采用单晶直探头脉冲反射法、双晶直探头脉冲反射法和穿透法。直射声束法通常采用的波型是纵波,在未加特殊说明时,所谓纵波检测,通常采用直射声束纵波脉冲反射法。直射声束法的耦合方式可为接触法或水浸法。直射声束接触法包含脉冲反射法和穿透法。

直射声束脉冲反射法主要用于铸件、锻件、轧制件的检测,适用于检测平行于检测面的缺陷;由于波型和传播方向不变,缺陷定位比较方便、准确。对于单直探头检验,由于声场接近于按简化模型进行理论推导的结果,可用当量法对缺陷尺寸进行评定。另外,在同一介质中传播时,纵波速度大于其他波型的速度,穿透能力强,可探测试件的厚度是所有波型中最大的。

双晶探头脉冲反射法利用两个晶片一发一收,可以在很大程度上克服直探头反射法盲区的影响。其检测原理如图 3-33 所示。虽然两个晶片用隔声层隔开,仍能接收到少量界面处直接反射的声波(S),但通常幅度较低。无缺陷时接收的第一个较高幅度的回波应为底面回波(B),缺陷回波位于界面回波和底面回波之间。双晶探头适用于检测近表面缺陷,也可用于薄试件、小直径棒材等。

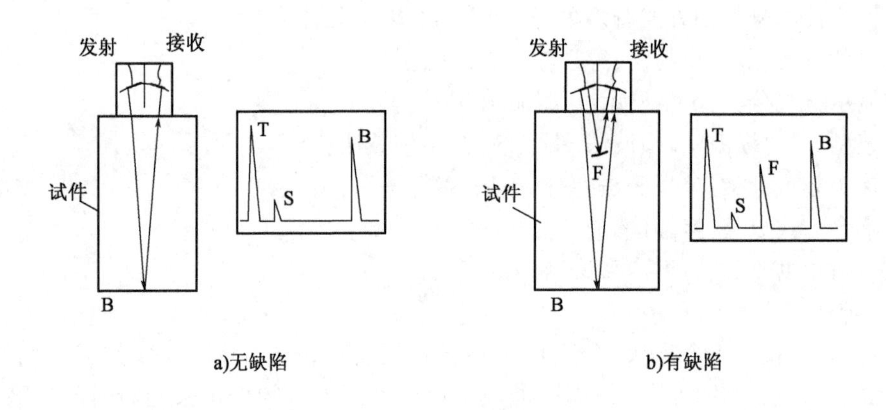

图 3-33　双晶探头脉冲反射法

斜射声束波——使声束以一定入射角(大于 0°)进入检测面,利用在试件中产生的传播方向与检测面呈一定角度的波进行检测,该技术被称为斜射声束法。根据入射角度选择的不同,试件中产生的波形可同时有纵波与横波,也可为纯横波或表面波。斜射声束法最常用的方法是采用横波作为检测波形的斜射横波法,也就是通常所说的横波法。

斜射声束的产生通常有两种方式,一种是采用接触法斜角探头,由晶片发出的纵波通过一定倾角的斜楔到达接触面,在界面处发生波形转换,在试件中产生折射后的斜射声束;另一种是利用水浸直探头,在水中改变声束入射到检测面时的入射角,从而在试件中产生所需波形和角度的折射波。

如图 3-34、图 3-35 所示斜射声束横波检验的两种典型情况。对于接触法斜角探头,斜楔常用材料为有机玻璃(纵波速度 $C_L=2.73\times10^3\text{m/s}$)。根据折射定律,当试件材料为钢时(纵波速度 $C_L=5.9\times10^3\text{m/s}$,横波速度 $C_s=3.23\times10^3\text{m/s}$),可得第一临界角 α_1 为 27.6°,第二临界角 α_{11} 为 57.8°,入射角在这两个角度之间,则试件中呈现单一横波。通常检测所用横波折射角在38°~80°之间。如图3-34所示,横波斜射声束检测时,声束在上下表面间反射形成W形路径。如果声波在前进中没有遇到障碍,声波不会返回,A扫描(A型脉冲扫查,下同)显示除发射脉冲T外无其他回波。当声束路径中遇到缺陷时,反射回波将出现在相应的声程位置处。

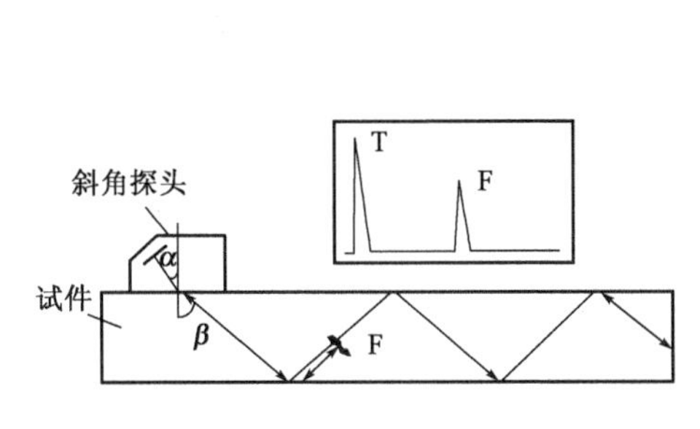

图3-34　斜射声束横波接触法平板检测

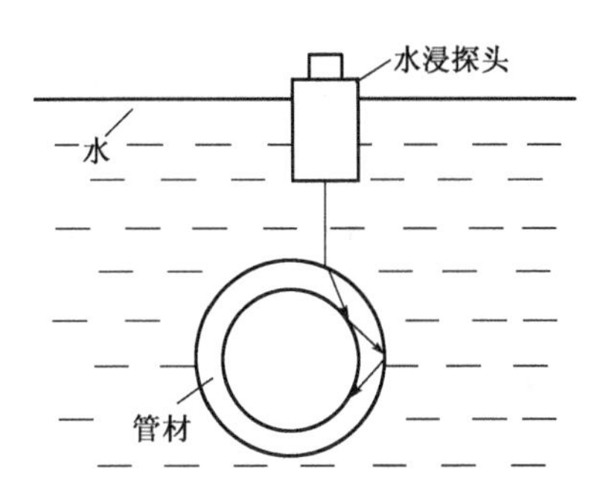

图3-35　横波水浸法管材检测

(3)单探头法与双探头法

单探头法:使用一个探头兼作发射和接收超声波的检测技术称为单探头法。单探头法操作方便,是目前最常用的一种检测技术。如前所述,单探头脉冲反射法可为直射法或斜射法,都要求缺陷主反射面与声束轴线垂直。当缺陷主反射面与入射面的倾角较大时,或由于结构上的原因和表面状态的原因不能使声束达到所需要的角度时,单探头就难以有效地检测出所要求的缺陷。

双探头法:使用两个探头,一个用于发射,另一个用于接收,主要作用是检测单探头法难以检测出的缺陷。图3-36为双探头法几种典型的排列方式。

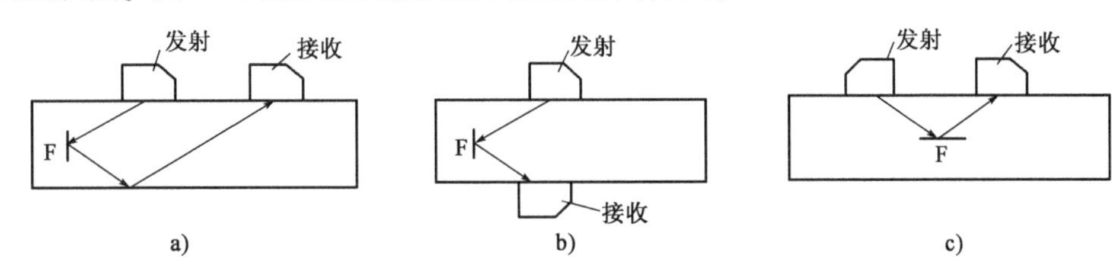

图3-36　双探头法几种典型的排列方式

当试件中存在与检测面垂直的平面型缺陷时,单探头无法实现声束与缺陷平面相垂直。若缺陷为上表面或下表面开口的缺陷,尚可利用横波端角反射进行检测。若缺陷位于上下面之间,则常用图3-36a)所示的串列式双探头法进行检测。检测时采用两个入射角相同的探头,将两个探头放置在同一个面上,并朝向同一个方向。当试件中无缺陷时,接收探头收不到回波;当试件中存在图3-36a)中所示的缺陷时,发射探头发射的声波经缺陷反射到达底面,再从底面反射至接收探头。

可以看出,对于特定深度的缺陷,只有在两个探头相距特定距离时,才能接收到经底面反射的回波。当两个探头相距最近时,可检测的缺陷深度是由两个探头前沿长度、试件厚度和折射角度决定的可检测缺陷的最大深度。扫查时,通过改变探头间距,对试件中不同深度的缺陷进行检测。而且,对于一定厚度的试件和一定角度的探头,声波经过的路径长度是不变的,因此,缺陷在时基线上的位置是不随深度改变的。

用来检测与表面垂直的缺陷的另一种技术是图 3-36b）所示的技术。两个探头以相同的方向分别放置在试件的两个相对面上，当试件中存在图 3-36b）中所示的缺陷时，发射探头发射的声波经缺陷反射被另一个探头所接收。检测时缺陷显示的特点与上述串列式相似，也是在屏幕上固定位置出现，只是同样厚度的试件声程减少了一半。扫查时，单个面上需要提供的探头移动距离较小，且需要两面放置探头。

如图 3-36c）所示的技术是在同一个面上，采用一收一发两个探头检测与表面平行的缺陷。这种技术仅在特殊情况下直探头不能在缺陷上方放置时采用。

除了单探头法与双探头法以外，有时，还使用两个以上的探头组合起来进行检测，称为多探头法。采用这类技术的目的是为了提高检测效率，通常采用多通道仪器和自动扫查装置。

（4）接触法与液浸法

从探头与试件间声耦合的方式来看，还可将超声检测技术分为接触法与液浸法两大类。接触法检测是将探头与试件表面直接接触进行检测的技术，通常在探头与检测面之间涂有一层很薄的耦合剂，以改善探头与检测面之间声波的传导。液浸法是将探头和试件全部或部分浸于液体中，以液体作为耦合剂，声波通过液体进入试件进行检测的技术。液浸法最常用的耦合剂为水，此时，其又称为水浸法。由于液体中不存在剪切力，只有纵波能够在液体中传播，但随着声束在试件表面入射角的不同，试件中同样可以产生纵波、横波、表面波、兰姆波等波型，从而实现利用不同波型进行检测。

图 3-37 为液浸法直射声束纵波检测示意图。由图中可以看出，液浸法 A 扫描显示与接触法有不同特征。在发射脉冲之后，首先出现的是声波经过液层以后在液体与试件的界面反射回来的波，称为界面回波（S）。之后，出现与利用接触法所得到的相似的缺陷回波和底面回波。观察 A 扫描显示时，常用延迟功能将始波调到显示屏之外，仅观察界面回波以后的部分。

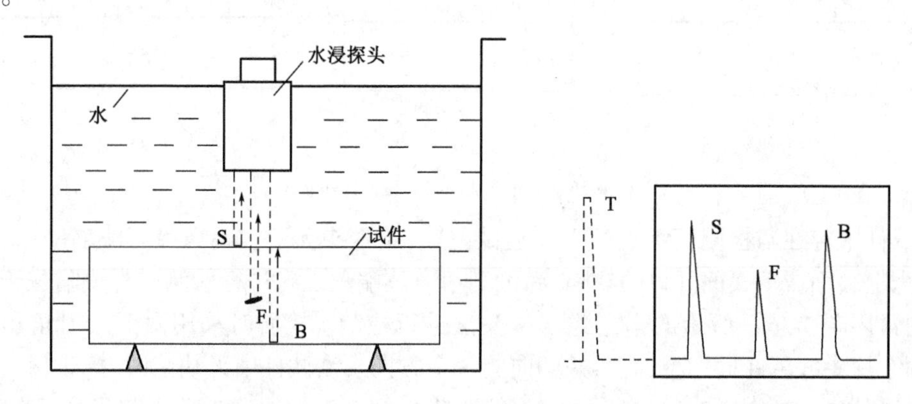

图 3-37　液浸法直射声束纵波检测示意图

3.3.4　超声波检测通用技术

（1）斜射声束横波检测技术

斜射声束横波检测一般现都采用数字机超声波检测，由于各厂家、型号不同再不一一介绍，具体仪器调整详见各型号的说明书，但大致步骤如下：探头入射点与折角的测定、声速的测定、距离幅度的制作等。

斜探头横波检测灵敏度调节的原则与纵波检测是相同的,横波检测的做法通常是采用试块中的某一特定反射体,将其反射回波调节到荧光屏满刻度的指定高度,有时根据要求的灵敏度,再用衰减器调节一定的增益量。

具体的试块、人工反射体类型、埋深、尺寸以及反射波调节的高度等,根据不同的检测试件有不同的规定。常用反射体有平底孔或 RB-2 等试块中的横孔,管材或根部检测也常用槽形人工缺陷。当试块与试件存在表面耦合损失的差异时,要进行表面修正。即在调整好的灵敏度基础上,用衰减(或增益)旋钮提高所测得的修正量。传输修正值的测定见下节。

(2)检验方法

横波斜探头扫查时,扫查速度和扫查间距的要求与纵波检测时相似。但扫查方式有其独特的特点,横波斜探头扫查不仅要考虑探头相对于试件的移动方向、移动轨迹,还要考虑探头的朝向。声束方向是根据拟检测缺陷的取向而确定的,声束方向确定之后探头移动就有了前后左右之分。

斜探头扫查方式如图 3-38 所示。通常前后左右扫查用于发现缺陷的存在,寻找缺陷的最大峰值,左右扫查可用于缺陷横向长度的测定,转动扫查和环绕扫查则为了确定缺陷的形状。

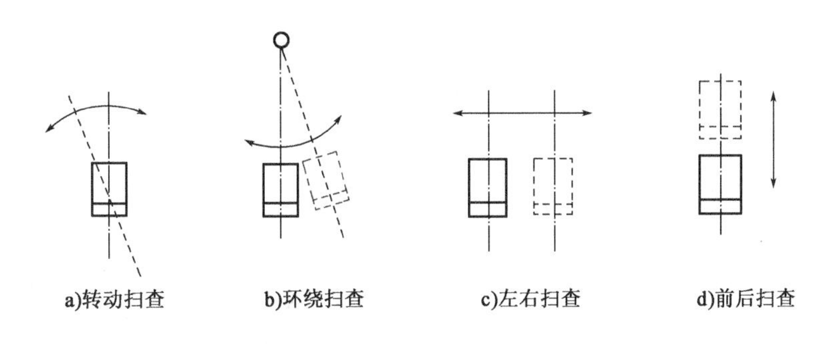

图 3-38 斜探头扫查方式

与纵波直探头检测一样,横波斜探头检测也会出现一些非缺陷回波,而且比纵波检测时还要多。其中最主要的一类是各种轮廓回波,如端角反射。由于端角反射很强,有时试件表面或侧壁上一些稍深的划痕或加工痕迹也会产生干扰信号,这些信号可用黏油的手拍打表面相应部位观察波幅变化来进行判断。另一类常见的干扰回波是斜探头产生的表面波,这些波在表面传播,遇到拐角处或表面凹坑则会产生反射,用手指按探头前面的试件表面,可看出信号幅度的变化。此外,试件表面的耦合剂过多时,横波在表面反射点处的油滴也会产生反射信号,这种信号在擦去表面油滴后即消失。

(3)缺陷评定

斜探头横波检测中缺陷的评定包括缺陷水平位置和垂直深度的确定以及缺陷的尺寸评定。缺陷的水平位置和垂直深度是根据缺陷反射回波幅度最大时,在经校准的荧光屏时基线上缺陷回波的前沿位置所读出的声程距离或水平、垂直距离,再按已知的探头折射角计算得到的。与纵波直射法不同,横波斜射法时基线上最大峰值的位置是在探头移动中确定的,定位准确度受声束宽度的影响,而且,多数缺陷的取向、形状、最大反射部位也是不确定的,因此,所确定的缺陷位置不是十分精确。

缺陷的尺寸也是通过测量缺陷反射波高与基准反射体回波波高之比,以及测定缺陷的延伸长度而进行评定的。

平表面缺陷位置的确定,数字机可直接读出,故不一一描述。

横波检测进行缺陷尺寸的评定中,缺陷回波高度是一个重要依据。在规定的灵敏度下,有时直接用波高作为判废的依据。缺陷当量尺寸的评定,依据的同样是规则反射体的回波高度与其尺寸的关系,常用试块对比法或实测距离幅度曲线进行评定。试块对比法可用三角形平底孔试块进行,评定的方法与纵波检测时相似。当量尺寸的评定也可以利用试块上测得的距离幅度曲线进行。

缺陷指示长度也是横波缺陷评定的重要指标,与纵波一样,测长方法也有相对灵敏度法和绝对灵敏度法,其原理和操作过程与上述所介绍的相似。

(4)影响检测结果的因素

超声检测的整个过程,目的都是要保证试件中所要求检测的缺陷能够检测出来,并能对其位置与尺寸进行正确评定。检测的结果是否准确,将会影响试件合格与否的评判。因此,需要掌握影响缺陷检测结果的各个因素,一方面为了保证获得检测技术所能提供的最佳的、具有可比性和可重复性的检测结果;另一方面,也可了解检测技术本身尚不能解决的检测结果的不确定性,以对检测结果作出正确的解释与判断。

超声检测影响缺陷检测结果的各个因素可分为两类,一类是可控因素,另一类是不可控因素。可控因素包括检测技术选择的正确性,检测系统的选用(包括仪器、探头特性与参数的选择、耦合剂与电缆线的选择与使用),检测过程中仪器调整的正确性(包括时基线与灵敏度的调整、仪器各旋钮的设置),对试件表面状态与材质差异的修正,扫查操作的正确性,缺陷评定方法的正确性等。这些因素均可通过检测工艺的正确制订和检测操作的正确实施加以保证。不可控因素是指在正确实施检测过程之后,仍存在的一些可能使得缺陷的评定结果不准确或不真实的因素。这些因素包括:仪器、探头经校准后在允许范围内的误差,材质的不均匀性,缺陷自身特性的影响,等等。

①检测设备与器材的影响。

超声检测仪发展至今,水平线性和垂直线性等影响检测误差的缺陷在多数仪器上均已得到改进,通常均可满足检测要求。但不同仪器在发射脉冲频带宽度,接收系统频带宽度、电噪声、分辨力等方面,仍存在着较大的差异,有些在仪器的基本性能参数中未有体现,在使用时,却可能产生不同的检测结果。如信噪比和分辨力的差异,影响对微小缺陷、近表面缺陷的检出能力。接收系统带宽的不同,也可能对缺陷回波的幅度产生影响。

超声波探头的一个特点是,同样参数(频率、晶片直径)的探头,由于制作工艺的差异,其性能会有很大的不同。因此,检测时虽然确定了探头参数,但其中心频率、频谱特性会有差异,这种差异对探头的声场会有所影响,频带的宽窄或脉冲宽度对声波在材料中的衰减和信噪比、分辨力也有明显的影响。因此,不同探头检测同一试件时,可能会给出不同的结果。

对比试块的材质和表面状态均是有一定要求的,其中的人工伤也是要求进行检验的,但即便如此,材质、尺寸规格均相同的试块,其人工伤反射回波还是会有1~2dB的差异。有时,在用幅度作为判定依据时,会出现争议。

②人员操作的影响。

采用接触法进行手工检测时，耦合剂的施加存在一定的不确定性，耦合层的厚度对缺陷回波幅度有较大的影响。当耦合剂厚度为 $\lambda/2$ 的整数倍或很薄时，声能进入工件的透射率大，缺陷的回波高度高。当耦合剂厚度为 $\lambda/4$ 的奇数倍时，声能进入工件的透射率小，缺陷的回波高度低。因此，在不影响耦合的情况下，耦合剂的厚度涂得越薄越好，否则会影响缺陷定量检测的准确性。

手工检测时由于压力难以保持得很稳，尤其是操作人员不够熟练时，会由于调整仪器和扫查时、缺陷评定时对探头施加的压力不同，使缺陷幅度的评定出现误差。扫查速度与间距的控制存在人为误差以及目视观察时的疏忽，也是造成小缺陷漏检的一个因素。

③试件与缺陷本身特性的影响。

试件形状的影响主要是对侧壁干涉的影响。纵波探头靠近试件侧壁进行检测时，从侧壁上反射的纵波 L 和波型转换产生的横波 S 都有可能与直接射向缺陷的声波发生干涉。由于侧壁干涉，使探测的灵敏度下降，位于侧壁附近的小缺陷就有可能漏检。

试件材质的影响主要是指材质非均匀性和各向异性的影响。一些金属材料及复合材料等，其内部结构是非均匀或各向异性的，其声学特性也是不均匀的。这种非均匀性的分布，很多是无法预先得知的，在检测时，会引起声速、声束方向、声阻抗的改变，从而影响缺陷位置的确定以及缺陷回波幅度的评定。

试件表面粗糙度的不均匀性，可能造成扫查过程中不同位置灵敏度的差异，以及缺陷幅度评定的差异。

缺陷表面粗糙度的影响：当超声波垂直入射到表面粗糙的缺陷上时，由于表面的凹凸不平声波被乱反射，使沿原方向返回的缺陷反射波能量减少，探头接收的回波高度随着粗糙度的增大而降低。

超声检测评定缺陷大小依据的是缺陷尺寸与回波高度的关系。除缺陷尺寸以外，缺陷的其他特征对缺陷的回波幅度也有影响，这些特征主要是缺陷的取向、形状、性质，缺陷表面粗糙度和指向性。

缺陷取向的影响：当缺陷的反射面与声束轴线垂直时，缺陷回波高度最高。但实际上缺陷的反射面与声束轴线常常是不垂直的，因此，缺陷的当量尺寸往往比缺陷的实际尺寸偏小。

此外，缺陷自身厚度很薄时，其回波高度与厚度也有关。缺陷性质的影响：由于入射声波在界面上的声压反射系数是由界面两侧介质的声阻抗决定的，界面两侧介质的声阻抗差异越大，声压反射率越高，即缺陷的回波高度越高。因此，大小相同的两个缺陷，如果其声阻抗与基体声阻抗的差异不同，则回波高度也不同。

通常含有气体的缺陷，如钢制工件中的气孔等，缺陷的声阻抗与钢的声阻抗相差较大，可以近似地认为声波在缺陷表面是全反射。但对非金属夹杂物等缺陷，缺陷与钢之间的声阻抗差异较小，入射声波在界面不仅有反射，还会有透射，因此，缺陷回波高度相对于缺陷为气体时较低。

3.3.5 焊接接头检测

(1)检测面的修整

试件表面状况好坏，直接影响检测结果，因此，应清除焊接试件表面飞溅物、氧化皮、凹坑

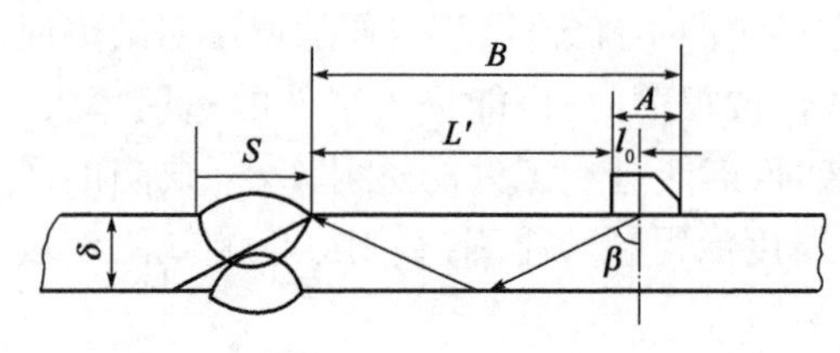

图 3-39　检测面修磨宽度的确定

及锈蚀等。一般使用砂轮机、锉刀、喷砂机、钢丝刷、磨石、砂纸等对检测面进行修整，表面粗糙度 Ra 一般不大于 6.3μm。

焊缝两侧检测面的修整宽度应至少等于探头的移动区。可根据母材厚度、所用探头的 K 值（或折射角 β）和探头的尺寸（A）确定（图 3-39）。

以 P 表示跨距，则：

$$P = 2\delta\tan\beta = 2\delta K \tag{3-2}$$

式中：K——探头的 K 值；

δ——试件厚度；

β——折射角。

通常，要求探头移动区 $B \geqslant L' + A$。

对于一次波法检测　　$L' = 0.5P - l_0$

对于二次波法检测　　$L' = P - l_0$

式中：l_0——探头前沿长度。

在上述基本原则之下，关于检测面修整宽度的具体计算方法，各标准中有不同的规定。如《钢结构超声波探伤及质量分级法》（JG/T 203—2007）和《承压设备无损检测　第三部分：超声检测》（NB/T 4701.3—2015）中规定，采用一次反射法（二次波法）检测时，探头移动区应大于 1.25P，采用直射法（一次波法）检测时，探头移动区应大于 0.75P。因此，检测面的修整宽度应不小于上述要求。

（2）检测条件的选择

检测方向和检测面的选择是为了保证不同取向、不同位置的缺陷能够被检测出来。根据不同的质量要求，可选择不同复杂程度的检测方式；根据焊缝的厚度，可以选择不同折射角的探头；根据要求检测的缺陷类型，可以选择不同检测技术和检测方向。

①对质量要求越高的焊缝，要求的声束入射方向越多，以尽可能发现不同取向的缺陷。其中检测至少为一种角度单面单侧检验，要求较高时，可用两种角度单面双侧检验或双面单侧检验，并附加串列式扫查，也可要求将余高磨平，以及增加用于检测横向缺陷的平行扫查、斜平行扫查等。

②厚度大的焊缝，要求从多个方向或角度入射，以保证声束对整个焊缝的覆盖，并检测不同取向的缺陷。如可采用两种角度双面双侧检验，如图 3-40 所示。

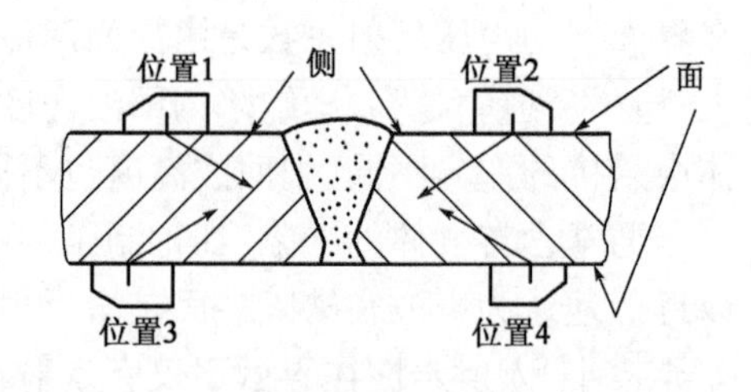

图 3-40　焊缝的检测方向和检测面

③检验级别。不同标准中，根据质量要求规定了不同的检验级别，并对检测面和检测方向给出了原则性的规定。

例如，在《钢结构超声波探伤及质量分级法》（JG/T 203—2007）中，根据焊缝质量要求将检验等级分为 A、B、C 三级，检验的完善程度和难度系数按 A、B、C 顺序逐级增高。各等级的检验范围要求为：

A 级检验采用一种角度探头，在焊缝的单面单侧进行检验，而且只对允许扫查到的焊缝截面进行探测，一般不要求探测横向缺陷；当母材厚度大于 50mm，则不得采用 A 级检验。

B 级检验原则上采用一种角度探头，在焊缝的单面双侧进行检验，而且应该对整个焊缝截面进行探测；当母材厚度≥100mm 时，应采用双面双侧检验；受几何条件限制，可在焊缝的双面单侧采用两种角度探头进行检验；条件允许时，还应探测横向缺陷。

C 级检验至少要用两种角度的探头，在焊缝的单面双侧进行探测，并且要用两种探头角度从两个扫查方向探测横向缺陷；当母材厚度大于 100mm 时，则要采用双面双侧探测。此外，还要求对接焊缝的余高磨平，以便探头在焊缝上作平行扫查；焊缝两侧斜探头扫查经过的母材部分要用直探头作检查；母材厚度≥100mm 时，窄间隙焊缝母材厚度≥40mm 时，一般要增加串列式扫查。

(3)检测横向缺陷常采用的几种方式

①平行扫查：在已磨平的焊缝及热影响区表面用一种(或两种)K 值探头(即带折射角度的斜探头)用一次波在焊缝两面作正、反两个方向的全面扫查，如图 3-41a)所示。

②斜平行扫查：用一种(或两种)K 值探头的一次波在焊缝两面双侧作斜平行探测。声束轴线与焊缝中心线夹角小于 10°，如图 3-41b)所示。

③交叉扫查：对于电渣焊中的人字形横裂，可用 K1 探头(折射角为 45°的斜探头)在 45°方向以一次波在焊缝两面双侧进行探测，如图 3-41c)所示。

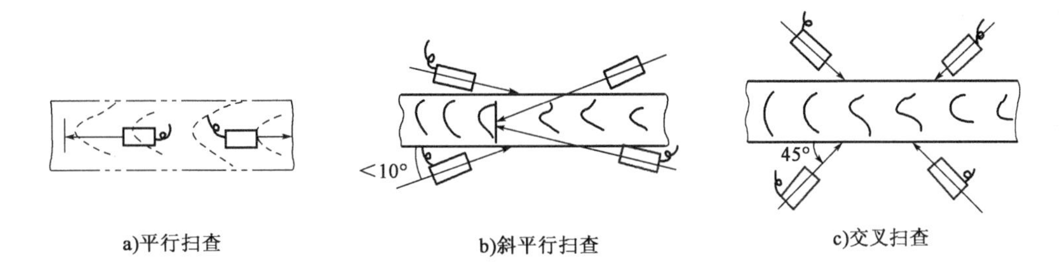

图 3-41　焊缝横向缺陷的检测

(4)探头参数的选择

探头参数的选择包括检测频率的选择和折射角或 K 值的选择。焊缝的晶粒比较细小或板厚较小时，可选用较高的频率，一般为 2.5～5.0MHz。对于板厚较大、衰减明显的焊缝，应选用较低的频率。如：铝焊缝衰减较小，通常采用频率为 5MHz 的探头。

探头折射角或 K 值的选择应从以下三方面考虑：使声束能扫查到整个焊缝截面；使声束中心线尽量与主要危险性缺陷垂直；保证有足够的检测灵敏度。一般的焊缝都能满足使声束扫查整个焊缝截面。只有当焊缝宽度较大、K 值选择不当时才会出现有的区域扫查不到的情况。因此，一般斜探头 K 值可根据试件厚度、焊缝坡口形式及预期探测的主要缺陷种类来选择。通常薄试件采用大 K 值，以避免近场区探伤，提高定位定量精度；厚试件采用小 K 值，以便缩短声程，减小衰减，提高检测灵敏度，同时还可减少试件打磨宽度。

焊缝坡口形式和尺寸如图 3-42 所示，用一、二次波单面探测双面焊接头时，次波只能扫查到 d_1 以下的部分(受余高限制)，二次波只能扫查到 d_2 以上的部分(受余高限制)。其中，$d_1 = a + l_0/K, d_2 = b/K$。

为保证能扫查整个焊缝截面，必须满足 $d_1 + d_2 \leqslant \delta$，从而得到：

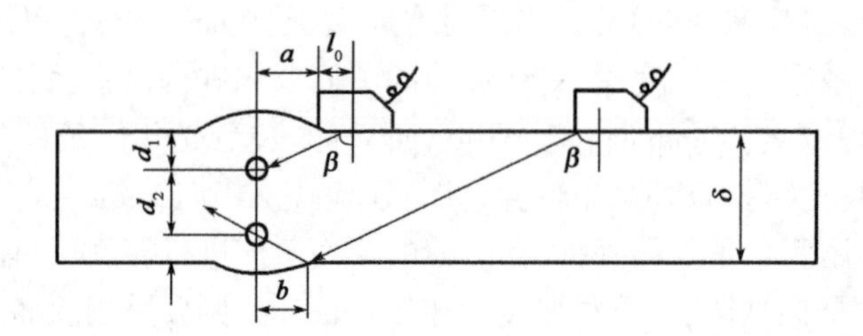

图3-42　焊缝坡口形式和尺寸

$$K \geqslant \frac{a + b + l_0}{\delta} \tag{3-3}$$

式中：a——上焊缝宽度的一半；

b——下焊缝宽度的一半；

l_0——探头的前沿距离；

δ——试件厚度。

对于单面焊，b 可忽略不计，这时有：

$$K \geqslant \frac{a + l_0}{\delta} \tag{3-4}$$

关于缺陷种类的考虑，主要是根据各种缺陷的产生部位、缺陷的取向，保证声束可以到达缺陷部位，且声束入射方向尽量与缺陷主反射面垂直。如检测坡口面未熔合，应根据坡口的角度选择折射角或 K 值，使声束尽量与坡口面垂直。

（5）耦合剂

在焊接接头超声检测中，常用的耦合剂有机油、甘油、浆糊等。

3.3.6　超声波检测的应用实例

1）时基线的调节

首先应测定探头的入射点和 K 值，入射点可在 CSK-IA 试块上测定，K 值或折射角应在与被检试件相同材料的试块上测定。检测现场如图 3-43 所示。

a）在CSK-IA标准试块上利用R100（或R50）圆弧调试仪器零偏，测量探头前沿

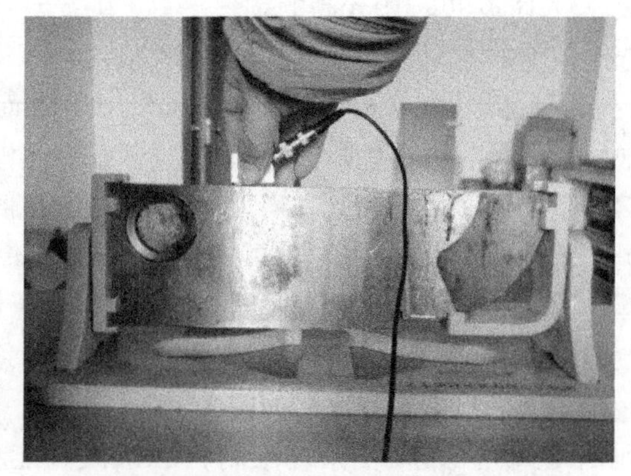

b）在CSK-IA标准试块上利用有机玻璃ϕ50孔调试仪器探头角度（或K值）

图3-43　检测现场

本书介绍了三种横波斜探头调节水平基线的方法，即声程调节法、水平调节法和深度调节法。在用 K 值探头进行焊缝检测时，用后两种方法计算缺陷位置较为方便。当板厚小于 20mm 时，常用水平调节法。当板厚大于 20mm 时，常用深度调节法。声程调节法多用于非 K 值探头。近年来，数字式仪器在焊缝检测中应用较广泛，因其可自动给出缺陷的各位置参数，通常也采用声程调节法。

需注意的是，调节时基线的试块应选择与被检试件声速相同的材料制作，如进行铝焊缝检测时，应选用铝试块进行调整。

2）距离-波幅曲线的绘制

描述某一确定反射体回波高度随距离变化关系的曲线称为距离-波幅曲线（DAC 曲线）。它是 AVG 曲线的特例。焊缝检测中常用的距离-波幅曲线如图 3-44、图 3-45 所示。国内外关于焊缝检测方法的标准，几乎都采用类似的距离-波幅曲线进行检测灵敏度的调整和缺陷幅度当量的评定。绘制距离-波幅曲线所用的人工反射体类型和尺寸各标准中有所不同。

图 3-44　在 RB-2 比对试块上调试仪器 DAC 曲线

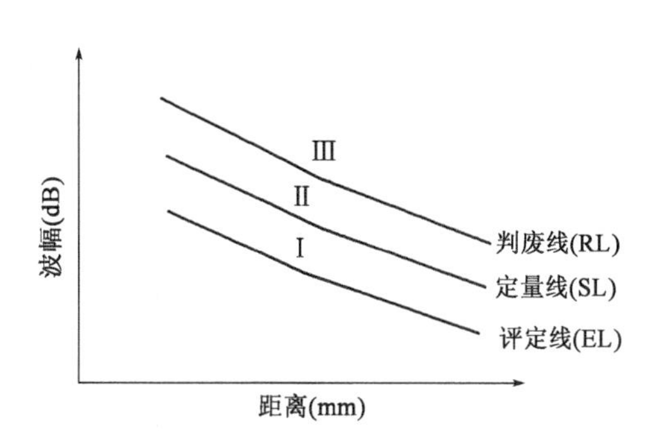

图 3-45　距离-波幅曲线示意图

按照《钢结构超声波探伤及质量分级法》（JG/T 203—2007），距离-波幅曲线由定量线、判废线和评定线组成。评定线和定量线之间（包括评定线）称为Ⅰ区，定量线与判废线之间（包括定量线）称为Ⅱ区，判废线及其以上区域称为Ⅲ区。距离-波幅曲线所代表的灵敏度如表 3-1 所示。其中基准线 DAC 是以 ϕ3mm 横孔绘制的距离-波幅曲线。

《钢结构超声波探伤及质量分级法》（JG/T 203—2007）规定的距离-波幅曲线的灵敏度　表 3-1

DAC	级　别		
	A	B	C
	板厚（mm）		
	8～50	8～300	8～300
判废线	DAC	DAC-4dB	DAC-2dB
定量线	DAC-10dB	DAC-10dB	DAC-8dB
评定线	DAC-16dB	DAC-16dB	DAC-14dB

《焊缝无损检测　超声检测　技术、检测等级和评定》（GB/T 11345—2013）采用的也是将 ϕ3mm 横孔作为测量距离-波幅曲线用的试块中人工反射体。《承压设备无损检测 第 3 部

分:超声检测》(NB/T 470133—2015)标准则采用了 2mm 长横孔和 ϕ1mm×6mm 短横孔两种人工反射体,并规定了不同的距离-波幅曲线灵敏度。各标准中分区的方式是相似的。

实用中,距离-波幅曲线有两种形式:一种是用 dB 值表示的波幅作为纵坐标、距离为横坐标,称为距离-dB 曲线;另一种是以 mm(或%)表示的波幅作为纵坐标,距离为横坐标,实际检测中将其绘在示波屏面板上,称为面板曲线。

实际检测中,距离-波幅曲线通常是利用试块实测得到的。这里仅以 RB-2 试块为例,介绍距离-波幅曲线的绘制方法:

(1)测定探头的入射点和 K 值,并根据板厚按水平、深度或声程调节时基线。

(2)探头置于 RB-2 试块,选择试块上孔深与被检件厚度相同或相近的横孔(或孔深与被检件厚度 2 倍相同或相近的横孔)作为第一基准孔,使声束对准第一基准孔,移动探头,找到第一基准孔的最高回波。

(3)调节增益按钮,使第一基准孔回波达到基准高度(例如达到垂直满刻度的 80%),此时,增益应保留比评定线高 10dB 的灵敏度(例如,评定线为 ϕ3mm-16dB 时,衰减器应保留 26dB 的灵敏度)。记下第一基准孔深 h_1 和衰减器读数 V_1。

(4)调节增益,依次测定其他各孔(比第一基准孔深的各孔),并记下 h_{v3},…,h_1,V。

(5)以探测距离(孔深或声程、或水平距离)为横坐标,以波幅(dB)为纵坐标,在坐标纸上标记出相应的点,将标记的各点连成圆滑线,将最近探测点到探测距离“0”点间画水平线。该曲线即为距离-波幅曲线的基准线。

(6)根据规定的距离-波幅曲线的灵敏度级别,在坐标纸上分别画出判废线、定量线、评定线,并标出波幅的Ⅰ区、Ⅱ区、Ⅲ区,则距离-dB 曲线制作完成。距离-波幅曲线制作完成后,应用深度不同的两孔校验距离-波幅曲线,若不相符,则应重测。

3)检测灵敏度的调节

焊缝检测灵敏度的调节,同样是为了保证所要求检测的信号具有足够高的幅度,在荧光屏上显示出来。为此,在标准中通常规定检测灵敏度不低于评定线的灵敏度。在探测横向缺陷时,应将各线灵敏度均提高 6dB。

用对比试块调节灵敏度时,对比试块的材质、表面粗糙度等应和被检试件相同或相近,其中人工反射体与由相关标准规定的用于制作距离-波幅曲线的人工反射体一致。人工反射体的声程应大于或等于检测时所用的最大声程。将探头放到试块上,声束对准选定的人工反射体,移动探头,使人工反射体的回波达到最高。调节增益旋钮,使最高回波达到所要求的基准高度。再用衰减器增益检测灵敏度所规定的分贝值(如:评定线要求 3mm 长横孔-16dB,即在 3mm 横孔调到基准波高的基础上,提高 16dB),则灵敏度调节完毕。

4)扫查方式

焊接接头的扫查方式有多种,除了前后扫查、左右扫查、环绕扫查和转角扫查四种基本扫查方式[图 3-46b)]外,还有锯齿形扫查、斜平行扫查、串列扫查、V 形扫查、交叉扫查等特殊的扫查方式。运用不同的扫查方式,以实现不同的探测目的。

如前所述,斜平行扫查、平行扫查和交叉扫查均是为了发现横向缺陷。在厚板焊缝超声检测中,与检测面接近垂直的内部未焊透、未熔合等缺陷用单个斜探头很难检出。此时,可采用两种 K 值不同的探头检测,以增加检出不同取向缺陷的可能性。有时还要采用串列式扫查,以发现位于焊缝中部的垂直于检测面的缺陷,如图 3-47 所示。

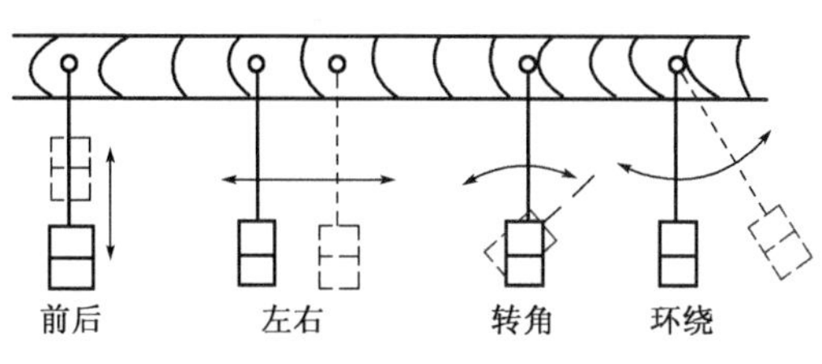

a)现场检测

b)搜查方向示意图

图 3-46 焊接接头四种基本扫查方式

焊缝检测时，通常需要采用多种扫查方式相结合，才能取得较好的检测效果。

5）缺陷的评定

焊接接头缺陷的评定包括缺陷位置的评定、缺陷幅度的评定和缺陷指示长度的评定。利用超声检测发现缺陷以后，首先要判断缺陷的位置是否位于焊缝中，之后对缺陷幅度进行评定，确定缺陷幅度在距离-波幅曲线上所在区域，并对缺陷指示长度进行测定。缺陷的幅度区域和指示长度确定之后，需要结合标准中的规定，评定焊缝的质量级别。

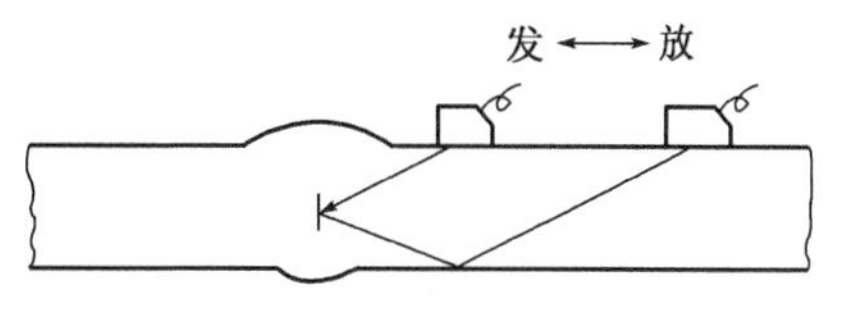

图 3-47 串列式扫查

（1）缺陷位置的确定

焊缝中发现缺陷以后，可根据缺陷回波在时基线上的位置，确定缺陷的水平位置与垂直深度。但焊缝缺陷的定位还需考虑一个特殊的问题，就是要确定缺陷是否在焊缝中。

在平板对接焊缝探伤时，一般情况下，探头不在焊缝上，声束经过的路径中有很大部分通过母材，因此，有时荧光屏上出现的缺陷回波并不是焊缝中的缺陷。如果将此缺陷回波误认为是焊缝中的缺陷，就会给焊缝质量评定及焊缝返修带来错误。所以，在焊缝探伤缺陷定位时首先要确定缺陷是否在焊缝中，具体可采用如下方法：

确定缺陷到探头入射点的水平距离 l。用直尺测量缺陷波幅度最大时探头入射点到焊缝边缘的距离 l 及焊缝的宽度 a。如果 $1 < l_f < l + a$，则缺陷在焊缝中；如果 $l_f < l$ 或 $l_f > l + a$，则缺陷不在焊缝中，不属于焊接缺陷。焊缝检测缺陷位置的确定如图 3-48 所示。

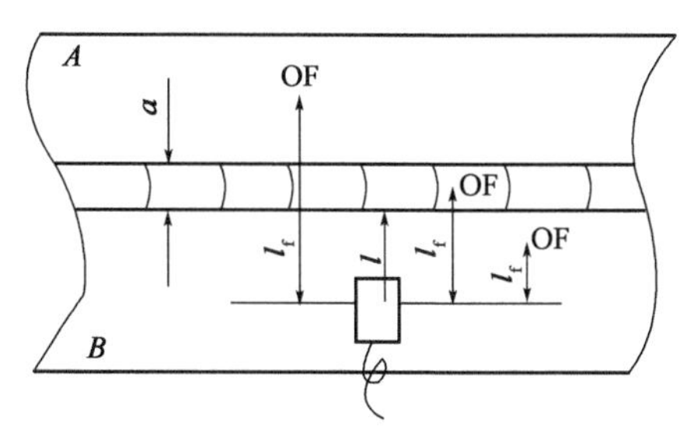

图 3-48 焊缝检测缺陷位置的确定

实际检测时，可在缺陷波幅度最大时的探头实际位置直接用尺子量出 l 所对应的缺陷位置，从而直接判断缺陷是否在焊缝中。

（2）缺陷指示长度的测定

缺陷指示长度的测定有 6dB 法、端点 6dB 法、绝对灵敏度法等，均可用于焊缝缺陷指示长度的测定。各标准中规定了允许采用的测长方法。《承压设备无损检测　第3部分：超声检测》(NB/T 47013.3—2015)中，缺陷反射波只有单个高点时，且位于Ⅱ区或Ⅱ区以上时，用6dB法测其指示长度，规定了多个高点时，且位于Ⅱ区或Ⅱ区以上时，应以端点6dB法测其指示长度，并规定了反射波峰位于Ⅰ区的缺陷，使波幅降到评定线，以评定线的绝对灵敏度法测其指示长度。端点峰值测长法示意见图3-49。

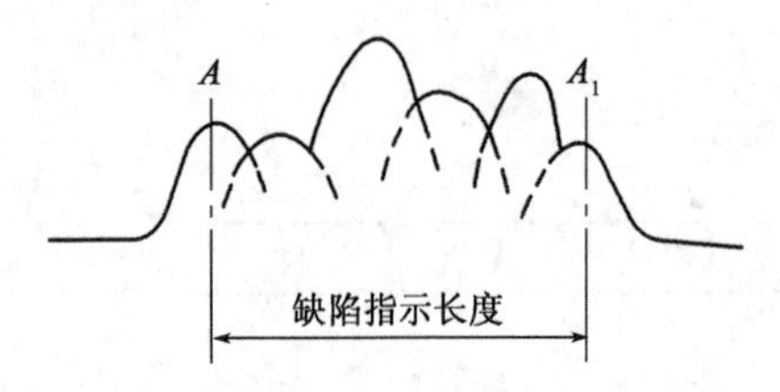

图3-49　端点峰值测长法示意图

(3)缺陷性质的估判

利用焊接接头超声检测发现缺陷后，应在不同的方向对该缺陷进行探测，根据缺陷的动态波形和回波幅度高低，结合缺陷的位置和焊接工艺，对缺陷的性质进行综合判断。但是，到目前为止，超声检测对缺陷性质的判断还是不可靠的，只是进行估判。下面简单介绍对典型缺陷的估判方法。

气孔：气孔的形状呈球形或椭球形，可分为单个气孔和密集气孔。单个气孔回波高度低，波形较稳定。采用环绕扫查方式进行探测时，反射波高大致相同，但探头位置稍一移动，信号就消失。密集气孔为一簇反射波，其波高随气孔的大小而不同，当探头作定点转动时，会出现此起彼落的现象。

夹渣：夹渣的特点是表面不规则，依其长短分为点状夹渣和条状夹渣。点状夹渣的回波信号与点状气孔相似。条状夹渣回波信号多呈锯齿状，一般波幅不大，波形常呈树枝状，主峰边上有小峰。探头平移时，波幅有变动，从各个方向探测，反射波幅不相同。

未焊透：未焊透的情况一般位于焊缝中心线上，有一定的长度。在厚板双面焊缝中，未焊透的情况位于焊缝中部。声波在未焊透缺陷表面上的反射类似于镜面反射。用单斜探头探测时有漏检的危险，特别是K值较小时，漏检可能性更大。为了提高这种缺陷的检出率，应增大探头K值或采用串列式扫查。对于单面焊根部未焊透的情况，类似端角反射，$K=0.7\sim1.5$时灵敏度较高。探头平移时，未焊透的情况波形较稳定。从焊缝两侧检测时，能得到大致相同的反射波幅。

未熔合：当超声波垂直入射到未熔合表面时，可以得到较高的回波幅度。但如果检测方法和折射角选择不当，就有可能漏检。

未熔合反射波的特征：探头平移时，波形较稳定。从焊缝两侧探测时，反射波幅度不同，有时只能从焊缝的一侧检测到。

裂纹：一般来说，裂纹的回波高度较大，波幅宽，会出现多峰。探头平移时，反射波连续出现，波幅有变动；探头转动时，波峰有上、下错动现象。

(4)非缺陷回波的判别

焊缝超声检测中，荧光屏上除了出现缺陷回波以外，还会出现一些其他的回波(非缺陷回波)。所谓非缺陷回波是指荧光屏上出现的并非焊缝中的缺陷造成的反射信号。

非缺陷回波的种类很多，现将常见的几种归纳如下：

①仪器杂波：在不接探头的情况下，检测灵敏度调节过高时，仪器荧光屏上出现单峰的或者多峰的波形，但以单峰多见。连接探头工作时，此波在荧光屏的位置固定不变。一般情况下，降低灵敏度后，此波即消失。

②探头杂波:仪器接上探头后,即在荧光屏上显示出脉冲幅度很高、很宽的信号。无论探头是否接触试件,它都存在,且位置不随探头移动而移动,即固定不变,此种假信号容易识别。产生的原因主要有探头阻尼不充分,有机玻璃斜楔设计不合理,探头磨损过大,等等。

③耦合剂反射波:如果探头的折射角较大,而检测灵敏度又调得较高,则有一部分能量转换成表面波,这种表面波传播到探头前沿耦合剂堆积处,也会形成反射信号。这种信号很不稳定,探头固定不动时,随着耦合剂的流失,波幅会慢慢降低。用手擦掉探头前面的耦合剂时,信号即消失。

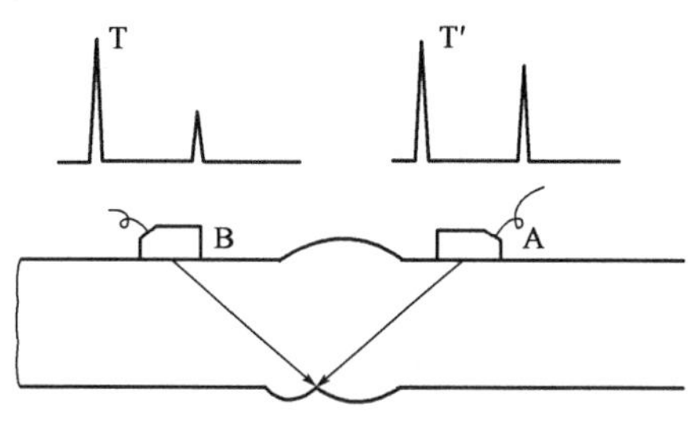

图 3-50 焊缝表面沟槽的反射

④焊缝表面沟槽反射波:在多道焊的焊缝表面形成一道道沟槽,当超声波扫查到沟槽时,会引起沟槽反射波。沟槽反射的位置一般出现在一次波、二次波在底面或表面反射点对应的声程处或稍偏后的位置,这种反射信号的特点是不强烈、迟钝,见图 3-50。自动焊的沟槽大小、深浅比较规则、均匀,因此,自动焊沟槽产生的沟槽回波容易识别。手工焊的沟槽大小、深浅不规则、不均匀,因此,手工焊沟槽产生的沟槽回波容易与焊缝下半部的缺陷回波相混淆,难以识别。

由于板材在加工坡口时,上下不对称或焊接时焊偏造成上下层焊缝错位,焊缝上下错位引起的反射波如图 3-51 所示。由于焊缝上下焊偏,在 A 侧进行检测时,焊角反射波很像焊缝内的缺陷。当探头从 B 侧检测时,在一次波前没有反射波或测得信号的水平位置在焊缝的母材上。

焊角回波:焊缝一般都有一定的余高,余高与母材的交界处产生的回波称为焊角回波。如图 3-52 所示。

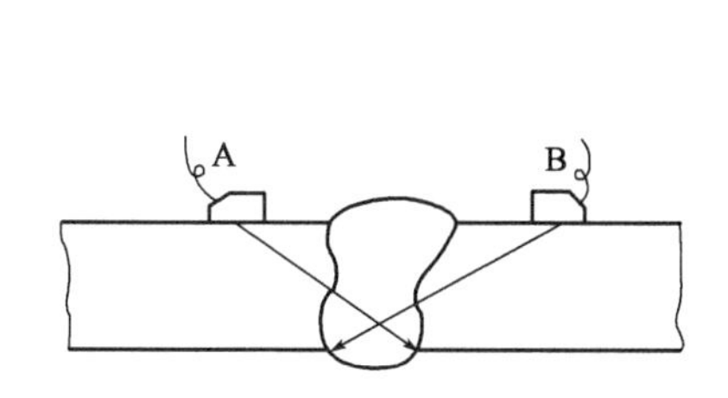

图 3-51 焊偏在超声探伤中的辨别

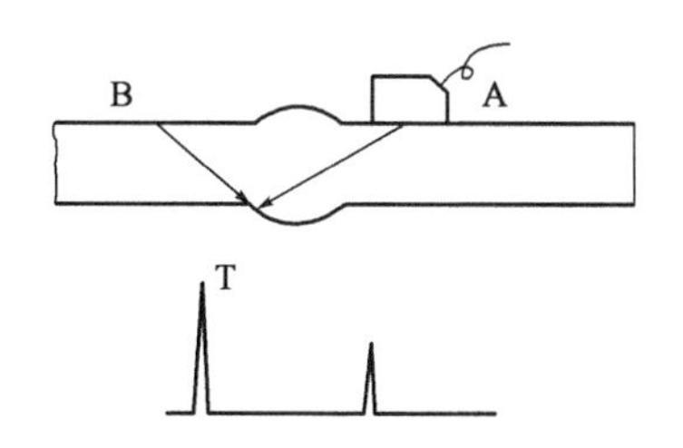

图 3-52 焊角回波

焊角回波的特点是,探头在 A 位置处会有焊角回波产生,在 B 位置处则无焊角回波产生;焊角回波高度与余高高度有关,余高高时焊角回波高度也高。如果根据最高焊角回波的位置计算它的水平距离和垂直距离,计算出的焊角位置与工件上的实际焊角位置相同。如果用手指沾上油轻轻敲击工件的焊角处,焊角回波会上下跳动。根据焊角回波的这些特点就可识别焊角回波。

在焊缝检测中,由于受检件结构特殊、表面状况和焊接状况等原因还会产生一些其他非缺陷回波。只要仔细观察工件结构、表面状况、焊接状况,精确对回波定位,认真分析回波特点,寻找反射条件,就可以识别非缺陷回波,避免误判。

3.4 磁粉检测

3.4.1 磁粉检测原理

铁磁性材料或工件磁化后,如果在表面和近表面存在材料的不连续性(材料的均质状态或致密性受到破坏),则在不连续性处磁场方向将发生改变,在磁力线离开工件和进入工件表面的地方产生磁极,形成漏磁场。用传感器对这些漏磁场进行检测,就能检查出缺陷的位置和大小。

3.4.2 磁粉检测设备与器材

磁粉检测设备,按重量和可移动性可分为固定式、移动式和携带式三种类型;按设备的组合方式又可分为一体型设备和分立型设备。一体型设备是由磁化电源、螺管线圈、工件夹持装置、磁悬液喷洒装置、照明装置和退磁装置等组成一体的探伤机;分立型设备是将磁化电源、螺管线圈等各部分,按功能制成单独分立的装置,在探伤时组合成系统而加以使用的探伤机。

(1)固定式探伤机

固定式探伤机的体积和重量都比较大,带有照明装置、退磁装置、磁悬液搅拌/喷洒装置,有夹持工件的磁化夹头和放置工件的工作台及格栅,适于对中小工件进行磁粉探伤,能利用通电法、中心导体法、感应电流法、线圈法、磁轭法进行整体磁化或复合磁化。另外,固定式探伤机还常常配备触头和电缆,以便对搬上工作台比较困难的大型工件进行检测。

(2)移动式探伤仪

移动式探伤仪的主体是磁化电源,可提供交流和单相半波整流电的磁化电流,能利用触头法、夹钳通电法和线圈法进行磁化。移动式探伤设备一般装有滚轮,可推动或吊装在车上运输到检验现场,适于对大型工件进行探伤。

(3)携带式探伤仪

携带式探伤仪的体积小、重量轻、携带方便,适用于现场、高空和野外探伤,可用于现场检验锅炉压力容器和压力管道,以及对飞机、火车轮船进行原位探伤,或对大型工件进行局部探伤。随设备配备的常用仪器主要有带触头的小型磁粉探伤仪、电磁轭、交叉磁轭或永久磁铁等。

(4)照度计

照度计用于测量被检工件表面的白光可见光照度。

(5)黑光辐射计

黑光辐射计用于测量波长范围为320~400nm、峰值波长为365nm的黑光的辐照度。

(6)弱磁场测量仪

弱磁场测量仪是一种高精度的仪器,测量精度可达8×10^{-4}A/m(10^{-5}Oe),对于磁粉检测,仅用于工件退磁后的剩磁极小的场合。

(7)快速断电试验器

为了检测三相全波整流电磁化线圈有无快速断电功能,可采用快速断电试验器进行测试。

除上面提到的仪器外，还有一些其他的仪器，如用来测量通电时间的袖珍式电秒表等，在此不一一介绍。

3.4.3 磁粉检测材料

(1)磁粉

磁粉是显示缺陷的重要材料，磁粉质量的优劣和选择是否恰当，会直接影响磁粉检测的结果。磁粉的种类很多，根据磁痕观察，可将磁粉分为荧光磁粉和非荧光磁粉两类；根据施加方式的不同，可将磁粉分为湿法用磁粉和干法用磁粉。

荧光磁粉——在黑光下观察磁痕显示的磁粉称为荧光磁粉。荧光磁粉是以磁性氧化铁粉、工业纯铁粉或基铁粉为核心，在铁粉外面包覆一层荧光染料制成的。荧光磁粉在黑光照射下，能发出波长范围在 510 ~ 550nm 人眼最敏感的黄绿色荧光，与工件表面颜色的对比度很高，适用于各种颜色的受检表面，容易观察，检测灵敏度高。荧光磁粉一般只适用于湿法检验。

非荧光磁粉——在可见光下观察磁痕显示的磁粉称为非荧光磁粉。常用的有 Fe_3O_4 磁粉和 Fe_2O_3 红褐色磁粉。这两种磁粉既适用于湿法检验，也适用于干法检验。

湿法用磁粉是将磁粉悬浮在油或水载液中，使用时将其喷洒到工件表面；干法用磁粉是将磁粉在空气中吹成雾状喷撒到工件表面。

以工业纯铁粉等为原料，用黏合剂包覆制成的白磁粉或其他颜色的磁粉，一般只用于干法磁粉检测。

(2)载液

用来悬浮磁粉的液体称为载液。磁粉检测一般用油基载液或水载液，磁粉探伤 - 橡胶型法则一般用乙醇载液。

油基载液是具有高闪点、低黏度、无荧光和无臭味的煤油。油基载液主要的技术指标为：①无毒性；②无刺激性气味；③闪点应不低于 93℃；④运动黏度在 38℃ 时应不大于 $3.0mm^2/s$ (3 厘斯)，在最低使用温度下应不大于 $5.0mm^2/s$ (5 厘斯)；⑤荧光应不大于二水硫酸奎宁在 0.1N 硫酸(H_2SO_4)中的 10×10^{-6} (1.27×10^{-5} 摩尔)溶液的荧光；⑥颗粒物应不大于 1.0mg/L；⑦总酸值应不大于 0.15mg KOH/L；⑧目测是水白色。

水载液是通过在水中添加润湿剂、防锈剂(必要时还要添加消泡剂)制成的，水载液主要的技术指标为：①润湿性，水磁悬液应能迅速地润湿工件表面，pH 值应控制在 8 ~ 10；②分散性，磁粉应能均匀分散在水载液中，在有效使用期内不结团；③防锈性，工件经过磁粉检验后，应在规定时间内不生锈；④消泡性，应能在较短时间内自动消除水载液中的泡沫，以保证检测灵敏度；⑤稳定性，在规定的储存期间，水载液的使用性能不发生变化。

水载液的优点是不易燃、黏度小，但不适用于在水中浸泡可引起氢脆的某些高强度合金钢。

(3)磁悬液

磁悬液浓度有两种表示方法：每升磁悬液中所含磁粉的质量(g/L)称为磁悬液配制浓度；每 100mL 磁悬液沉淀出磁粉的体积(mL/100mL)称为磁悬液沉淀浓度。磁悬液浓度对显示缺陷的灵敏度影响很大：浓度太低，影响漏磁场对磁粉的吸附量，磁痕不清晰，会使缺陷漏检；浓度太高，会在工件表面滞留过多磁粉，形成过度背景，甚至会掩盖相关显示。推荐的磁悬液浓度见表 3-2。

磁悬液浓度　　表3-2

磁粉类型	配置浓度(g/L)	沉淀浓度(固体含量,mL/100mL)
非荧光磁粉	10~25	1.0~2.5
荧光磁粉	0.5~2.0	0.1~0.4

磁粉探伤-橡胶铸型法,非荧光磁悬液的推荐配置浓度为4~5g/L。

对光亮的工件进行检验,应采用黏度和浓度大的磁悬液;对表面粗糙的工件,应采用黏度和浓度小的磁悬液;对细牙螺纹的根部缺陷,应采用荧光磁粉进行检验,推荐磁悬液配制浓度为0.5g/L。

(4)反差增强剂

由于工件表面凹凸不平,或者磁粉颜色与工件表面颜色比较相近时,会使缺陷难以检出,造成漏检。在这种情况下,可在探伤前,在工件表面上先涂上一层厚度为25~45μm的白色薄膜,这层薄膜叫作反差增强剂。反差增强剂可自行配制,搅拌均匀后即可使用。

(5)标准试片

标准试片(以下简称试片)是磁粉检测的必备器材之一,其用途为:①检验磁粉检测设备、磁粉和磁悬液的综合性能(系统灵敏度);②检测被检工件表面的磁场方向、有效磁化区及大致的有效磁场强度;③考察所用的探伤工艺规程和操作方法是否妥当;④当无法计算复杂工件的磁化规范时,可将柔软的小试片贴在工件的不同部位,以大致确定理想的磁化规范。

试片由DT4电磁软铁板制造。美国使用的试片称为QQI质量定量指示器,日本使用A型和C型试片,我国使用的有A型、C型、D型和M_1型四种试片。各种型号试片的具体指标可参阅有关国家标准。

标准试片只适用于连续法检验,不适用于剩磁法检验。试片表面锈蚀或有褶纹时,该试片不得继续使用;另外,使用试片前,应用溶剂清洗防锈油,如果工件表面贴试片处凹凸不平,还应打磨平并除去油污。

在使用试片前,应根据工件探伤面的大小和形状,选取合适的试片类型,探伤面较大时,可选用A型;探伤面小或表面曲率半径小时,可选用C型或D型试片;也可选用不同类型的试片,分别贴在工件上磁场强度不同的部位。用完试片后,需用溶剂清洗并擦干,干燥后涂上防锈油,放回原装片袋保存。

(6)标准试块

标准试块(以下简称试块)也是磁粉检测必备的器材之一。其主要用于检验磁粉检测设备、磁粉和磁悬液的综合性能(系统灵敏度),也用于考察磁粉检测的试验条件和操作方法是否恰当,还可用于检验不同大小的磁场在标准试块上渗入的大致深度。

我国目前使用的直流试块,又叫作B型标准试块,与美国的Beta环等效;使用的交流试块,又叫作E型标准试块,与日本和英国的同类试块接近。使用的磁场指示器,又称为八角形试块,与美国的同类试块接近。另外,我国也使用自然缺陷标准样件。

关于B型和E型试块的材料以及具体参数,可参阅相关的国家标准。

标准试块不适用于确定被检工件的磁化规范,也不能用于考察被检工件表面的磁场方向和有效磁化区。

磁场指示器是用电炉铜焊将8块低碳钢与铜片焊在一起构成的,有一个非磁性手柄,如图3-53所示。磁场指示器仅用于了解工件表面的磁场方向和有效磁化范围,不能对磁场强度和磁场分布进行定量测试。

为了弄清磁粉检测系统是否按照期望的方式、所需要的灵敏度工作,最理想的方法就是选用带有自然缺陷的工件作为标准样件。自然缺陷标准样件是在以前磁粉检测中发现的缺陷试样,其材料状态和外形具有代表性,并具有最小临界尺寸的常见缺陷(如发纹和磨削裂线)。应对自然缺陷标准样件加以标记,以免混入被检件中。自然缺陷标准样件使用应经过Ⅲ级无损检测人员的批准。

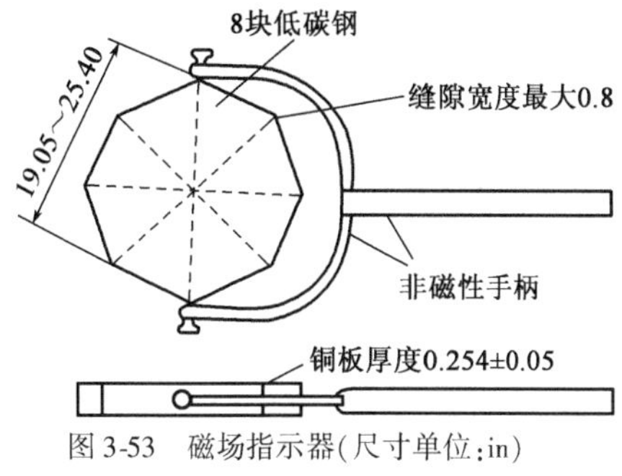

图3-53 磁场指示器(尺寸单位:in)

注:1in = 0.0254m。

3.4.4 磁粉检测工艺

磁粉检测工艺,是指从磁粉检测的预处理、磁化工件(包括选择磁化方法和磁化规范)、施加磁粉或磁悬液、磁痕分析评定、退退磁以及后处理的整个过程。

根据磁粉检测所用的载液或载体不同,可将磁粉检测分为湿法和干法检测;根据磁化工件和施加磁粉、磁悬液的时机不同,又可分为连续法和剩磁法检测;根据硫化硅橡胶液内配或不配磁粉,磁粉检测可分为磁橡胶法与磁粉探伤-橡胶铸型法检验。

1)预处理及检测的时机

工件的表面状态对于磁粉检测的灵敏度有很大影响,因此在磁粉检测前,应对工件进行预处理。

(1)清除:主要是为了去除工件表面的油污、铁锈、毛刺、氧化皮、焊接飞溅物、油漆、金属屑和砂粒等。使用水磁悬液时,对工件表面要进行认真的除油;使用油磁液时,工件表面不应有水分;干法检验时,应保证工件表面的干净、干燥。

清除工件表面的油污和润滑脂时,可采用蒸汽除油或溶剂清洗,但不能用硬金属丝刷清除。

(2)打磨:对有非导电覆盖层的工件进行通电磁化时,必须将与电极接触部位的非导电覆盖层打磨掉。

(3)分解:一般应将装配件分解后再进行探伤。因为装配件的形状和结构复杂,磁化和退磁都困难,分解后探伤容易操作,而且容易观察到所有的探伤面。

(4)封堵:若被检工件有盲孔和内腔,则磁悬液流进后难以清洗,因此探伤前应将孔洞用非研磨性材料封堵。

(5)涂敷:如果磁痕与工件表面的颜色相近,对比度小,或者由于工件表面粗糙而影响磁痕显示,可在探伤前先在工件表面涂敷上一层反差增强剂。

安排磁粉检测的时机时,应遵循以下原则:

①磁粉检测工序应安排在容易产生缺陷的各道工序(如焊接、热处理、机加工、磨削、矫正和加载试验)之后进行,但应在涂漆、发蓝、磷化等表面处理之前进行。

②对于有产生延迟裂纹倾向的材料,磁粉检测应安排在焊接完成24h后进行。

③磁粉检测可以在电镀工序之后进行。对于镀铬、镀镍层厚度大于50μm的超高强度钢

(抗拉强度大于或等于 1240MPa)的工件，在电镀前后均应进行磁粉检测。

2)磁化方法的分类

根据工件磁化时磁场的方向，工件磁化可以分为周向磁化、纵向磁化和多向磁化三种。图 3-54 所示的是周向磁化所采用的主要磁化方法。纵向磁化的纵向磁场可由磁化线圈(螺线管)产生，也可由电磁轭或永久磁铁产生，其主要磁化方式如图 3-55 所示。

3)周向磁化法及磁场分布

通电法又称作直接通电法，属周向磁化法。通电法将工件夹在探伤机的一对接触板(电极)之间，使低电压的较大电流通过两电极进入被检测的工件。这时，在工件表面和内部将产生周向磁场，如图 3-56 所示。

- 周向磁化
  - 通电法
    - 轴向通电法
    - 直角通电法
    - 夹钳通电法
  - 中心导体法
    - 正中心导体法
    - 偏置导体法
  - 触头法
  - 感应电流法
  - 环形件绕电缆法

图 3-54 周向磁化法

通电时电流可沿着工件的任何夹持方向流动。如果工件截面是圆形，则产生环状磁场；如果工件截面是长方形，则产生椭圆形磁场。电流和磁场在方向上遵从通电导体右手螺旋法则。工件通过电流有几种方法：沿工件轴向通过磁化电流叫作轴向通电法；垂直于工件轴向通电磁化叫作直角通电法；工件不便于采用探伤机上的固定接触板而采用夹钳夹住工件需要通电的部位进行磁化的方法叫作夹钳通电法。直角通电法和夹钳通电法见图 3-57 和图 3-58。

- 纵向磁化法
  - 线圈法
    - 绕电缆法
    - 螺管线圈磁化法
  - 磁轭法
    - 固定磁轭整体磁化
    - 便携磁轭局部磁化
  - 永久磁铁法

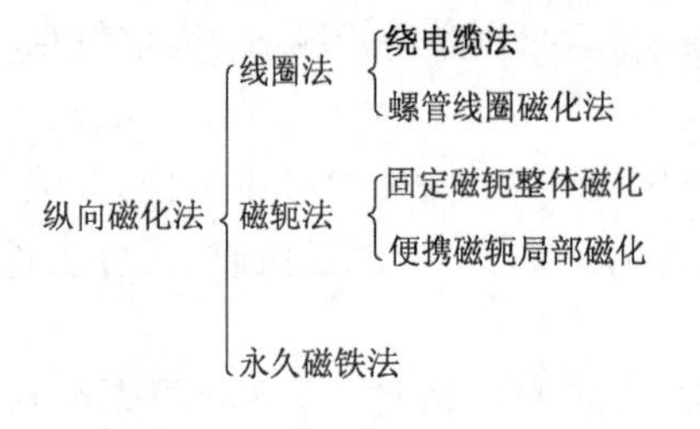

图 3-55 纵向磁化法

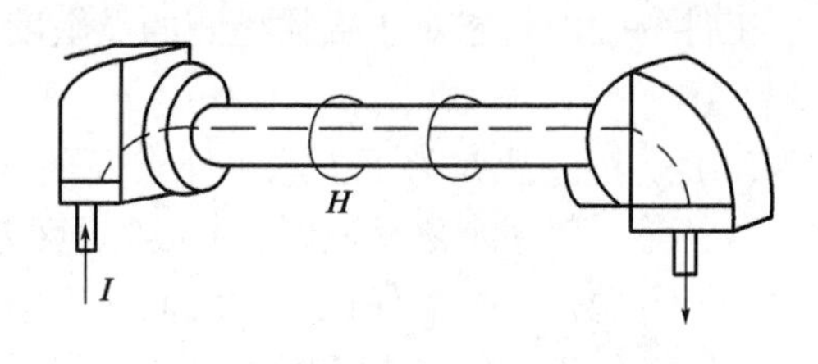

图 3-56 通电法

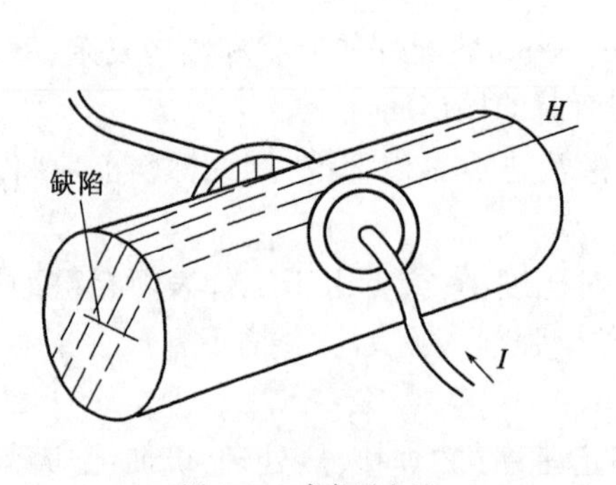

图 3-57 直角通电法

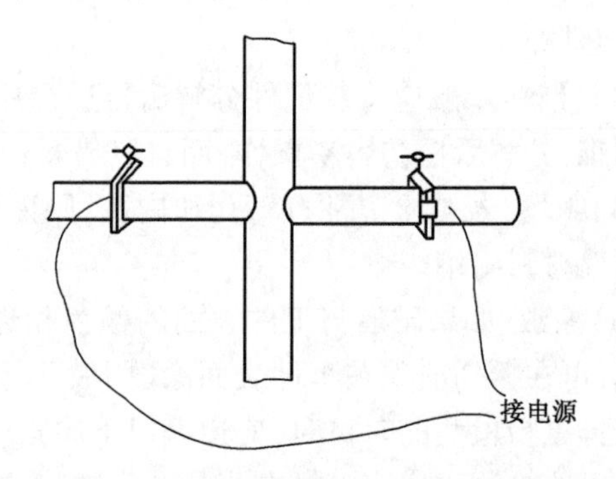

图 3-58 夹钳通电法

通电法主要用来发现与磁场方向垂直而与电流方向平行的缺陷。工件通电时，磁感应线流经的途径全部通过工件，磁场封闭在工件的轮廓内。若表面和近表面材料连续，就没有磁极产生,也就不能形成漏磁场;若工件表面有缺陷或材料有不连续处,磁力线将产生折射而形成漏磁场。

通电法是一种最常用的有效的磁化方法,这种方法在多数情况下都能使磁场与缺陷方向成一个角度,对缺陷反应灵敏,具有检测方便、快速的特点,特别适用于批量检验。只要控制通入工件电流的大小,就可以控制产生磁场的大小。

通电法的磁化电流可以采用任何一种电流。图 3-59 表示了实心圆钢件和空心圆钢件采用通电法磁化时磁场分布的情况。

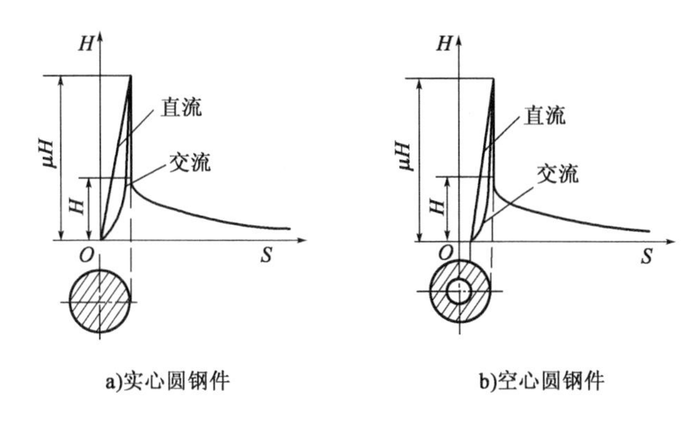

图 3-59 圆钢件采用通电法磁化时的磁场分布

从图 3-59 中可以看出,实心工件中心和空心工件内壁磁感应强度为零,随着距工件中心距离的变化,磁感应强度逐渐增大,在工件外表面达到最大值。当磁场从工件上进入空气中时,磁感应强度急剧减小。这是因为钢铁材料和空气磁导率不同。在空气中,磁感应强度随着距离的增加进一步减小。从该图中还可以看出,交流磁场在工件表面附近磁感应强度最大,而直流磁场磁感应强度从工件中心成比例地向表面增大,即对近表面的缺陷检出能力强于交流电。直接通电的空心工件内表面不存在磁场分布,因此直接通电法不适用于工件内表面的磁粉检测。

通电法能对各种工件实施有效磁化。该方法磁场集中,无退磁场,能对工件整体全长实施磁化;且操作方便,工艺简单,只要电流足够,短时间可进行大面积磁化,检测效率较高;同时,通电法的检测灵敏度也较高,磁化电流的计算也较容易,是最常使用的磁化方法之一。但在工件接触不良时使用该方法会烧伤工件,该方法也不能检测空心工件内表面的不连续性;夹持细长工件时,容易使工件变形;由于电流直接通过工件,通电时间过长时,工件发热现象严重。该方法常用于实心和空心工件,如焊接件、机加工件、轴类、钢管、铸钢件和锻钢件的磁粉探伤。

4)正中心导体法

正中心导体法是将导体(芯棒或电缆)穿入空心钢件的孔中,并置于孔的中心使电流从导体上通过,利用导体产生的周向磁场来使工件得到感应而磁化。这种方法又叫作穿棒法或芯棒法,也叫作电流贯通法,如图 3-60 所示。芯棒通过电流时,在芯棒周围产生的磁场在工件上形成了闭合的工作磁通,其磁场分布见图 3-61。

从图 3-61 中可以看出,磁场在工件内表面具有最大值。随着距芯棒中心距离的增大,工件中的磁感应强度值有所降低。在工件外表面以外急剧下降到磁场强度值,然后与距离成反比减小。芯棒材料一般用导电良好的非铁磁材料制作,常采用铜或铝棒。

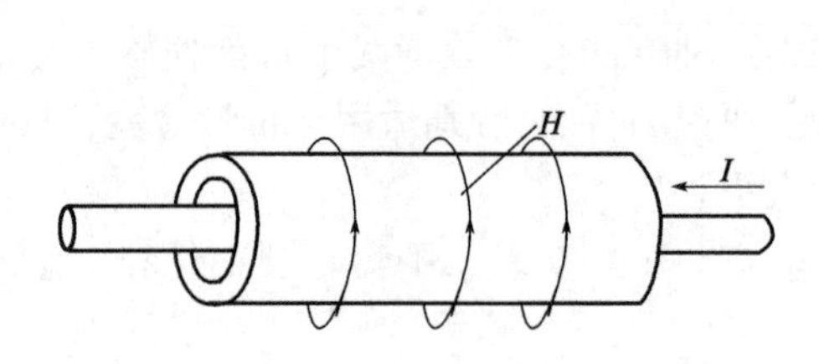

图 3-60　正中心导体法

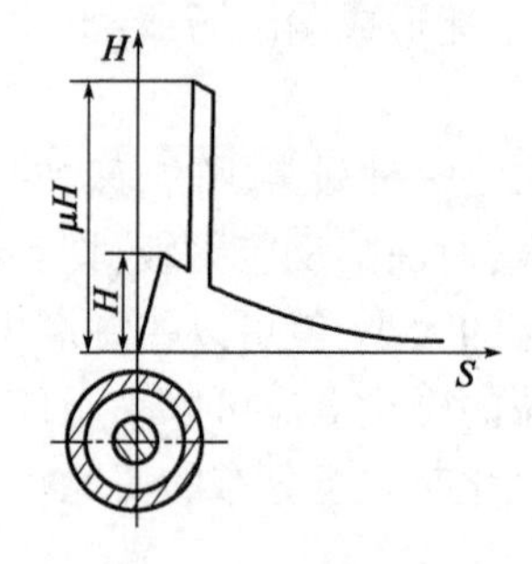

图 3-61　正中心导体法的磁场分布

正中心导体法主要用来检查工件沿轴向(平行于电流方向或小于45°范围内)的缺陷。由于它是感应磁化,可以发现工件内外表面的轴向缺陷及两端面的径向缺陷。该法在中空工件检查中广泛使用,如用于钢管、空心圆柱、轴承圈、齿轮、螺母、环形件、管接头及较大法兰盘孔等的检查中。它的最大优点是采用感应磁化,工件中无电流直接通过,不会产生电弧烧伤工件的情况;在磁化过程中,工件内外表面和端面都能得到周向磁化;对小型工件,可在芯棒上一次穿上多个工件进行磁化,以提高效率;工艺简单、检测效率高,并且有较高的检测灵敏度。其不足处在于只能检查中空的工件,并且内外表面的检测灵敏度不一致,对于管壁较厚的工件更是如此。

如果管状工件的直径过大或有某些特殊形状,在采用中心导体法时应适当作如下调整:

(1)大直径工件时可采用偏置芯棒分段进行磁化。由于大直径工件整体磁化时需要大电流,普通检测设备难以达到。这时可采用偏置芯棒法进行磁化。该方法是将导电芯棒置于工件孔中并贴近内壁放置,电流从芯棒流过并在工件上形成局部周向磁场(图3-62),该磁场能够检测出空心工件芯棒附近内外表面与电流方向平行和端面径向的不连续性。检查时,应采用适当的电流值对工件进行磁化,有效检查范围约为芯棒直径的4倍。为了全面检查工件,使用中应转动工件或移动芯棒,以检查整个圆周。为防止漏检,每次检查区域间应有10%的覆盖。

(2)一端有封头的工件,用芯棒穿入作为一端,封头作为另一端,通电磁化,如图3-63所示。

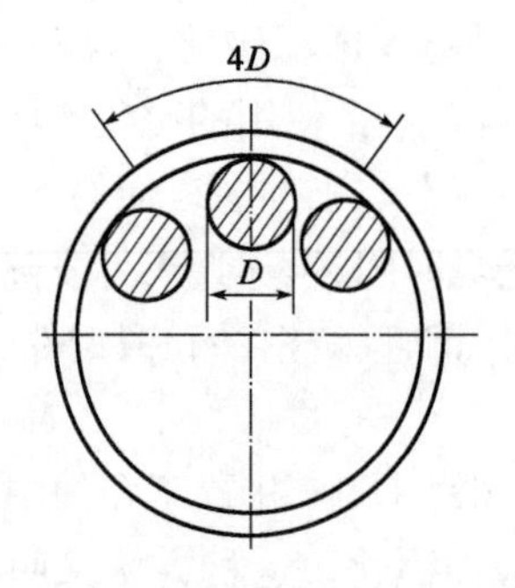

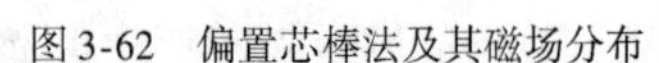

图 3-62　偏置芯棒法及其磁场分布

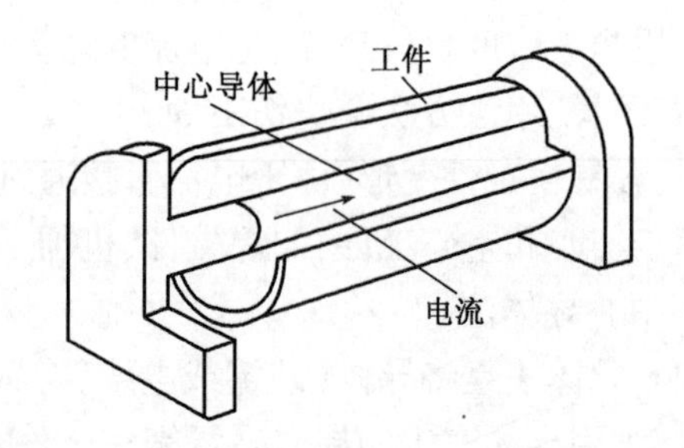

图 3-63　有封头工件的穿棒检查

(3)大型工件的螺钉孔、法兰盘的固定孔等可用电缆穿过,对孔周围实施检查。

(4)弯曲内孔的工件可用柔性电缆代替刚性芯棒检查。

(5)对于小型空心环件,可将数个工件穿在芯棒上一次磁化,如图3-64所示。

此外,还可以采用立式磁化(工件和芯棒直立),以检查内壁等。

5)触头通电法

触头通电法又叫作支杆法、尖锥法或手持电极法。它是直接通电磁化的又一形式,它与轴向通电法的不同之处是将一对固定的接触板电极换成一对可移动的支杆式触头电极,以便对大工件进行局部磁化,用来发现与两触头连线平行的不连续性,如图3-65所示。

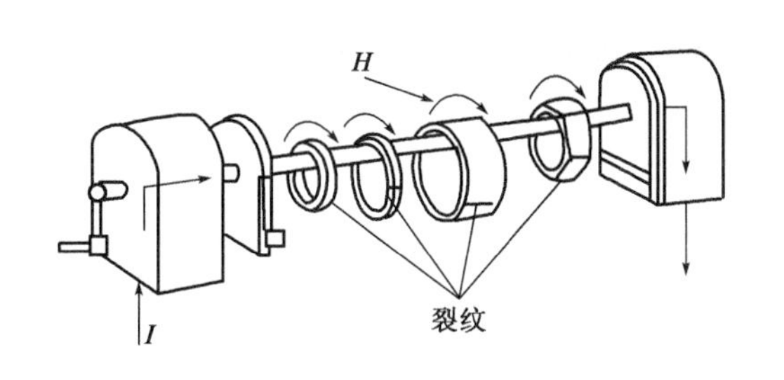

图3-64 小型环件一次多个磁化

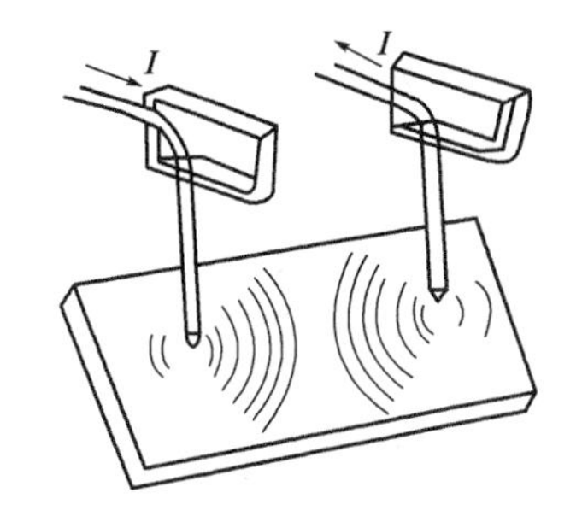

图3-65 触头通电法通电磁化

触头通电法可用较小的电流值在局部得到必要的磁化场强度,方法是调节两触头电极间的距离。一般间距可取15~20cm,特殊时可至30cm,但最短不宜小于5cm。

触头通电法的电流分布:距触头电极中心连线越远,磁场越弱。触头法形成的磁场不是真正的周向磁场,而是一个变形磁场,其磁路也是一个不均匀磁路;触头与工件接触不良时,还可能烧伤工件。但由于触头通电法检查设备轻便,可携带到现场检验,每次检查一个较小的范围,灵敏度也较高。触头通电法适用于检测易于出现缺陷的区域,特别在焊缝检查和各种大中型设备的局部检查中经常采用。

采用触头通电法进行探伤时,可用各种电流对工件进行磁化,采用半波整流电磁化效果更好。

6)感应电流法

感应电流法也是一种工件中通过电流的磁化方法,不过它不是直接用电极从电网(或设备)中得到电流,而是运用变压器原理,把环形工件作为变压器的次级线圈,当工件中磁通发生变化时就可能在工件上感应产生大的周向电流,形成一个闭合的工作磁路,如图3-66所示。

感应电流法又叫作磁通贯通法。由于电流沿工件环形方向闭合流动,这种方法适合于检查工件内外壁及侧面上沿截面边缘圆周方向分布的缺陷,且工件不与电源装置直接接触,也不受机械压力,可以避免工件端部烧伤和变形。感应电流法在一些环状薄壁工件(如轴承环)检查时经常用到。对一些较小的环状工件也可以采用另一种感应电流磁化的方法,即工件放在线圈中,线圈中心插入一根铁芯,利用其交变磁通在工件上感应出电流,如图3-67所示。

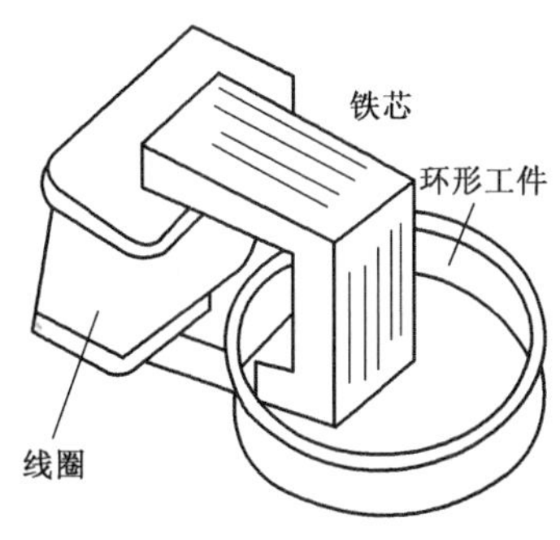

图3-66 感应电流法

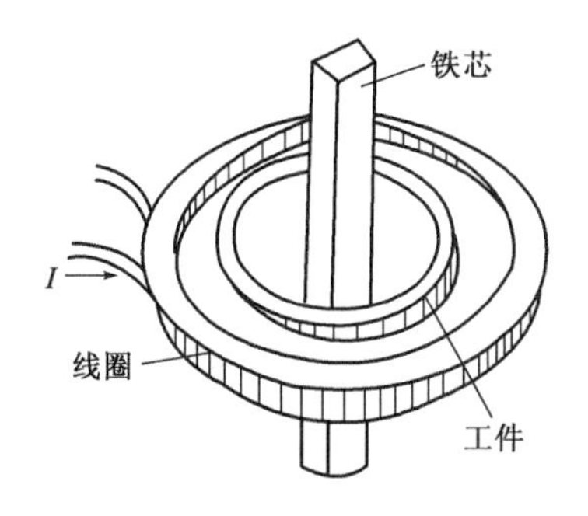

图3-67 感应电流法工作原理

采用感应电流方法磁化工件时,工件上的感应电流与磁通量的变化率呈正比。为此,激磁线圈的磁势应足够大,才能产生合适的感应电流。感应电流法一般用交流电产生磁场,工件上产生的电流结合连续法可运用于检查软磁或剩磁小的工件。如果工件材料具有较大的剩磁时,也可以用快速切断电路的方法使电流迅速中断,其结果是磁通量也迅速变化消失。于是在工件中可感应出一个沿工件圆周方向的、安培值很高的单脉冲电流。这样,工件就被环形磁场磁化,具有剩磁,即可采用剩磁法检验。这时,磁化用的电流为直流电流。

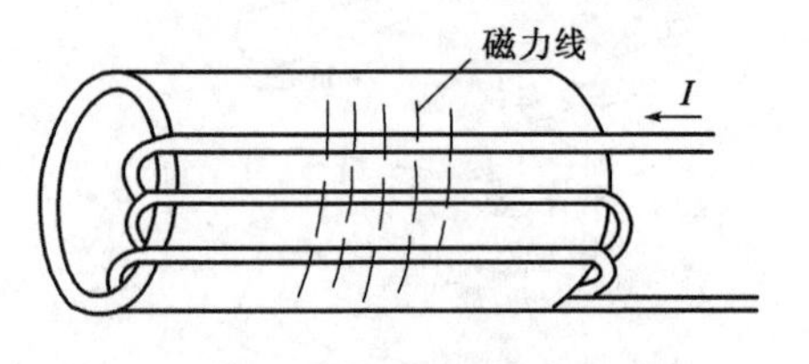

图 3-68　环形件绕线圈磁化

7)环形件绕电缆法

为了发现环形工件内外壁上沿圆周方向上缺陷,可以采用环形件绕电缆的方式进行磁化,如图 3-68 所示。

8)纵向磁化方法及磁场分布

(1)线圈法

线圈法可分为固定线圈法和柔性电缆缠绕线圈法两种方法。固定线圈是指线圈外形、匝数、使用条件都确定的线圈,在磁粉探伤中多采用短螺管线圈。柔性电缆缠绕线圈是指根据工件形状的不同而临时缠绕电缆形成的磁化线圈,如图 3-69 和图 3-70 所示。

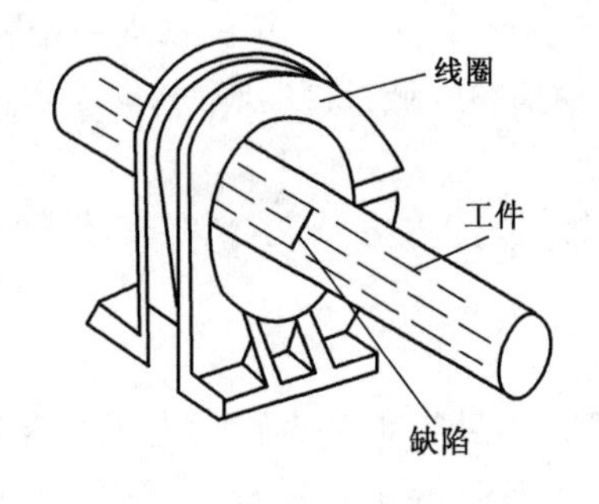

图 3-69　固定线圈磁化

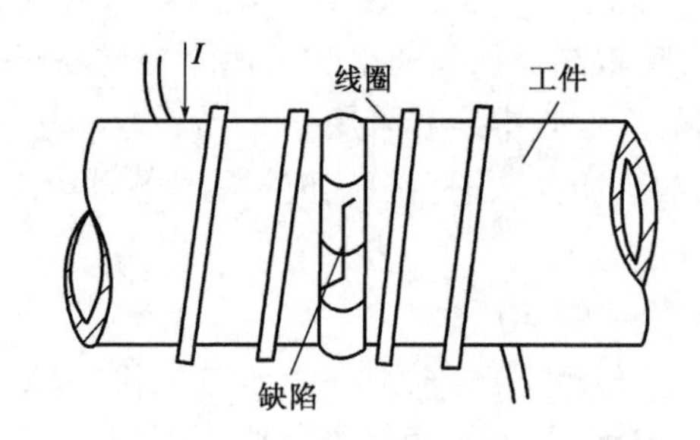

图 3-70　柔性电缆缠绕线圈磁化

当电流通过线圈时,线圈中产生的纵向磁场将使线圈中的工件感应磁化,能发现工件上沿圆周方向上的缺陷,即与线圈轴垂直方向上的横向缺陷。采用快速断电方法还可以检查工件端面的横向不连续性。线圈法磁化时工件上无电流通过,操作方法也比较简单,有较高的检测灵敏度,是磁粉检测的基本方法之一。

磁粉检测中多用短螺管线圈,它的磁场是一个不均匀的纵向磁场,工件在磁场中得到的是不均匀磁化。在线圈中部磁场最强,并向端部进行发散,离线圈越远,其磁场发散越严重,有效磁场也越小。因此,对于长度远大于线圈直径的工件,其有效磁化范围仅在距线圈端部约为线圈直径 1/2 的地方。

线圈磁化在工件两端产生了磁极,形成了退磁场。工件在线圈中是否容易被磁化,除与工件的材料特性相关外,更与工件的长度和直径之比(L/D)有密切关系。L/D 值越小,退磁场越强,工件也就越难磁化。另外,工件与线圈的截面面积大小的比值也影响磁化效果。这是因为工件对激磁线圈的反射阻抗和工件表面退磁场增大。这个比值($S_{工件}/S_{线圈}$)叫作填充系数,用 η 表示。一般说来,$\eta<0.1$ 时,这种影响可以忽略不计。

(2)磁轭法

磁轭法是纵向磁化的又一种形式。它利用电磁轭或永久磁铁对工件感应磁化。在磁轭法中,工件是闭合磁路的一部分,在两个磁极之间磁化。根据设备装置的不同,又有固定式磁轭和便携式磁轭之分。

固定式磁轭法又叫作极间法,它将工件夹在电磁轭的两个磁极之间,两个磁极的位置可作相对调整,工件就在这两个磁极间被整体磁化。在固定式磁轭中,磁路是在铁芯中闭合的,除微小的空气隙外,磁路中磁通的损失较小。在磁化时,工件上的磁力线大体平行于两磁极间的连线,如图3-71所示。

固定式磁轭的磁化线圈多安装在磁极两端(也有安装在中部的),这样可以提高磁极间的磁压,使工件得到较高的磁感应强度。磁轭的铁芯一般加工得较大并选用软磁材料,以减少其中的磁阻。在检测中,如果工件长度较长,工件中部由于离磁极较远,有可能得不到合适的磁化。有时将工件夹持在两极之间,并在工件中心放上线圈,如果此时已形成闭合磁路,则也是一种极间式磁轭检测。

在固定式磁轭中,一般多采用整流电流磁化方式。这是由于铁轭在交流电磁化中容易受磁滞影响,并产生磁滞损耗和涡流损耗,且交流磁化电流较大,线圈制作困难,散热不易控制。

便携式磁轭是一种轻便的适用于野外工作操作的电磁铁,主要用于对工件进行局部磁化。其有直流和交流两种供电形式,其外形如图3-72所示。

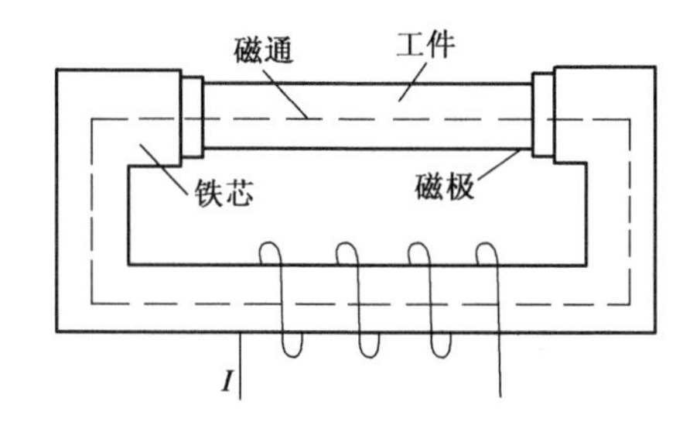

图3-71　固定式极间磁轭

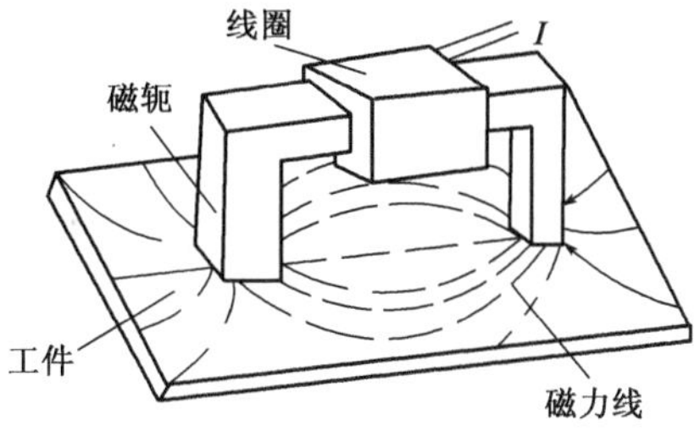

图3-72　便携式电磁磁轭

便携式磁轭由一个专用的磁化线圈产生磁场,"π"形磁轭形成两极,两极间的磁力线不均匀,图3-73表示了这种不均匀磁场。

利用便携式电磁磁轭检测时,检测的有效范围取决于检测装置的性能、检测条件及工件的形状,一般是以两极间的连线为长轴的椭圆形所包围的面积,如图3-74所示。

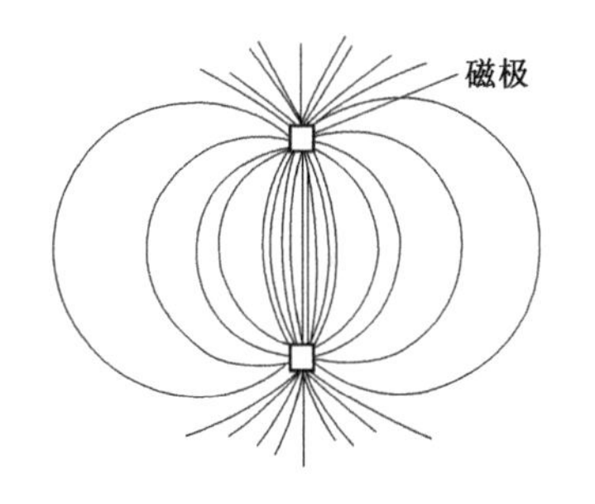

图3-73　便携式电磁轭两极间的磁力线

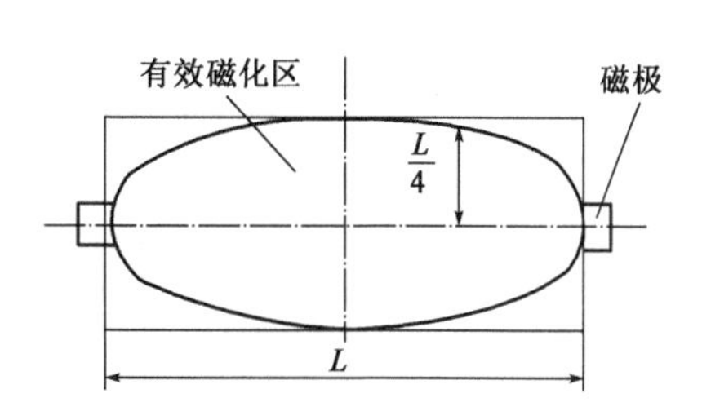

图3-74　便携式电磁磁轭探伤有效范围

便携式磁轭的间距有固定式和可调式两种。可调关节越多,关节间的间距越大,则磁轭上的磁阻越大,工件上得到的磁场强度越弱。为了防止磁化不足情况的产生,通常采用规定电磁吸力的方法来限制磁场,以保证检测工作的正常进行。

(3)永久磁铁法

永久磁铁法与便携式磁轭相似,只是取消了用来产生磁场的激磁线圈。其特点是可用于对缺少电源的地方进行检查,但一般永久磁铁的磁性都比电磁铁产生的磁场弱,且磁化后与工件断开困难,磁极附近吸附较多的磁粉也不易被去除,除特殊场合,一般很少使用。

9)多向磁化法及其他磁化方法

多向磁化法是一种能在工件上获得多个方向磁场进行磁化的方法,它能在一次磁化过程中在工件上显现出多个磁化方向,使工件得到磁化。它根据磁场强度叠加的原理,使被磁化工件某一点同时受到几个不同方向和大小的磁场作用,在该点产生了磁场的矢量相加,磁场方向和大小随合成磁场周期性改变而在工件上磁化。多向磁化的磁化方向和大小在整个磁化时间内是变化的,但在某一个具体瞬时却是固定的。它的磁化轨迹在磁化周期内是一个固定的平面或空间图形,在某一时刻却是一个确定方向上的直线。

(1)螺旋形摆动磁场磁化法

该方法将一个固定方向的磁场与一个或多个呈一定角度的变化磁场叠加,进而使工件磁化。这种磁化有多种方式,最常用的是对工件同时进行直流磁轭纵向磁化和交流通电周向磁化。其磁化装置如图3-75所示。

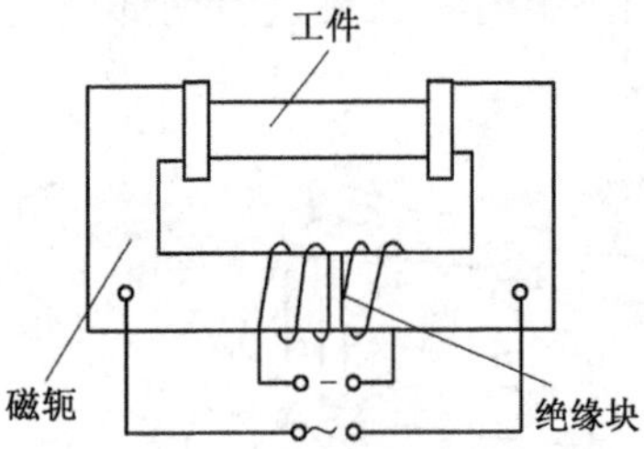

磁化时,工件上纵向磁场不变,周向磁场大小和方向随时间而变化,两者合成了一个连续不断地沿工件轴向摆动的螺旋状磁场。调节交流电流值就能调整合成磁场的摆动角度。直流磁场固定后,交流磁场越大,磁场的摆动范围也越大。

工件

磁轭

绝缘块

图3-75　摆动磁场多向磁化装置

一般固定式磁粉探伤机都装有直流线圈和交流通电磁化装置,可以形成摆动磁场对工件进行磁化。

(2)旋转磁场磁化法

旋转磁场是由两个或多个不同方向的变化磁场所产生,它的磁场变化轨迹是一个椭圆。旋转磁场磁化方法有多种,其中应用最多的是交叉磁轭磁化和交叉线圈磁化两种。交叉磁轭磁化多用于对平面工件进行多向磁化,如对平板对接焊缝;交叉线圈磁化则多用于对小型工件整体多向磁化,如对一些机械加工零件进行检查等。

交叉磁轭旋转磁场是将两个电磁磁轭以一定的角度进行交叉(如十字交叉),并各通以有一定相位差的交流电流(如 $\pi/2$),由于各磁轭磁场在工件上的叠加,其合成磁场便形成了一个方向随时间变化的旋转磁场。图3-76是交叉磁轭外形图。交叉磁轭旋转磁场的强度大小取决于两个不同相位电流的大小和相位差。若通入的两个电流大小一样,相位角差 $\pi/2$ 时,其旋转磁场是一个平面上的正圆,如图3-77所示。

通入线圈的磁化电流的大小和相位差以及交叉线圈的交叉角度决定了旋转磁场的形状。若交叉角为 $\pi/3$,而相位角为2/3时,多向磁场为一椭圆。

10)局部周向磁化的磁化规范

局部通电磁化主要包括触头通电磁化、偏置导体通电磁化及平行磁化等,它们所产生的磁

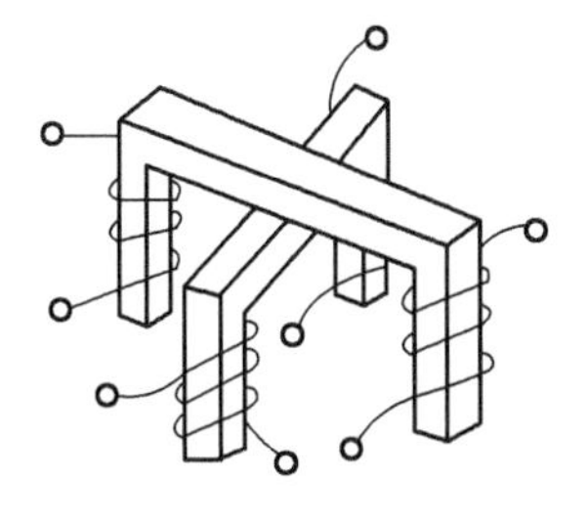
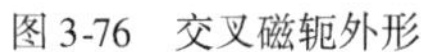

图 3-76 交叉磁轭外形

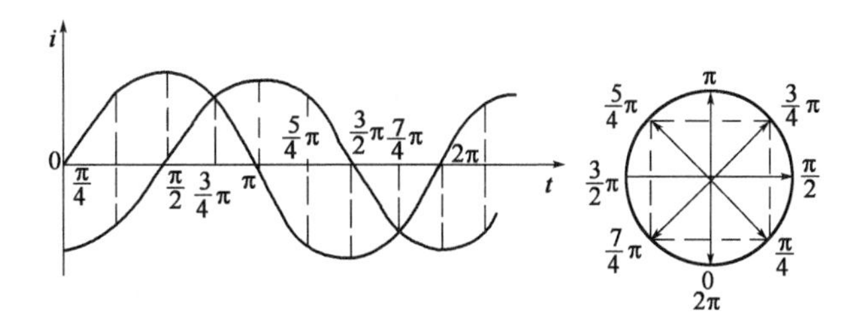

图 3-77 交叉磁轭旋转磁场的产生

场是畸变的周向磁场,多用连续法检查。

触头通电磁化法:由外电源(如低压变压器)供给的电流在手持电极(触头)与工件表面建立起来的接触区通过,或者是用手动夹钳或磁吸器与工件表面接触通电。在使用触头通电磁化法时,磁场强度与所使用的电流安培数成比例,但随着工件的厚度改变而变化。

触头间距一般取 75 ~ 200mm 为宜,但最短不得小于 50mm,最长不得大于 300mm。因为触头间距过小,电极附近磁化电流密度过大,易产生非相关显示;间距过大,磁化电流流过的区域就变宽,使磁场减弱,所以磁化电流必须随着间距的增大相应地增加,两次磁化触头间距应重叠 25mm。

试验证明,当触头间距 L 为 200mm,若通以 800A 的交流电时,用触头通电磁化法在钢板上产生的有效磁化范围宽度约 $3L/8+3L/8$,为了保证检测效果,标准中一般将有效磁化范围控制在 $L/4+L/4$ 范围内。若触头采用两次垂直方向的磁化,则磁化的有效范围是在以两次触头连线为对角线的正方形范围内。在两触头的连线上,电流最大,产生的磁场强度最大,随着远离中心连线,电流和磁场强度都越来越小。触头通电磁化法的有效磁化范围如图 3-78 所示。

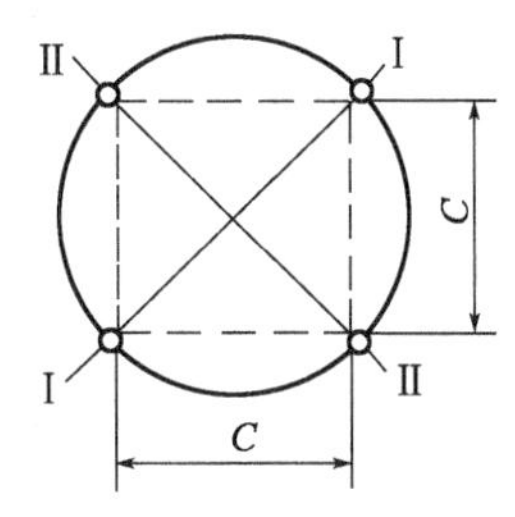

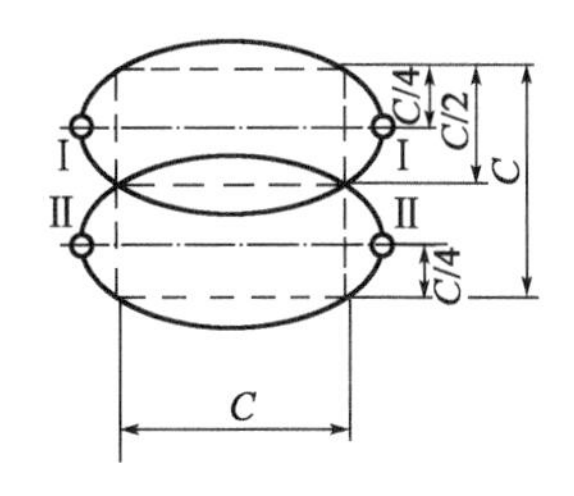

图 3-78 触头通电磁化法的有效磁化范围

应按照不同的技术要求推荐的磁化电流值进行磁化。表 3-3 是国家军用标准《磁粉检测》(GJB 2028A—2007)推荐的触头法周向磁化规范,在其他地方也可参考使用。

触头法周向磁化规范(GJB 2028A—2007) 表 3-3

板厚 δ(mm)	磁化电流计算式		
	AC	HW	FWDC
<19	$I=3.5L\sim4.5L$	$I=1.8L\sim2.3L$	$I=3.5L\sim4.5L$
≥19	$I=3.5L\sim4.5L$	$I=2L\sim2.3L$	$I=4L\sim4.5L$

注:I 为电流(A);L 为触头间距离(mm)。

11）纵向磁化规范的选择

（1）纵向磁化规范的选择依据

纵向磁化是由线圈（开路或闭合）产生的磁场来完成的。纵向磁化时线圈中心磁场强度 H 为：

$$H = \frac{NI}{L}\cos\beta = \frac{NI}{\sqrt{D^2 + L^2}} \tag{3-5}$$

式中：N——线圈的匝数；

L——线圈的长度（m）；

D——线圈的直径（m）；

β——线圈对角线与轴线的夹角；

I——线圈中的磁化电流（A）。

式（3-4）是纵向磁场磁化的理论计算式，式中，若令

$$K = \frac{N}{L}\cos\beta = \frac{N}{\sqrt{D^2 + L^2}} \tag{3-6}$$

则有

$$H = KI$$

式中：K——线圈的参量常数。

一个成形线圈，它的参量常数是确定的。

采用线圈作纵向磁化时应注意以下两点：

一是工件的长径比 L/D（影响退磁因子的主要因素）越小，退磁场越大，所需要的磁化电流就越大。当 $L/D<2$ 时，应采用工件串联的方法磁化，以减少退磁场的影响。

二是在同一线圈中，工件的截面面积越大，工件对线圈的填充系数 $\tau = S_{线圈}/S_{工件}$ 越小，工件欲达到同样磁场强度时，所需要的磁化电流也越大。这是因为工件对激磁线圈的反射阻抗和工件表面反磁场增大的影响。一般在 $\tau>10$ 时，认为这种影响可以忽略不计。

（2）线圈纵向磁化电流的计算

由于工件长径比和线圈直径的影响，线圈中工件开路磁化时磁场选择不再是单一的因素，因而在不同的技术标准中，对线圈纵向磁化进行了规定。这些规范考虑了工件磁化时的有效磁场，大多是实际经验的总结。

在线圈磁化时，能够获得满足磁粉检测磁场强度要求的区域称为有效磁化区。由于工件在线圈中的填充情况和放置位置是不可忽略的因素，通常将填充情况分为低、中、高三种，在低填充中又按放置位置不同分为偏置放置和中心放置两种情况：

一是低填充系数线圈纵向磁化规范。对于低填充系数 $\tau = S_{线圈}/S_{工件} \geqslant 10$ 的情况，在国家军用标准《磁粉检测》（GJB 2028A—2007）中，提出了低填充系数线圈纵向磁化的有关规定：

当工件贴紧线圈内壁放置，进行连续法检验时：

$$IN = (IN)_1 = \frac{K}{L/D} \tag{3-7}$$

当工件位于线圈中心时：

$$IN = (IN)_1 = \frac{1690R}{6(L/D) - 5}$$

其中,使用三相全波整流电时,$K = 45000$,使用其他电流时可参考三相全波整流电;I 为线圈磁化电流(A);N 为线圈匝数;$(IN)_1$ 为低填充系数线圈安匝数;L 为工件长度(mm);D 为工件直径(mm);R 为线圈半径(mm)。

$H = KI$ 是线圈纵向磁化时使用得最多的一个公式,国内及国际上许多标准都推荐使用它。使用该式时应注意,当 $L/D \leqslant 2$ 时,应适当调整电流值或改变 L、D 值(工件串连或加接长棒磁化)。当 $L/D \geqslant 15$ 时,按 15 进行计算。在低填充和中填充系数情况下,工件的有效磁化区为线圈半径,如图 3-79 所示。在磁化长工件时,超过有效磁化长度的工件要分段进行磁化,并分段进行检查。

二是高填充系数线圈或电缆缠绕纵向磁化的磁化规范。国家军用标准《磁粉检测》(GJB 2028A—2007)中规定,当线圈的横截面面积小于或等于 2 倍的受检零件横截面面积时,按高填充计算。在进行连续法检查时,则线圈匝数 N 与线圈中流过的电流 I(A)的乘积为:

$$IN = (IN)_h = \frac{35000}{(L/D) + 2} \tag{3-8}$$

式中:$(IN)_h$——高填充系数线圈安匝数;

I——线圈磁化电流(A);

N——线圈匝数;

L——工件长度(mm);

D——工件直径(mm)。

在这种情况下,工件的外径应基本或完全与固定线圈的内径或缠绕线圈的内径相等,工件的长径比 L/D 大于或等于 3。在高填充系数情况下,工件的有效磁化区一般为线圈两侧分别延伸 200mm,实际的磁化有效长度可使用标准试片进行验证,如图 3-80 所示。

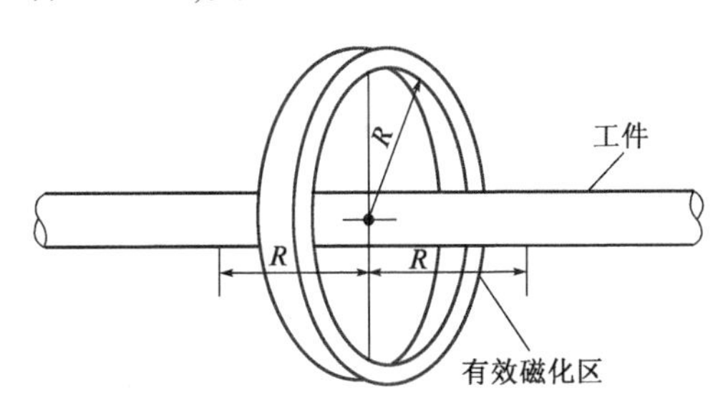

图 3-79 低填充系数和中填充系数线圈有效磁化区

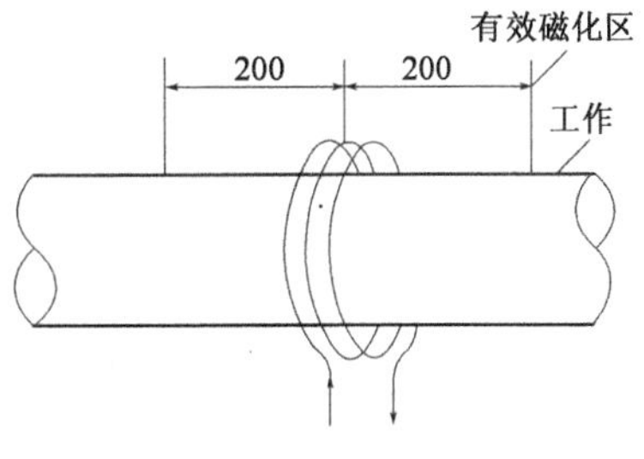

图 3-80 高填充系数线圈有效磁化区(尺寸单位:mm)

(3)磁轭磁化

磁轭磁化与线圈开路磁化不同,它是在磁路闭合情况下进行的。它不仅与线圈安匝数有关,而且与磁路中的磁通势分配关系有关。由于各种磁化设备设计的不同,线圈参数常量及磁轭各段压降分配也不一致,要确定一个明显的关系式也比较困难。不同结构的探伤机的灵敏度是不同的,应根据结构特点区别对待。

采用固定式磁轭极间法探伤,应注意以下三点:

一是工件截面与磁极端面之比应不大于1,这样才能保证工件上得到足够的磁通势,获得较大的磁化场。

二是工件长度一般应不大于500mm,大于500mm时应考虑加大磁化安匝数或在工件中部增加线圈磁化。当工件长度大于1000mm以上时最好不采用极间法磁轭磁化或在其中间部位增加移动线圈磁化。

三是工件与磁轭间的空气隙及非磁性垫片(铜、铅等)将影响磁化场的大小。

对于磁轭极间法的规范,通常采用试片(试块)法或背景显示法。在确知探伤机各种参数时,也可以采用公式近似计算。

便携式磁轭实际就是一个电磁铁,它的磁场大小由其电磁吸力所确定。采用便携式磁轭进行探伤时,通常用测定电磁提升力来控制其探伤灵敏度。标准规定,永久磁铁和直流电磁轭在磁极间距为75~150mm时,提升力至少应为177N(18kgf[1]);交流电磁轭在磁极间距小于或等于300mm时,其提升力应不小于44N(4.5kgf)。

3.4.5 磁粉检测通用技术

1)磁粉检测的操作程序

磁粉检测的操作主要由5个部分组成:①预处理;②磁化被检工件;③施加磁粉或磁悬液;④在合适的光照下,观察和评定磁痕显示;⑤退磁及后处理。

在施加磁粉或磁悬液过程中,由于磁化方法有连续法(外加磁场法)和剩磁法之分,因此磁悬液施加的时间也有所不同,它们的操作程序也有所差异。连续法是在磁化过程中施加磁粉,而剩磁法是在工件磁化后施加磁粉,它们的操作程序如图3-81所示。

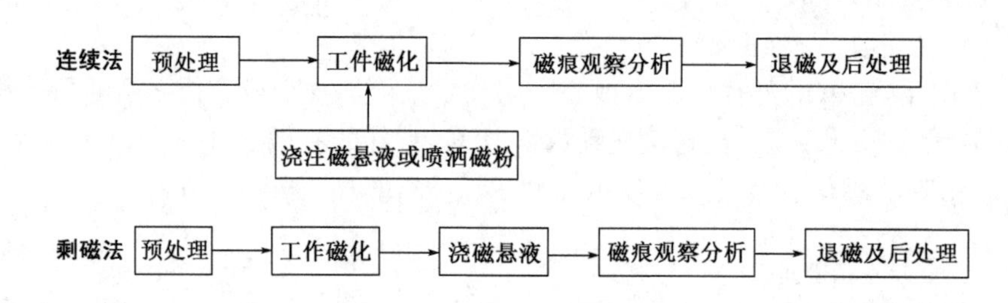

图3-81 连续法和剩磁法操作程序

两者之间的主要区别在于施加磁悬液的时间不同。另外,一些采用连续法进行磁粉检测的工件在后处理时可不必退磁,而采用剩磁法进行磁粉检测的工件一般都需要退磁。同时,剩磁法不能用于干粉法检测,也不能用于多向磁化。

2)工序安排与工件预处理

为了提高产品的质量,以及在产品的制造过程中尽早发现材料或半成品中的缺陷,降低生产制造成本,应当在产品制造的适当时机安排磁粉检测,安排的原则如下:

(1)检测工序一般应安排在容易发生缺陷的加工工序(如锻造、铸造、热处理、冷成形、电镀、焊接、磨削、机加工、校正和荷载试验等)之后,特别是在最终成品时进行。必要时也可在

[1] 1kgf=9.80665N。

工序间安排检查。

(2)电镀层、涂漆层,表面发蓝、磷化及喷丸强化等表面处理工艺会给检测缺陷显示带来困难,一般应在这些工序之前检测。当镀涂层厚度较小(不超过 50μm)时,也可以进行检测,但一些细微缺陷(如发纹)的显现可能受到影响。如果镀层可能产生缺陷(如电镀裂纹等),则应在电镀工艺前后都进行检测,以便明确缺陷产生的环境。

(3)对滚动轴承等装配件,如在检测后无法完全去掉磁粉而影响产品质量时,应在装配前对工件进行检测。

对受检工件进行预处理是为了提高检测灵敏度、减少工件表面的杂乱显示,使工件表面状况符合检测的要求,同时延长磁悬液的使用寿命。预处理主要有以下内容:

(1)清除工件表面的杂物,如油污、涂料、铁锈、毛刺、氧化皮、金属屑等。清除的方法根据工件表面质量确定,可以采用机械或化学的方法进行清除。如采用溶剂清洗、喷砂或硬毛刷、除垢刀刷除等方法,部分焊缝还可以采用手提式砂轮机修整。清除杂物时特别要注意如螺纹凹处、工件曲面变化较大部位淤积的污垢。用溶剂清洗或擦除时,注意不要用棉纱或带绒毛的布擦拭,防止磁粉滞留在棉纱头上造成假显示影响观察。

(2)清除通电部位的非导电层和毛刺。通电部位的非导电层(如漆层及磷化层等)及毛刺不仅会隔断磁化电流,还会在通电时产生电弧烧伤工件,可采用溶剂清洗或在不损伤工件表面的情况下用细砂纸打磨,使通电部位导电良好。

(3)分解组合装配件。组合装配件的形状和结构一般比较复杂,难以进行适当的磁化,而且在其交界处易产生漏磁场形成杂乱显示,因此最好对其分解后进行检测,以利于磁化操作、观察、退磁及清洗。对那些在检测时可能流进磁悬液而又难以清除,以致工件运动时会造成磨损的组合装配件(如轴承、衬套等),更应该加以分解后再进行检测。

(4)对于工件上不需要检查的孔、穴等,宜用软木、塑料或布将其堵住,以免造成清除磁粉困难。但在维修检查时,不能封堵上述孔、穴,以免掩盖孔穴周围的疲劳裂纹。

(5)干法检测的工件表面应充分干燥,以免影响磁粉的运动。湿法检测的工件,应根据使用的磁悬液的不同,而满足相应要求:用油磁悬液的工件表面应不能有水分,而用水磁悬液的工件表面则要认真除油,否则会影响工件表面的液体吸附。

(6)有些工件在磁化前带有较大的剩磁,有可能影响检测的效果。对这类工件应先进行退磁,然后再进行磁化。

(7)如果磁痕和工件表面颜色对比度小,可在检测前先在工件表面涂敷一层反差增强剂。经过预处理的工件,应尽快安排检测,并注意防止其锈蚀、损伤和再次污染。

3)检验方法

磁粉检测是以磁粉作显示介质对缺陷进行观察的方法。根据磁化时施加的磁粉介质的不同,有湿法和干法之分;按照工件上施加磁粉的时间的不同,检验的方法有连续法和剩磁法之分。

湿法又叫作磁悬液法。它是指在工件检测过程中,将磁悬液均匀分布在工件表面上,利用载液的流动和漏磁场对磁粉的吸引,显示缺陷的形状和大小。由于施加磁悬液的时间不同,湿法又有连续法磁化和剩磁法磁化之分。

干法又叫作干粉法。在一些特殊场合下,不能采用湿法进行检测,而采用特制的干磁粉按程序直接施加在磁化的工件上,工件的缺陷处即显示磁痕。

湿法检测中，由于磁悬液的分散作用及悬浮性能，可采用的磁粉粉粒较小，因此它具有较高的检测灵敏度。而干法使用的磁粉粉粒一般较大，而且只能用于连续法磁化，因此它只能发现较大的缺陷，一些细微的缺陷，如细小裂纹及发纹等，用干法检测不容易检查出来。

干法检测多用于大型铸、锻件毛坯及大型结构件、焊接件的局部区域检查，通常与便携式设备配合使用。湿法检测常与固定式设备配合使用，特别适用于批量工件的检查，检测灵敏度比干法要高，磁悬液可以回收和重复使用。

连续法是在工件被外加磁场磁化的同时施加磁粉或磁悬液，当磁痕形成后，立即进行观察和评价。它又叫作附加磁场法或现磁法。剩磁法是先将工件进行磁化，然后在工件上浇浸磁悬液，待磁粉凝聚后再进行观察。这是一种利用材料剩余磁性进行检测的方法，故叫作剩磁法。这两种方法的优缺点对比见表3-4。

连续法和剩磁法检测比较 表3-4

磁化方法	优　点	缺　点
连续法	1. 适用于任何铁磁材料； 2. 具有最高的检测灵敏度； 3. 能用于复合磁化	1. 检验效率比剩磁法低； 2. 易出现干扰缺陷磁痕的杂乱显示
剩磁法	1. 检验效率高； 2. 杂乱显示少，判断磁痕方便； 3. 目视检查可达性好； 4. 有足够的探伤灵敏度	1. 剩磁低的材料不适用； 2. 不能用于多向磁化； 3. 不能采用干法探伤； 4. 交流磁化时要加相位断电器

在航天工业及兵器行业中，广泛采用剩磁法进行磁粉检测，而在锅炉压力容器现场检测中，多采用连续法进行磁粉检测。磁粉检测系统的综合性能是指利用自然缺陷或人工缺陷试块上的磁痕来衡量磁粉检测设备、磁粉和磁悬液的系统组合特性。综合性能又叫作系统综合灵敏度，利用它可以反映出设备工作是否正常及磁介质的好坏。鉴定工作在每班检测开始前进行。用带自然缺陷的试块鉴定时，缺陷应能代表同类工件中常见的缺陷类型，并具有不同的严重程度。

连续法操作的要点如下：

（1）采用湿法时先将磁悬液充分搅拌，并用磁悬液将制件表面湿润，然后在通电的过程中施加磁悬液，至少通电两次，每次时间不应少于0.5s，停止浇注磁悬液后再通电2～3次，每次0.5～1s，检验可在通电的同时或断电之后进行。

（2）采用干法检测时应先进行通电，通电过程中再均匀喷撒磁粉和干燥空气，吹去多余的磁粉，在完成磁粉施加并观察磁痕后才能切断电源。

剩磁法操作的要点如下：

（1）磁化电流的峰值应足够高，通电时间为0.5～1s，冲击电流持续时间应在1/100s以上，并应反复几次通电。

（2）工件要用磁悬液均匀湿润，有条件时应采用浸入的方式。工件浸入均匀搅拌的磁悬液中数秒（一般是10s）后取出，然后静置1～2min后再进行观察。采用浇液方式时应注意液压要微弱，可浇2～3次，每次间隔10s，注意不要冲掉已形成的磁痕。在剩磁法操作时，从磁化到磁痕观察结束前，被检工件不应与其他铁磁性物体接触，以防止产生“磁写”现象。

4）磁痕观察与评定

磁痕是磁粉在工件表面形成的图像，又叫作磁粉显示。观察磁粉显示要在标准规定的光照条件下进行，采用白光检查非荧光磁粉呈现的磁痕时，应能清晰地观察到工件表面的微细缺陷。此时工件表面的白光照度不应小于1000lx。若使用荧光磁悬液时，必须采用紫外线灯，并在有合适的暗室或暗区的环境中进行观察。采用普通的紫外线灯时，暗室或暗区内白光照度不应大于20lx，工件表面上的紫外线波长和强度也应符合标准规定。刚开始在紫外灯下观察时，检查人员应有暗场适应时间，一般不应少于1min，以使眼睛适应在暗光下进行观察。

使用紫外线灯时应注意：

（1）紫外线灯刚点亮，黑光输出达不到最大值，所以检验工作应等5min以后再进行。

（2）要尽量减少灯的开关次数，频繁启动会缩短灯的寿命。

（3）紫外线灯使用一段时间后，辐射能量下降，所以应定期测量紫外线辐照度。

（4）电源电压波动对紫外线灯影响很大。电压低时紫外线灯可能无法启动，或使点燃的灯熄灭；当电压超过灯的额定电压时，对灯的使用寿命影响也很大，所以必要时应装稳压电源，以保持电源电压稳定。

（5）滤光片如有损坏，应立即调换；对于滤光片上的脏污，应及时清除，因为它影响紫外线的发出。

（6）避免将磁悬液溅到紫外线灯泡上，导致灯泡炸裂。

（7）不得将紫外线灯对着人的眼睛直照。

对工件上形成的磁痕应及时观察和评定。通常观察在施加磁粉结束后进行，在用连续法检验时，也可以在进行磁化的同时检查工件，观察磁痕。观察磁痕时，首先要对整个检测面进行检查，对磁粉显示的分布大致了解。对一些体积太大或太长的工件，可以划定区域分片观察。对一些旋转体的工件，可画出观察起始位置再进行磁痕检查，在观察可能受到妨碍的场合，可将工件从探伤机上取下仔细检查。取下工件时，应注意不要擦掉已形成的磁粉显示或使其模糊。观察时，要仔细辨认磁痕的形态特征，了解其分布状况，结合其加工过程，正确进行识别。对一些不清楚的缺陷磁痕，可以重复进行磁化，必要时还可加大磁化电流进行磁化，允许使用3～10倍的放大镜进行辅助评定。

磁粉检测过程涉及电流、磁场、化学药品、有机溶剂、可燃性油及有害粉尘等，应特别注意安全与防护问题，避免造成设备和人身事故，引起火灾或其他不必要的损害。

磁粉检测的安全防护主要有以下几个方面的内容：

（1）设备电气性能应符合规定，绝缘和接地良好。使用通电法和触头法磁化检查时，电接触要良好。电接触部位不应有锈蚀和氧化皮，防止电弧伤人或烧坏工件。

（2）使用铅皮作接触板的衬垫时应有良好的通风设施，使用紫外线灯应有滤光板，使用有机溶剂（如四氯化碳）冲洗磁痕时要注意通风。因为铅蒸气、有机溶剂及短波紫外线都是对人体有害的。

（3）用化学药品配制磁悬液时，要注意药品的正确使用，尽量避免手和其他皮肤部位长时间接触磁悬液或有机溶剂化学药品，防止皮肤脂肪溶解或损伤，必要时可戴胶皮防护手套。

(4)干粉检测时,应防止粉尘污染环境和吸入人体,可戴防护罩或使用吸尘器进行检测工作。

(5)采用旋转磁场检测仪如用380V或220V电压的电源,必须仔细检查仪器壳体及磁头上的接地情况,保证接地良好。同样在进行其他设备的操作时,也要防止触电。

(6)使用煤油作载液时,工作区应禁止明火。

(7)检验人员连续工作时,工间要适当休息,避免眼睛疲劳。当需要矫正视力才能满足要求时,应配备适用眼镜。使用荧光磁粉检验时,宜佩戴防护黑光的专用眼镜。

(8)在一定的空间高度进行磁粉检测作业时,应按规定加强安全措施。

(9)在对易燃、易爆物品储放区现场作业时,应按有关规程防护。同时,通电法、触头法等不适宜用于此类环境。

(10)在对武器、弹药及特殊产品进行必要的磁粉检测检查时,应严格按有关安全规定进行。在有明火的工作区域、特殊化工环境等进行检测时也应注意遵守有关安全规定。

5)焊接件的检查

检查焊缝的方法应根据焊接件的结构形状、尺寸、检验的内容和范围等具体情况加以选择。对于中小型的焊接件,如飞机零件、发动机焊接件、火炮零件、工装工具焊接件等,可采用一般工件检测方法进行。而对于大型焊接结构,如装甲车辆、火炮炮塔、轮船壳体及甲板、房屋钢梁、锅炉压力容器等,由于其尺寸、质量都很大,形状也不尽相同,就要用不同的方法进行检测。

除小型焊接件外,中、大型焊接件大都采用便携式设备进行分段检测,一般采用的方法有磁轭法、触头法和交叉磁轭法。

使用普通交直流磁轭时,为了检出各个方向上的缺陷,必须在同一部位作至少两次的垂直检测,每个受检段的覆盖长度应在10mm,同时行走速度要均匀,以2~3m/min为宜。磁悬液喷洒要在移动方向的前方中间部位,防止冲坏已形成的缺陷磁痕。在工程实际操作中,由于在两次互相垂直的检查过程中,磁极配置不可能很准确,有造成漏检的可能。另外,磁轭法检测效率较低。这些都是它不足的地方。

触头法也是单方向磁化的方法。它的优点是电极间距可以调节,可根据探伤部位情况及灵敏度要求确定电极间距和电流大小。使用触头法时应注意触头电极放置的位置和间距。焊缝检测触头的布置见图3-82。

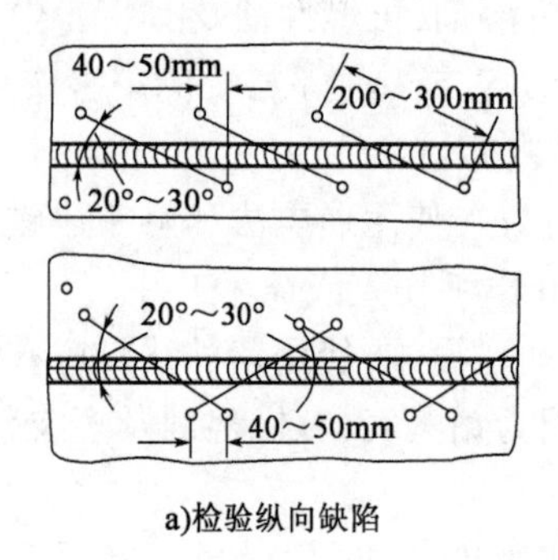

a)检验纵向缺陷

b)检验横向缺陷

图3-82　焊缝检测触头的布置

触头法同磁轭法一样,采用连续法进行。磁化电流可用任一种电流,但以半波整流的效果最佳。施加磁粉的方式可用干法或湿法。检测接触面应尽量平整,以减小接触电阻。

用交叉磁轭旋转磁场对焊缝表面裂纹检查可以得到满意的效果。其主要优点是灵敏可靠,检测效率也较高。在检查对接焊缝特别是锅炉压力容器检查中得到广泛应用。在使用时应注意磁极端面与工件的间隙不宜过大,防止因间隙磁阻增大影响焊道上的磁通量。一般应控制在1.5mm以下。另外,交叉磁轭的行走速度也要适宜。观察时要防止磁轭遮挡影响对缺陷的识别。同时还应注意喷洒磁悬液的方向。

对管道环焊缝可采用线圈法或绕电缆方法进行磁化。对角焊缝还可采用平行电缆方法磁化,但应注意对缺陷检测的范围和检测灵敏度的控制。

3.4.6 磁粉检测的应用实例

(1)对现场构件进行预处理,去除清除工件表面的杂物。如果磁痕和工件表面颜色对比度小,可在检测前先给工件表面涂敷一层反差增强剂。

(2)对磁粉检测系统灵敏度进行测试。采用磁粉检测提升力试块测试磁粉机提升力,以提起提升力试块为准,见图3-83a)。采用磁粉A型试块检测磁粉系统灵敏度,以灵敏度试片显示清晰为准,见图3-83b)。

a)磁粉机提升力测试

b)磁粉检测系统灵敏度测试

c)对接焊缝磁粉现场检测图

d)角焊缝磁粉现场检测图

图3-83 磁粉检测工程现场

(3)磁化被检工件,施加磁粉或磁悬液。

(4)在合适的光照下,观察和评定磁痕显示。

(5)退磁及后处理。

3.5 射 线 检 测

3.5.1 射线检测原理

当射线通过被检物体时,物体中有缺陷的部位(如气孔、非金属夹杂等)与无缺陷部位对射线的吸收能力不同,一般情况是透过有缺陷部位的射线强度高于无缺陷部位的射线强度,因此可以通过检测透过被检物体后的射线强度的差异,来判断被检物体中是否存在缺陷,这就是 X 射线检测的基本原理。

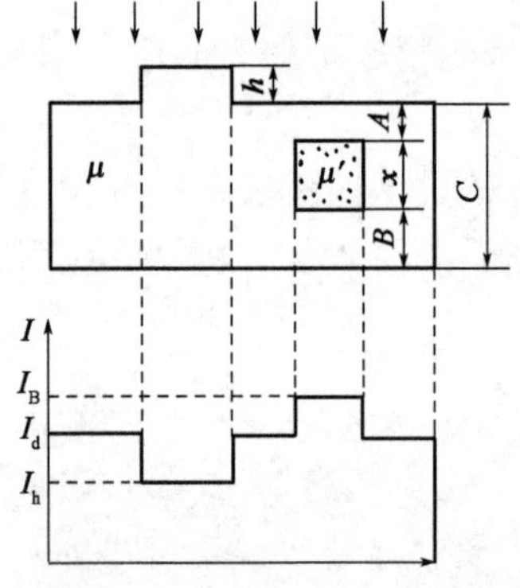

图 3-84 X 射线检测原理示意图

强度均匀的射线照射被检物体时,能量会产生衰减,衰减程度与射线的能量(波长)以及被穿透物体的质量、厚度、密度有关。如果被检物体是均匀的,射线穿过物体后衰减的能量就只与其厚度有关。但被检物体内有缺陷时,在缺陷部位穿过射线的衰减程度则不同,最终就会得到不同强度的射线。图 3-84 是 X 射线检测原理示意图,其中,μ 和 μ' 分别是被检物体和物体中缺陷处的线衰减系数。根据以下公式,有:

$$I_h = I_0 e^{-\mu(h+d)} \quad I_h = I_0 e^{-\mu A} \quad I_h = I_A e^{-\mu' x} \quad I_B = I_x e^{-\mu(d-A-x)}$$

所以:

$$I_B = I_0 e^{[-\mu(d-x)-\mu' x]} \tag{3-9}$$

因此:

$$I_d \neq I_h \neq I_B \tag{3-10}$$

式中:I_0——初始射线强度;

I_h——穿过 h 和母材后的射线强度;

I_d——穿过母材后的射线强度;

I_B——穿过母材缺陷后的射线强度。

如果将这些不同的能量进行照相或转变为电信号指示、记录或显示,就可以评定材料的质量,从而达到对材料进行无损检测的目的。

3.5.2 射线检测设备与器材

1)X 射线机

工业射线检测中使用的低能 X 射线机由四部分组成:射线发生器(X 射线管)、高压发生器、冷却系统、控制系统。

X 射线机可以从不同方面进行分类,目前较多采用的是按结构进行分类。按照结构,X 射线机可以分为三类:便携式 X 射线机、移动式 X 射线机、固定式 X 射线机。

便携式 X 射线机采用组合式射线发生器,X 射线管、高压发生器、冷却系统共同安装在一个机壳中，简称射线发生器。在射线发生器中充满绝缘介质。整机由控制器和射线发生器两个单元构成，它们之间由低压电缆连接。在射线发生器中所充填的绝缘介质，以前采用变压器油，现在多采用六氟化硫（SF_6）气体，以减轻射线发生器的质量。充填的 SF_6 气体的气压应不低于 0.34MPa（3.5kg/cm^2），但也不能过高，以防机壳爆裂，通常不应超过 0.49MPa（5.0kg/cm^2）。采用充气绝缘的便携式 X 射线机，体积小、质量轻，便于携带，有利于现场进行射线照相检测。便携式 X 射线机的管电压一般不超过 320kV，管电流一般选用为 5mA，连续工作时间一般不超过 5min。

移动式 X 射线机具有独立的各组成部分，但共同安装在一个小车上，可以方便地移到现场进行射线检验。冷却系统为良好的水循环冷却系统。X 射线管采用金属陶瓷 X 射线管，管电压不高于 160kV（或 150kV）。

固定式 X 射线机采用结构完善、功能强的分立射线发生器、高压发生器、冷却系统和控制系统，射线发生器与高压发生器之间采用高压电缆连接。固定式 X 射线机体积大，质量也大，不便于移动，但它系统完善，工作效率高，是实验室优先选用的 X 射线机。

X 射线机的核心器件是 X 射线管，X 射线管的基本结构如图 3-85 所示，主要由阳极、阴极和管壳构成。

阳极是产生 X 射线的部位，主要由阳极体、阳极靶和阳极罩组成，其基本结构如图 3-86 所示。阳极体是具有高热传导性的金属电极，典型的阳极体由无氧铜制成，其作用是支承阳极靶，将阳极靶上产生的热量传送出去，避免靶面烧断。

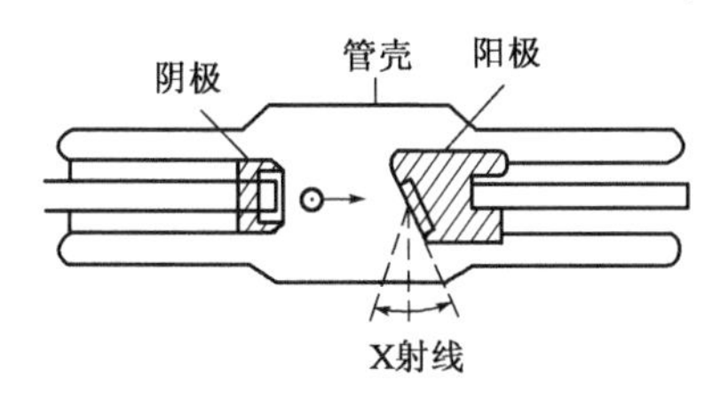

图 3-85　X 射线管的基本结构示意图

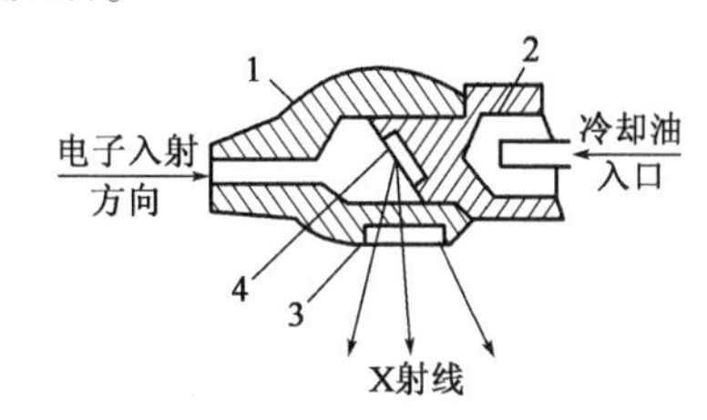

图 3-86　阳极基本结构示意图

1-阳极罩；2-阳极体；3-放射窗口；4-阳极靶

阳极靶的作用是承受高速电子的撞击，产生 X 射线。由于工作时阳极靶直接承受高速电子的撞击，电子的大部分动能在它上面转换为热量，因此阳极靶必须耐高温。此外，阳极靶应具有高原子序数，才能具有高的 X 射线转换效率，工业射线照相用的 X 射线管的阳极靶一般用钨制作。阳极靶的表面应磨成镜面，并与 X 射线管轴成一定角度，靶面与管轴垂线所成的角度称为靶面角。

高速电子撞击阳极靶时产生的二次电子可集聚在管壳上，形成一定电位，影响飞向阳极靶的电子束，阳极罩是用来吸收二次电子的，常用铜制作。

阴极的作用是发射电子，它由灯丝和一定形状的金属电极——聚焦杯（阴极头）构成。灯丝由钨丝绕成一定形状，而聚焦杯则包围着灯丝。灯丝在电流加热下可发射热电子，这些电子在射线管的管电压作用下，高速飞向阳极靶，通过轫致辐射在阳极靶产生 X 射线。

工业射线探伤中使用的 γ 射线源主要是人工放射性同位素 ^{192}Ir、^{60}Co、^{75}Se、^{170}Tm 等。对于工业射线探伤，在选择 γ 射线源材料时应重点考虑其能量、放射性比活度、半衰期和源尺寸等。由于各种 γ 射线源的能量是固定的，所以应按照被检工件的材料和厚度，选择适当的 γ 射线源。γ 射线源的能量是否适当直接影响检验的灵敏度。

2)工业射线胶片

射线胶片结构示意见图3-87。片基由透明塑料制成,是感光乳剂层的支持体,厚度为0.175~0.30mm;感光乳剂的主要成分是极细颗粒的卤化银感光物质和明胶,以及一些其他成分(如增感剂等),厚度为10~20μm;结合层是一层胶质膜,作用是将感光乳剂层牢固黏结在片基上;保护层是一层极薄的明胶层,作用是避免感光乳剂与外界直接接触而产生损坏,厚度为1~2μm。射线胶片的核心部分是感光乳剂层,它决定了胶片的感光性能。与普通胶片相比,射线胶片不仅感光剂成分不同,感光乳剂层的厚度也远大于普通胶片。另外,射线胶片一般是双面涂布感光乳剂层,普通胶片则是单面涂布感光乳剂层,这主要是为了能更多地吸收射线的能量。

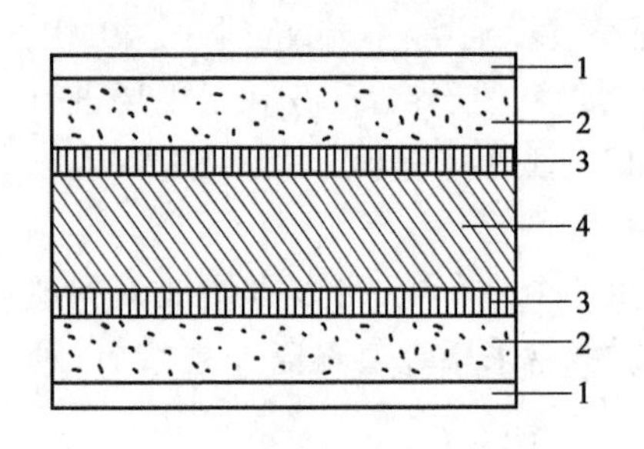

图3-87 射线胶片结构示意图
1-保护层;2-感光乳剂;3-结合层;4-片基

(1)黑度(D):底片的不透明程度称为光学密度,它表示了金属银使底片变黑的程度,常简称为黑度。设入射到底片的光强度为I_0,透过底片的光强度为I,记光学密度(黑度)为D,则光学密度(黑度)为入射光强度与透射光强度之比的常用对数值。

$$D=\lg\left(\frac{I_0}{I}\right) \tag{3-11}$$

(2)曝光量(H)。曝光量是曝光期间胶片接收的光能量,$H=h$,其中I是光(射线)的强度,t是曝光时间。

(3)胶片的感光特性曲线。射线胶片的曝光量与黑度之间的关系曲线称为胶片的感光特性曲线。

(4)感光度(S)。使底片产生一定黑度所需的曝光量的倒数为感光度,它表示胶片感光的快慢,也称为感光速度。

(5)梯度(C)。胶片感光特性曲线上任一点切线的斜率称为梯度,通常所说的梯度指的是胶片特性曲线在规定黑度处的斜率。

(6)灰雾度(D_0)。在不经过曝光的情况下,胶片在显影后也能得到的黑度称为灰雾度。在胶片感光特性曲线上的起点位置对应的就是黑度。

(7)粒度。颗粒粒度是指感光乳剂中卤化银颗粒的平均尺寸。

(8)颗粒度(σ_b)。颗粒度是指射线照片的实际黑度在规定黑度下的随机偏差。

工业射线照相中使用的胶片分为增感型胶片和非增感型胶片(直接型胶片)两种类型。增感型胶片适宜与荧光增感屏配合使用,非增感型胶片适合与金属增感屏一起使用或不用增感屏而直接使用。

当不与荧光增感屏配合使用时,增感型胶片的感光度会比使用荧光增感屏时低很多。增感型胶片也可与金属增感屏一起使用,但与感光度相近的非增感型胶片相比,它得到的影像的对比度要低。非增感型胶片不适宜与荧光增感屏配合,在射线照相中一般不使用增感型胶片。

按照感光乳剂的粒度和主要的感光特性,我国的有关标准将射线胶片分为四类,见表3-5。需要说明的是,表中给出的数据只是参考值。

关于工业射线照相胶片,国外标准提出了“胶片系统”的概念,并据此对胶片进行分类,我国也采用了这些分类标准。

射线胶片的分类及性能要求　　表3-5

胶片类型	粒度(μm)	感光度 S		梯度 G	
		要求	相对值	$D=2.0$	$D=4.0$
G1	0.1~0.3	很低	7.0	>4.0	>8.0
G2	0.3~0.5	低	3.0	>3.7	>7.5
G3	0.5~0.7	中	1.0	>3.5	>6.8
G4	0.7~1.1	高	0.5	>3.0	>6.0

胶片系统是指把胶片、铅增感屏、暗室处理的药品配方和程序(方法)等结合在一起作为一个整体综合进行考虑,并按其表现出的感光特性和影像性能进行分类。表3-6列出了按照胶片系统进行分类的具体指标,表中的各项指标都是在特定的X射线管电压、靶材料、增感屏材料和厚度、黑度范围等条件下得到的数据。

胶片系统的主要指标　　表3-6

系统类别	梯度最小值 G_{min}		颗粒度最大值 $(\sigma_D)_{max}$	(梯度/颗粒度)最小值 $(G/\sigma_D)_{min}$
	$D=2.0$	$D=4.0$	$D=2.0$	$D=2.0$
T1	4.3	7.4	0.018	270
T2	4.1	6.8	0.028	150
T3	3.8	6.4	0.032	120
T4	3.5	5.0	0.039	100

注:表中的黑度值 D 是指灰雾度以上的黑度。

在射线照相检测中,应按照检测标准选用胶片。一般情况下,采取中等灵敏度的射线照相检测技术时,应选用T3(G3)类或性能更好的胶片;采用高灵敏度射线照相检测技术时,应选用T2(G2)类或性能更好的胶片。当检测裂纹时,一定要选用性能好的胶片。在射线照相检测技术中,一般不允许选用T4(G4)类(也就是增感型)胶片。

3)增感屏

由于射线的穿透能力很强,因此当射线入射到胶片时,大部分射线会穿过胶片,胶片仅吸收很少的能量。为了吸收更多的射线能量,缩短曝光时间,在射线照相检测中,常使用增感屏贴在胶片两侧,利用增感屏吸收一部分射线能量,缩短曝光时间。

增感屏的增感性能用增感系数来衡量。增感系数是在同样的透照条件和暗室处理条件下,底片得到同一黑度所需的曝光量之比,用 k 表示。

$$k=\frac{E_0}{E} \tag{3-12}$$

式中:E_0——底片达到一定黑度不用增感屏时所需的曝光量;

E——底片达到一定黑度使用增感屏时所需的曝光量;

k——增感系数。

射线照相检测用的增感屏主要有三种类型:金属(箔)增感屏、荧光增感屏和金属荧光增感屏(也称为复合增感屏)。

金属箔增感屏在射线照射下可以发射电子,这些电子被胶片吸收后产生照相作用,从而增加射线的照相效应,产生增感作用。金属箔增感屏主要与非增感型胶片一起使用。金属增感屏的另一个重要作用是滤波,即吸收散射线,这将大大地降低散射比,提高射线底片的影像质量。

荧光增感屏与增感型胶片一起使用,它是在支撑物上均匀涂上一层荧光物质(常用的荧光物质是钨酸钙),上面再涂上一薄层物质构成的。当受到射线照射时,荧光物质被激发,辐射荧光,胶片吸收荧光实现增感作用。荧光增感屏的主要缺点是荧光物质的颗粒性会产生屏不清晰度,而且屏不清晰度的值常常大于其他不清晰度;另外,荧光增感屏本身也产生较强的散射线,这些都会严重损害射线照相的影像质量。

金属荧光增感屏(复合增感屏)是金属增感屏和荧光增感屏的组合,其结构是在金属增感屏的金属箔外再附加上一层荧光物质,金属箔的作用是吸收散射线,荧光物质则发射荧光产生增感作用。但金属荧光增感屏除了能吸收散射线外,并不能克服荧光增感屏的其他缺点,所以在射线照相中的应用并不广泛。

以上三种类型的增感屏各自具有不同的特点,可以适应不同的检测要求。但一般情况下都采用金属荧光增感屏,只有在特殊情况下,即采用荧光增感屏或金属荧光增感屏也能达到检验质量要求时,才使用荧光增感屏或金属荧光增感屏。

4)像质计

像质计是测定射线照片的照相灵敏度的器件。根据底片上显示的像质计的影像,可以判断底片影像的质量,并评定透照技术、胶片暗室处理情况、缺陷检验能力等。像质计主要有丝型像质计、阶梯孔型像质计和平板孔型像质计,此外还有槽式像质计和和双丝像质计等。

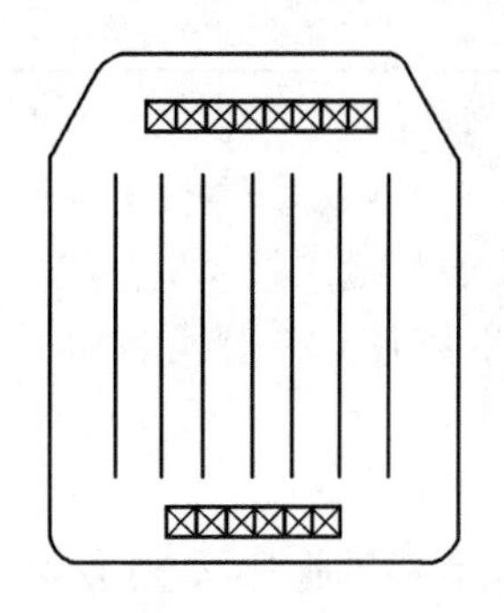

图 3-88　丝型像质计基本结构示意图

丝型像质计是使用最多的像质计,其形式、规格已基本统一。它结构简单,易于制作,已被世界各国广泛采用,国际标准化组织也将其纳入射线照相标准中。

丝型像质计的基本结构见图 3-88。它采用与被透照工件材料相同或相近的材料制成金属丝,并按照直径大小的顺序,以规定的间距平行排列,封装在对射线吸收系数很低的透明材料中,或直接安装在一定的框架上。

丝型像质计放置的数量、位置和安放方法等应符合有关规定,原则上是每张底片上都应有丝型像质计的影像,丝型像质计应放置在工件射线源一侧的表面上,且应放置在透照区中灵敏度差的部位。

在射线照片上可识别的金属丝最小直径与工件的透照厚度的百分比规定为丝型像质计的相对灵敏度,即:

$$S_w = \frac{d}{T} \times 100\% \tag{3-13}$$

式中:S_w——丝型像质计的射线照相灵敏度;

d——射线照片上可识别的金属丝的最小直径;

T——工件的透照厚度。

5)其他设备和器材

为实施射线照相检测,除上面的设备器材外,还需要其他的一些设备和器材,如观片灯、黑度计(光学密度计)、铅板、暗室设备和器材,以及暗盒、药品等。下面对一些常用的小型设备和器材进行简单介绍。

观片灯:是识别射线底片上缺陷影像所需要的基本设备。对观片灯的主要要求包括三个方面,即光的颜色、光源亮度、照明方式与范围等,详细的要求可参见有关标准,如《工业射线照相底片观片灯》(JB/T 7903—1999)。

黑度计(光学密度计):底片黑度是底片质量的基本指标之一,黑度计是用来测量底片黑度的设备。使用中的黑度计应定期用标准黑度片(密度片)进行校验。

暗室设备和器材:主要有工作台、切刀、用于处理胶片的槽(或盘)、上下水系统、安全红灯、计时钟等,如果条件允许还应配置自动洗片机。

铅板:是射线照相检测中经常要用到的器材,其主要作用是控制散射线,有时也用于透照边界的准确定位、遮蔽,制作适当的标记等。

3.5.3 射线检测方法及特点

对于 X 射线检测,目前工业上主要应用的有射线照相法、电离检测法、荧光屏直接观察法、电视观察法等方法。

(1)射线照相法

采用射线照相法将感光材料(胶片)置于被检测试件后面,来接收透过试件的不同强度的射线,如图 3-89 所示。因为胶片乳剂的摄影作用与感受到的射线强度有直接关系,经过暗室处理后就会得到透照影像,这样根据影像的形状和黑度的情况就可以评定材料中有无缺陷及缺陷的形状、大小和位置。

射线照相法灵敏度高、直观可靠,而且重复性好,是最常用的检测方法之一。

(2)电离检测法

当射线通过气体时,与气体分子撞击,部分气体分子失去电子而电离,生成正离子,也有部分气体分子得到电子而生成负离子,此即气体的电离效应。电离效应会产生电离电流,其大小与射线强度有关。如果让透过试件的 X 射线再通过电离室进行射线强度的测量,便可根据电离室内电离电流的大小来判断试件的完整性,如图 3-90 所示。

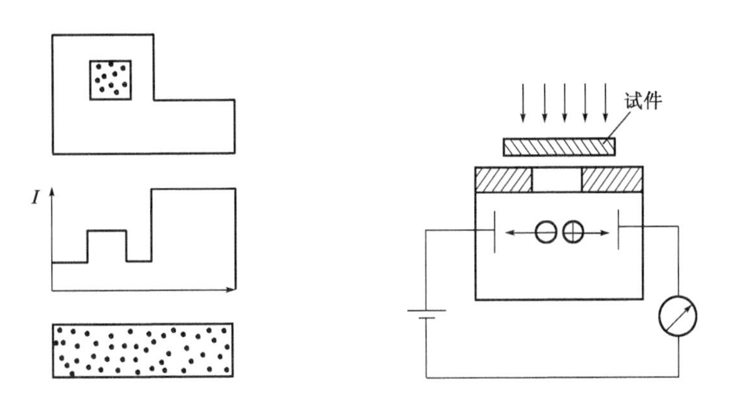

图 3-89 射线照相法原理示意图　　图 3-90 电离检测示意图

电离检测法自动化程度高,成本低,但对缺陷性质的判别较困难,只适用于形状简单、表面平整的工件,一般应用较少,但可制成专用的标准化设备。

(3)荧光屏直接观察法

将透过试件的射线投射到涂有荧光物质(如 ZnS/CaS)的荧光屏上时,荧光屏上会激发出不同强度的荧光,荧光屏直接观察法就是利用荧光屏上的可见影像直接辨认缺陷的检测方法,如图3-91所示。荧光屏直接观察法具有成本低、效率高、可连续检测等优点,适应于形状简单、要求不严格产品的检测。

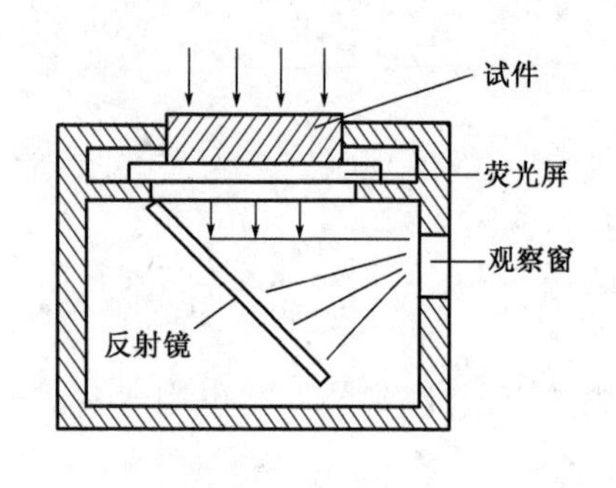

图3-91 荧光屏直接观察法示意图

(4)电视观察法

电视观察法是荧光屏直接观察法的发展,实际上就是将荧光屏上的可见影像通过光电倍增管来增强图像,再通过电视设备进行显示。电视观察法自动化程度高,而且无论静态或动态情况都可进行观察,但缺点是检测灵敏度比照相法低,对形状复杂的零件检查也比较困难。

(5)γ射线检测

γ射线检测与X射线检测在工艺方法上基本一样,其不同之处主要有以下几点:

①γ射线源不像X射线那样,可以根据不同检测厚度来调节能量(如管电压),它有自己固定的能量,所以要根据被检测工件的厚度以及检测的精度要求合理选取γ射线源。

②γ射线比X射线辐射剂量(辐射率)低,所以曝光时间比较长,一般要使用增感屏。

③γ射线源随时都在放射,不像X射线机那样不工作就没有射线产生,所以应特别注意射线线的防护工作。

④γ射线比普通X射线穿透力强,但灵敏度较X射线低,可以用于高空、水下野外作业。在那些无水无电及其他设备不能接近的部位(如狭小的孔洞、高压线的接头等),均可使用γ射线进行有效检测。

3.5.4 射线检测通用技术

1)平板形工件

工件的平面部分以及曲率半径很大的弧面部分,如扁平铸件、对接焊板、直径很大的圆筒形铸件和焊件等都属于平板形工件的范畴。对于平板形工件,射线应从其前方照射,将胶片放在被检查部位的后面。如检测平头对焊的焊缝、单U形对焊焊缝(图3-92)和双U形对焊焊缝(图3-93)等。在检查V形坡口对焊的焊缝和X形坡口对焊的焊缝时,除了从垂直方向透照外,还要在坡口斜面的垂直方向上进行照射,以便对未熔合等缺陷进行有效的检测(图3-94)。

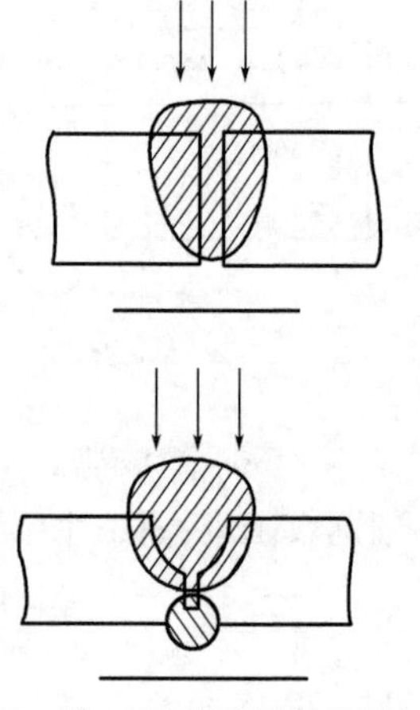

图3-92 单U形对焊焊缝的透照方向

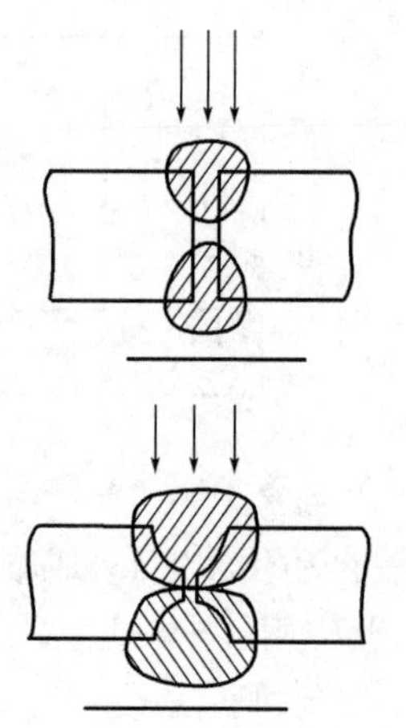

图3-93 双U形对焊焊缝的透照方向

a)对焊焊缝和V形坡口　　b)对焊焊缝和X形坡口

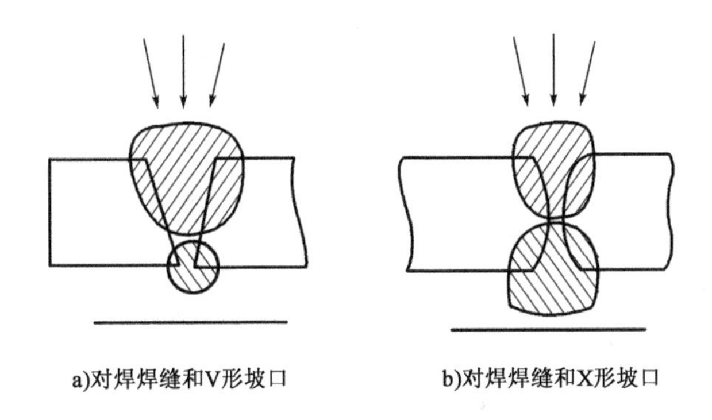

图 3-94　透照方向

2）圆管

圆管是指直径小或大管状件及曲率半径比较小的弧形工件。透照这类工件应当特别注意，使胶片与被检部位的紧密贴合，并使锥形中心辐射线与被检区域中心的切面相互垂直。根据焊缝（或铸件）的结构、尺寸和可接近性及 X 射线机的性能来选择透透照方法。具体来说，主要有以下几种透照方法。

（1）外透法：胶片在管内，射线由外向里照射。这种方法适用于比较大的圆筒状工件［图 3-95a）］。如果要对筒状工件周围进行检查，可以分段转换曝光。所分的段数主要根据管径的大小、壁厚以及焦距来确定。在分段透照中，相邻胶片应重叠搭接，重叠的长度一般为 10～20mm，以免漏检。

（2）内透法：胶片在外，射线由里向外照射。这种方法特别适用于壁厚大而直径小的管子，一般采用棒阳极的 X 管较好，如图 3-95b）所示。

（3）双壁双影法：对于直径小而管内不能贴胶片的管状工件，可将胶片放在管件的下面，使射线源在上方透照。为了使上下焊缝的投影不重叠，射线照射的方向应有一个适当的倾斜角。射线方向与焊缝纵断面的夹角应根据不同的情况分别加以控制，当管径在 50mm 以下时，一般采用 10°左右的夹角为宜；当管径为 50～100mm 时，一般以 7°左右为宜；当管径在 100mm 以上时，一般以 5°左右为宜，见图 3-96a）。需要说明的是，该法只适用于直径不超过 100mm 的管状件的检测，管壁较大时需用的焦距太大，而且管壁厚度的增加将限制能一次拍摄的焊缝长度。

a)　　b)

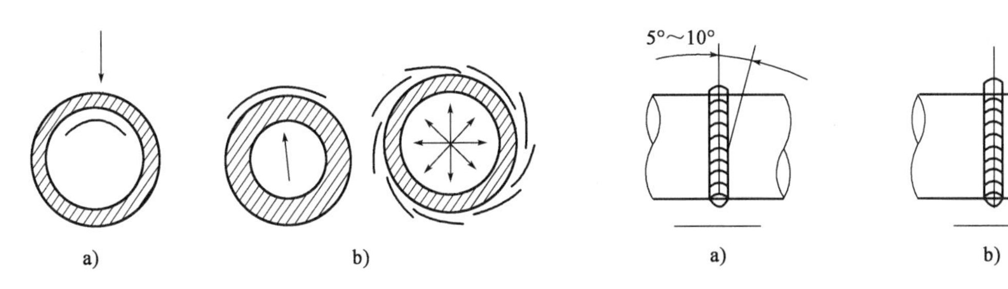

图 3-95　外透法和内透法检测管状工件

a)　　b)

图 3-96　双壁双影法和双壁单影法检测管状工件的缺陷

（4）双壁单影法：在管径较大的情况下，为了不使上层管壁中的缺陷影像影响到下层管壁中要检查的缺陷，可采用双壁单影法。双壁单影法是通过缩小焦距的办法，使 X 射线管接近上层管壁,从而使上层管壁中的缺陷在底片上的影像变得模糊。如有可能,X射线线管可和被检管相接触,使射线穿过焊缝附近的母材金属。胶片应放在远离射线源一侧被检部位的外表面上,并注意贴紧,见图3-96b)。该法对于直径大于100mm、内部不能接近的管状件能获得比较好的检测效果。双壁单影法可用于直径大至为900mm的管状件的透照检测,管径超过900mm后,将由于焦距变得过大而会给检测效果带来不利的影响。

3)角形件

角形件包括由角焊、叠焊、十字焊、丁字焊等焊接工艺焊接的工件,以及铸件肋板的根部和凸缘部等。在检验这一类工件时,X射线照射的方向多为其角的二等分线的方向。对于内焊的角形焊、叠焊以及丁字焊的焊缝等,除上述透照法外,还特别需要沿坡口方向进行透照。典型角形工件的透照方向见图3-97~图3-99。

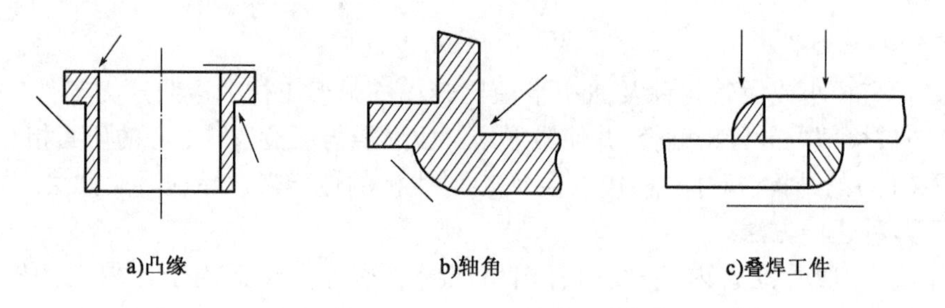

图3-97 凸缘和轴角处以及叠焊工件的透照方向

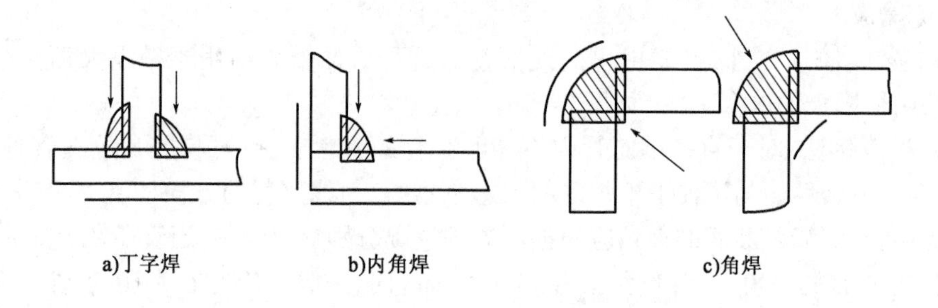

图3-98 丁字焊、内角焊以及角焊工件的透照方向

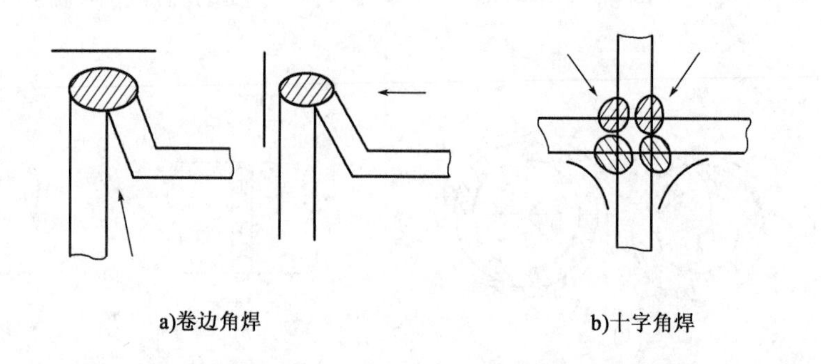

图3-99 卷边角焊和十字角焊工件的透照方向

4)管接头焊缝

典型管接头焊缝的透照方向见图3-100。

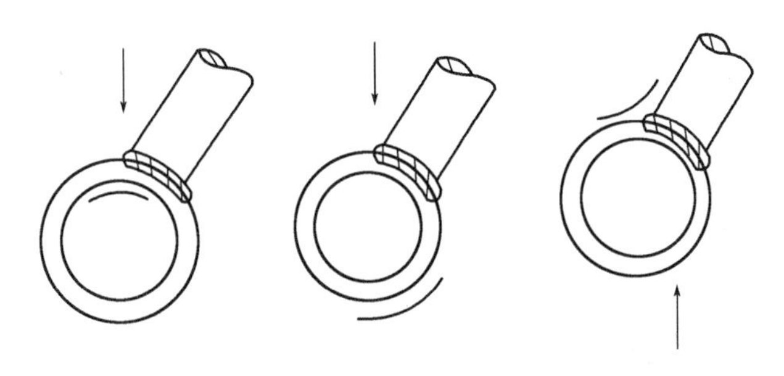

图 3-100　典型管接头焊缝的透照方向

5)圆柱体

轴、圆管、试棒、钢索等圆形或椭圆形断面的工件都属于圆柱体,壁面很厚、内径很小的圆管形部件也属于圆柱体的范畴。这一类物体因其断面呈圆形,故在射线方向的厚度差很大。这种情况下,在选择透照方法时,应设法减小厚度差对影像质量的影响。对于大批量的同一部件进行射线检测时,可以制作专用的托座或夹具。但通常是不具备这种条件的,最简单有效的办法就是使用滤波板。滤波板一般安装在 X 射线管保护罩的窗口上,它的作用是:①提高辐射束的平均能量,降低主因衬度,增加宽容度;②由于滤掉了软射线,减弱了散射线的有害影响,从而提高了清晰度。

当射线照相检测厚度变化比较大的物体时,为避免厚度大的部位曝光不足,面薄的部位曝光过度,可采取以下措施:

(1)将感光度不同的两种或两种以上型号各异的胶片同时放在试件下进行曝光透照,在感光快的底片上观察厚处,在感光慢的底片上观察薄处。

(2)如果只有一种型号的胶片,则按材料厚薄分别单独进行曝光。

(3)对于物体的薄处可用与其密度相近的材料作补偿块,见图 3-101a),也可将物体埋在与其密度相近材料的介质(液体、膏状物和金属微粒)中,见图 3-101b)。经上述处理后,可一次透照成功。需要注意的是,当使用液体或膏状物介质作相近材料时,要防止在被检物体表面形成气泡,因为气泡可在底片上形成假缺陷影像。

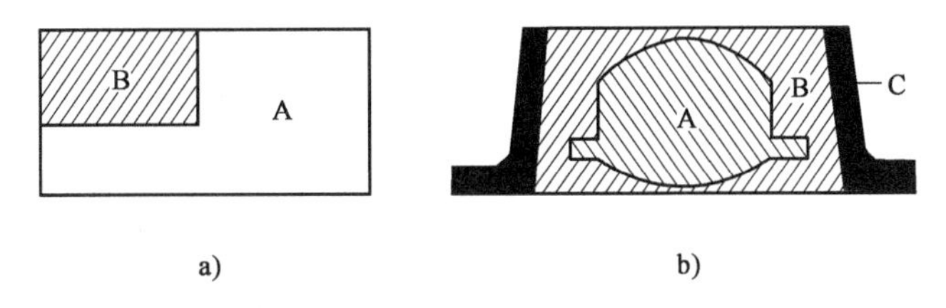

图 3-101　零件补偿示意图

A-被检工件;B-吸收系数与 A 相近的介质;C-铅制光阑

(4)利用铜、铅或锡等重金属做成金属增感屏。

(5)将采用荧光增感屏的胶片直接进行不增感曝光。

3.5.5　射线检测缺陷分析

1)焊件中的常见缺陷及其影像特征

射线检测的评片者不仅要有较好的理论知识,了解工件的生产工艺过程,还应特别注意在实践中积累经验。必要时,还要对被检部件进行解剖,掌握工件内部缺陷的形态与底片上的影像之间的联系,取得可靠的第一手资料。

气孔:在底片上的影像与铸件的基本相同,分布情况不一,有密集的、单个的和链状的,如图 3-102 所示。

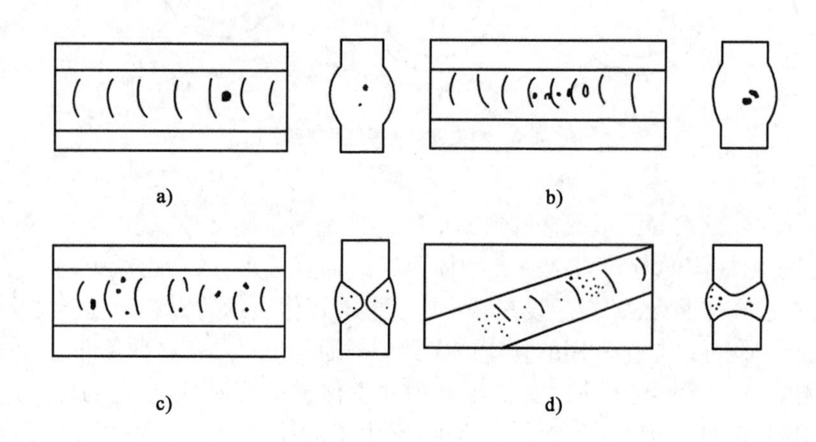

图 3-102 焊件中的气孔

夹渣:分为非金属夹渣和金属夹渣两种,前者在底片上呈不规则的黑色块状、条状和点状,影像密度较均匀;后者是钨极氩弧焊中产生的钨夹渣等,在底片上呈白色的斑点,如图 3-103 所示。

未焊透:分根部未焊透和中间未焊透两种。未焊透内部常有夹渣,在底片上呈平行于焊缝方向的连续的或间断的黑线,还可能呈断续点状,黑度的程度深浅不一,有时很浅,需要仔细寻找。

未熔合:未熔合分边缘(坡口)未熔合和层间未熔合两种。边缘未熔合是母材与焊材之间未熔合,其间形成缝隙或夹渣;在底片上的影像呈直线状的黑色条纹,位置偏离焊缝中心,靠近坡口边缘一边的密度较大且直;对于 V 形坡口,沿坡口方向透射较易发现。层间未熔合是多道焊缝中先后焊层间的未熔合(图 3-104),在底片上呈黑色条纹,但不很长,有时与非金属夹渣相似。

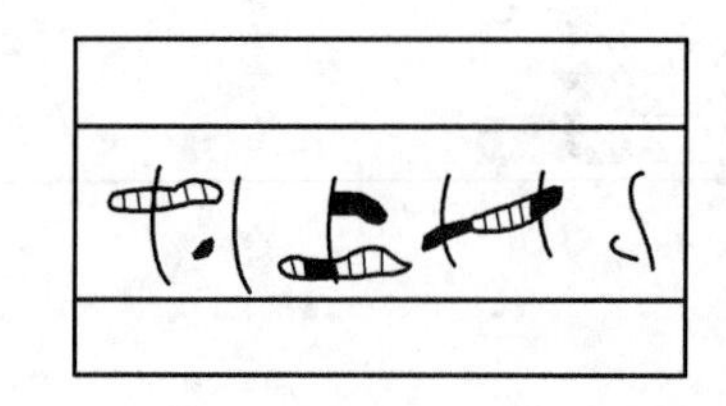

图 3-103 焊件中的夹渣

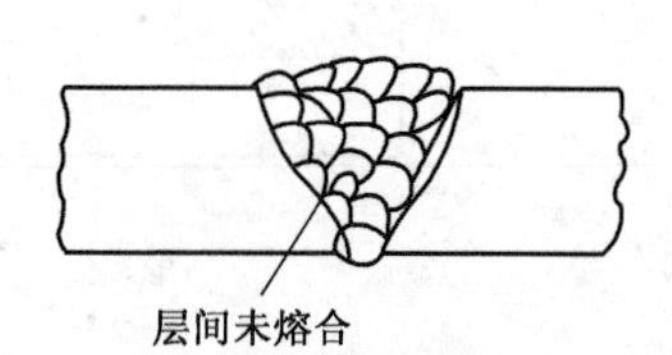

图 3-104 层间未熔合

裂纹:是危险性最大的一种缺陷,在底片上的影像与铸件的基本相同,主要分布在焊缝及其附近的热影响区,尤以起弧、收弧及接头处最易产生,方向可以是横向的、纵向的或任意方向的。

2)表面缺陷

射线检测主要检查工件的内部缺陷,但有些工件因结构的关系,某些部分的表面不能直接进行观察,因此也需透照检查。各种表面缺陷在底片上的影像和内部缺陷的影像没有什么区别，除了某些特殊透透照方向外，从底片上不能判断它是内部缺陷，还是表面缺陷。因此，在底片上发现缺陷影像后，应与工件表面仔细对照，以确定其是否属于内部缺陷。

3）伪缺陷

由于胶片在生产与运输过程中而产生伪缺陷的原因有：

(1)在乳胶涂布与干燥过程中，因空气中的灰尘多，使底片形成黑点或多处麻点。

(2)涂乳胶之前，片基受摩擦或划伤。

(3)因乳胶涂布不均而产生纵向的黑白边。

(4)在乳胶涂布后的干燥过程中，因温度过高，乳胶收缩不匀而龟裂。

(5)在 $AgNO_3 + KBr \rightarrow AgBr + KNO_3$ 反应过程中，由于 KNO_3 水洗不好而产生花斑。

(6)在运输过程中，因胶片受挤压并引起局部增感，形成黑白斑。

(7)由于胶片间互相摩擦与接触产生静电，放电时生成黑斑或闪电般花纹。

(8)由于片基保管不善，局部变形；或因生产工艺条件不佳，涂布后乳胶不匀，以及所加增感剂搅拌不匀，产生沉积现象，形成黑斑。

透照工作及暗室处理不慎而产生伪缺陷的原因有：

(1)因工作台不清洁，台上的砂粒、灰尘与胶片间摩擦造成划伤，经冲洗呈细微黑道。

(2)在对胶片进行切割、包装时，因折叠而形成月牙形痕迹。

(3)透照时，工件对胶片的压力过大，局部感光生成黑斑。

(4)显影时，胶片与药液接触不良，或有气泡附于胶片上，或温度不匀，或胶片相互叠压，从而产生斑块。

(5)底片的最后水洗不彻底，晾干后形成水点或药液失效变质而呈珍珠色斑痕。

(6)洗相时，因操作不良而划伤胶膜，产生条纹。

(7)胶片保管不善而发霉，有霉点生成。

(8)对于刚使用过的荧光增感屏，若未等其余辉消失就装上胶片，因余辉的作用而感光，出现上一次底片的影像。

因 X 射线固有特性及工件几何形状造成伪缺陷的原因有：

(1)由异质材料制作的工件，在两种材质的交界处（如有些焊缝的材质与母材的材质相差过大），由于两种材质对射线的吸收情况不同，可能形成明暗界限。

(2)因工件厚度不均匀或内散射线的影响。

(3)由于 X 射线的衍射，加之几何形状的影响，可能形成劳厄斑点。

有经验的无损检测人员一般能对大部分缺陷进行有效识别。例如，从底片两侧观察此迹象是否表面反光，或为表面划伤。有时，可用 30 倍放大镜作局部观察，如胶片被划伤，则放大后其伤痕连续，而真缺陷则是一点一点连接起来的。

此外，有怀疑时，可查看工件表面状态与增感屏情况，必要时再重照一次进行复验。但对偶然出现的劳厄斑点需慎重分析处理。

3.5.6 射线检测的应用实例

(1)在需拍片区域贴片。

(2)放置好 X 射线机，调好焦距，见图 3-105a）。

(3)根据曝光曲线参数调节电流电压及曝光时间，见图 3-105b）。

(4)拍片。

(5)暗室洗片(先显影,再定影,然后将片子晾干)。

(6)评片,见图3-105c)。

a)架设X射线探伤机

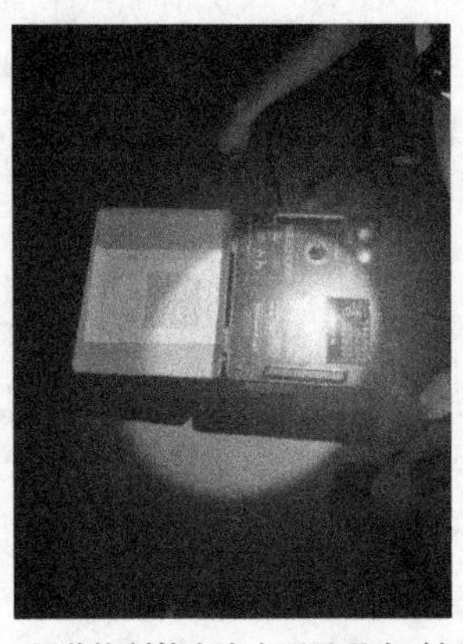

b)调节控制箱电流电压及曝光时间

c)评片

图3-105　射线检测工程现场

3.6　渗 透 检 测

3.6.1　渗透检测原理

渗透检测是一种以毛细作用原理为基础的检测技术,主要用于检测非疏孔性的金属或非金属零部件的表面开口缺陷。检测时,将溶有荧光染料或着色染料的渗透液施加到零部件表面,由于毛细作用,渗透液渗入细小的表面开口缺陷中,清除附着在工件表面的多余渗透液,经干燥后再施加显像剂,缺陷中的渗透液在毛细现象的作用下被重新吸附到零件表面上,就形成放大了的缺陷显示,即可检测出缺陷的形貌和分布状态。

3.6.2　渗透检测设备与器材

1)渗透液

渗透液是一种具有很强渗透能力的溶液,并且含有着色染料荧光染料。它能渗入表面开口的缺陷并被显像剂吸附出来,从而显示缺陷的痕迹。渗透液是渗透检测中最关键的材料,直接影响渗透检测的灵敏度。渗透液分为荧光渗透液和着色渗透液两类,每类又可分为水洗型、后乳化型和溶剂去除型,此外,还有一些特殊用途的渗透液。

理想的渗透液应具备下列性能:

(1)渗透能力强,能容易地渗入工件表面的细微缺陷中。

(2)具有较好的截留性能,却能较好地停留在缺陷中,即使是在浅而宽的开口缺陷中的渗透液也不易被清洗出来。

(3)不易挥发,不会很快干在工件表面上。

(4)容易从被覆盖过的工件表面清除掉。

(5)稳定性能好,在热和光等作用下,仍能保持稳定的物理和化学性能,不易受酸和碱的影响,不易分解,不混浊,不沉淀。

(6)有良好的润湿显像剂的能力,容易从缺陷中吸附到显像剂表面层而被显示出来。

(7)扩展成薄膜时,荧光渗透液需要仍然保持足够的荧光亮度;对着色渗透液,仍保持鲜艳的颜色。

(8)闪点高,不易着火。

(9)无毒,对人体无害,不污染环境。

(10)有较好的化学惰性,对工件或盛装的容器无腐蚀作用。

(11)价格合理。

一种渗透液不可能全面达到理想的程度,只有尽可能接近理想水平。实际上每种渗透液的配制都采取折中或"取舍"的办法,即突出其中某一项或某几项性能指标,例如,水洗型渗透液突出"易于从工件表面去除多余渗透液"的性能,而后乳化型渗透液则突出"能保留在浅而宽的缺陷中"的性能。

渗透液的种类有:

(1)着色渗透液。着色渗透液所含的染料是着色染料,常见的着色液分为水洗型、后乳化型和溶剂去除型三种。

(2)荧光渗透液。荧光渗透液的染料是荧光染料,检测是在黑光灯下观察。常用的荧光渗透液有水洗型、后乳化型和溶剂去除型三种。

(3)其他渗透液。其包括着色荧光渗透液、化学反应型渗透液、高温下使用的渗透液等。

2)去除剂

渗透检测中,用来除去被检件表面多余渗透液的溶剂称为去除剂。

3)显像剂

显像剂是渗透检测中的关键材料,其主要作用如下:

(1)通过毛细作用将缺陷中的渗透液吸附到工件表面上,形成缺陷显示;

(2)将形成的缺陷显示在被检件表面上横向扩展,放大至足以用肉眼观察到;

(3)提供与缺陷显示有较大反差的背景,达到提高检测灵敏度的目的。

根据使用方式的不同,常用的显像剂可以分为干式显像剂,湿式显像剂、塑料薄膜显像剂、化学反应型显像剂等类型。

4)试块

试块是用于衡量渗透检测灵敏度的器材,是带有人工缺陷或自然缺陷的试件,也称为灵敏试块。渗透检测灵敏度是指在工件或试块表面发现微细裂纹的能力。

在渗透检测中,试块主要有以下作用:

(1)灵敏度试验。用于评价所使用的渗透检测系统和工艺的灵敏度及其渗透液的等级。

(2)工艺性试验。用以确定渗透检测的工艺参数,如渗透时间和温度乳化时间和温度、干燥时间和温度等。

(3)渗透检测系统的比较试验。在给定的检测条件下,通过使用不同类型的检测材料和工艺的比较,确定不同渗透检测系统的相对优劣。

需要说明的是,并非所有的试块都具有上述所有的功能,试块不同,其作用也不同。

渗透检测中,常用的试块有铝合金淬火裂纹试块、不锈钢镀铬裂纹试块、黄铜板镀镍铬层裂纹试块、自然缺陷试块、吹砂钢试块、组合试块、陶器试块等。其中,铝合金淬火裂纹试块、不锈钢镀铬裂纹试块、黄铜板镀镍铬层裂纹试块又分别被称为A型、B型、C型试块,是常用的试块。

铝合金淬火裂纹试块也称为A型试块,其推荐的形状和尺寸如图3-106所示。

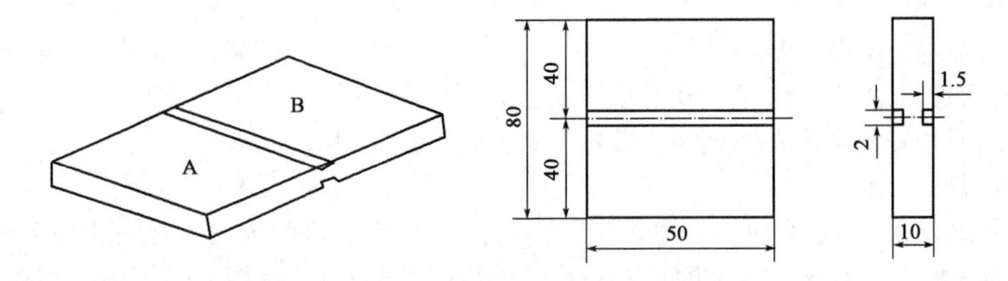

图3-106 铝合金淬火裂纹试块示意图(尺寸单位:mm)

铝合金淬火裂纹试块的制作过程为:从8~10mm厚的铝合金板材(材料为2A12)上截取一块50mm×80mm的试块毛坯磨光(粗糙度Ra小于6.3μm),使80mm长度方向沿着板材的轧制方向。把试块放在支架上,用气体灯或喷灯在试块下方正中央加热至510~530℃,保温约4min,然后在水中急冷淬火,使试块中部产生宽度和深度不同的淬火裂纹。最后,沿80mm长度方向的中心位置开一个2mm×1.5mm的矩形槽,再用硬刷子清理表面,并用溶剂清洗即可。

铝合金试块上的矩形刻槽把检测面一分为二,便于在互不污染的情况下进行对比试验。可在同工艺条件下,比较两种不同的渗透检测系统的灵敏度;也可使用同一组渗透检测材料,在不同的工艺条件下进行工艺灵敏度试验。

铝合金淬火裂纹试块的优点是制作简单,在同一试块上可提供各种尺寸的裂纹,且形状类似于自然裂纹。其主要缺点是产生的裂纹尺寸不能控制,而且裂纹的尺寸较大,不适用于渗透检测材料的灵敏度鉴别;多次使用后的重现性也较差。试块使用后应及时清洗,清洗时先将试块表面用丙酮清洗干净,用水煮沸半小时,清除缺陷内残留的渗透液,然后在110℃下干燥15min,使裂纹中的水分蒸发干净,然后浸泡在50%甲苯和50%三氯乙烯混合液中,以备下次使用;也可将表面清洗干净的试块放在丙酮中浸泡24h以上,干燥后放在干燥器中保存备用。

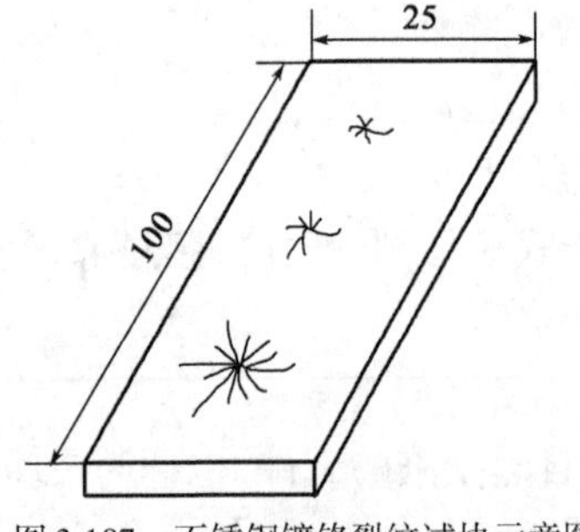

图3-107 不锈钢镀铬裂纹试块示意图(尺寸单位:mm)

不锈钢镀铬裂纹试块又称为B型试块,其示意图见图3-107。

不锈钢镀铬裂纹试块由单面镀铬的不锈钢(可采用1Cr18Ni9Ti)制成,推荐尺寸100mm×25mm×4mm。制作时,先将不锈钢板的单面磨光后镀铬,铬层厚度约25μm,然后进行退火,以清除电镀层的应力。之后在试块的另一面用直径为10mm的钢球在布氏硬度机上分别以7.5N、10N、12.5N的荷载打三点,这样,镀层上会形成如图3-107所示的三处辐射状裂纹。

不锈钢镀铬裂纹试块主要用于校验操作方法与工艺系统的灵敏度。它不像A型试块那样可分成两半进行比较试验,只能与标准工艺的照片或塑件复制品对照使用。使用时,在B型试块上按预先规定的工艺程序进行渗透检测,再把实际的显示图像与标准工艺图像的复制品或照片进行比较,从而评定操作方法正确与否,或者确定工艺系统的灵敏度。

不锈钢镀铬裂纹试块制作工艺简单,重复性好,使用方便,其裂纹深度尺寸可控(由镀铬层厚度控制),而且同一试块上可以其有不同尺寸的裂纹。但由于检测面没有分开,因此不便于比较不同渗透检测材料或不同工艺方法灵敏度的优劣。

不锈钢镀铬裂纹试块的清洗和保存方法与 A 型试块相同。

黄铜板镀镍铬层裂纹试块又称为 C 型试块,其形状如图 3-108 所示,推荐尺寸为 100mm × 70mm × 4mm。

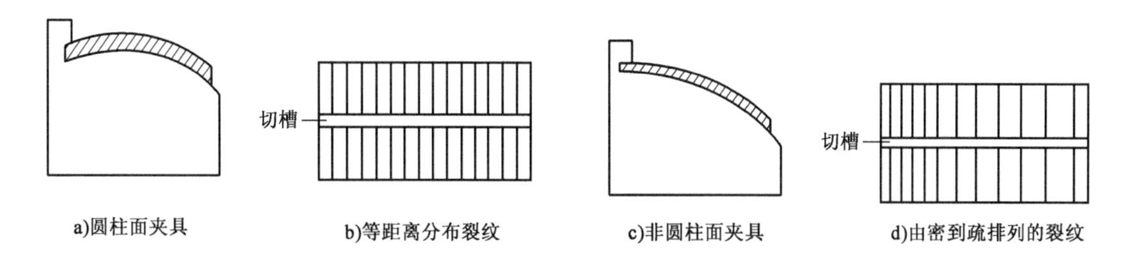

图 3-108 黄铜板镀铬层裂纹及弯曲夹具示意图

黄铜板镀镍铬层裂纹试块的制作过程为:在 4mm 厚的黄铜板上截取 100mm × 70mm 的试块毛坯磨光,先镀镍,再镀铬然后在悬臂靠模上反复进行弯曲,使之形成几乎平行分布的疲劳裂纹,最后在直于裂纹的方向上开一切槽,使其分成两半,见图 3-108。靠模有圆柱面模和非圆柱面模两种,在圆柱面模上进行弯曲,可得到等距离分布且开口宽度相同的裂纹,如图 3-108a)、b)所示;在非圆柱面模具(如悬臂模)上进行弯曲,则裂纹从固定点向外由密到疏排列且开口宽度由大到小,如图 3-108c)、d)所示。裂纹深度由镀铬层的厚度控制,宽度可根据弯曲和校直时试块的变形程度来控制。

根据不同的电镀工艺,在黄铜板镀铬镍层裂纹试块上可得到如下的裂纹尺寸:

(1)宽度约 2μm、深度约 50μm 的粗裂纹。

(2)宽度约 2μm、深度约 30μm 的中等裂纹。

(3)宽度约 1μm、深度为 10 ~ 20μm 的细裂纹。

(4)宽度约 0.5μm,深度约 2μm 的微细裂纹。

C 型试块的裂纹尺寸量值范同与渗透检测显示的裂纹极限比较接近,是渗透检测系统性能检验和确定敏度的有效工具。它的裂纹尺寸小,可用于高灵敏度渗透检测材料的性能测定,也可用于某一渗透检测系统性能的对比试验和校验,也能进行两个渗透检测系统的性能比较;也可将试块一分为二,形成两块相匹配试块(或划分为 A、B 两个区),比较不同的渗透检测工艺。另外,C 型试块的裂纹较浅易于清洗,不易堵塞,可多次重复使用。

C 型试块的缺点是镀层表面非常光洁,因此表面多余的渗透液非常容易清掉,这与实际的检验情况差别较大,因而所得出的结论不等同于在工业检测中得到的结果。同时,试块的制作也比较困难,特别是裂纹尺寸的有效控制非常困难,且在制造过程中,不会有两块裂纹尺寸完全相同的试块。C 型试块的清洗和保存的方法可参考 A 型试块的方法。

5)渗透检测装置

对现场检测和大工件的局部检测,采用便携式渗透检测装置非常方便。便式渗透检测装置也称为便携式压力喷罐装置,由渗透液喷罐、清洗剂喷罐、显像剂喷罐、毛刷、金属刷等组成。

如是荧光法检测，应采用黑光灯；如是着色法检测，应采用照明灯。

喷罐内既有渗透检测材料，同时也有按一定比例装入的气雾剂，常用的气雾剂成分有乙烷、氟利昂等，因此，在使用喷罐时应特别注意以下事项：

(1)因喷罐内的压力随温度的升高而增大，故喷罐不宜放在靠近火源、热源处，以免罐内压力过高而引起爆炸。

(2)使用时喷嘴应与工件表面保持一定距离，因为渗透检测材料刚从喷嘴喷出时，由于气流集中，渗透检测材料还未从液滴状形成雾状，因此距离太近时，会使渗透检测材料施加不均匀。

(3)遗弃空罐时，应先破坏其密封性，方可遗弃。

工作场所流动性不大，工件数量较多，要求布置流水检测作业线时，可采用固定式渗透检测装置。固定式渗透检测装置一般采用水洗型或后乳化型渗透检测方法，主要的装置有预清洗装置、渗透装置、乳化装置、显像装置、水洗装置、干燥装置和后处理装置等。

预清洗装置比较简单，常用的预清洗装置有三氯乙烯蒸气除油槽、碱性或酸性腐蚀槽、超声波清洗装置洗涤槽和喷枪等。需注意的是，很多预清洗装置所使用的液体(或液体蒸发而成的气体)对人体是有害的，因此在操作时要特别注意安全，操作现场严禁烟火，防止事故。渗透装置主要包括渗透液槽、滴落架、工件筐、毛刷、喷枪等。乳化装置与渗透装置相似，不同之处是需安装搅拌器，以对乳化剂进行搅拌。搅拌器可采用泵或桨式搅拌器，但最好采用桨式搅拌器。通常不采用压缩空气搅拌，因为压缩空气搅拌会伴随产生大量的乳化剂泡沫。常用的水洗装置有搅拌水槽、喷洗槽和枪等。手工喷洗时用喷枪将水喷至工件上，但一般情况下是将工件置于槽内清洗，槽底装有格栅支撑工件，用挡板挡住水的飞溅。最常用的干燥设施是热空气循环干燥器，其由加热器、循环风扇、恒温控制系统组成，干燥箱温度通常不超过70℃。显像装置的主要作用是将缺陷信息显示出来。按照显像原理，显像装置可分为湿式显像装置和干式显像装置两大类。湿式显像装置的结构与渗透液槽相似，由槽体和滴落架组成，显像槽中安装浆式搅拌器，以进行不定期的搅拌，有的装置还装有加热器和恒温控制器。干式显像装置则主要由喷粉柜和喷粉槽等组成。

采用荧光法检测时，必须有暗室，室内应装有标准的黑光源，还应备有便携式黑光灯，以便于检查工件的深孔位置。暗室还应配备白光照明装置，作为一般照明和白光下评定缺陷之用。

6)黑光灯

黑光灯也称为水银石英灯，是荧光检测必备的照明装置，由高压水银蒸气弧光灯、紫外线滤光片(或称为黑光滤光片)和镇流器组成。

高压水银蒸气弧光灯输出的光谱范围很宽，除黑光外，还输出可见光和红线。波长大于390nm以上的可见光会在工件上产生不良的衬底，使荧光显示不清晰；波长在330nm以下的短波紫外线会伤害人的眼睛；荧光检测中，需要的是波长为365nm左右的黑光束来激发荧光，因此需要选择合适的滤光片，滤去波长过短或过长的光线。目前生产的黑光灯大部分是将高压水银蒸气弧光灯的外壳直接用深紫色耐热玻璃制成，这种外壳可以起到滤光的作用(这种带滤光片的灯泡也称为黑光灯泡)，因此使用时不用再单独安装滤光片。

7)黑光辐照度检测仪和照度计

荧光渗透检测时要用到黑光辐照度检测仪和照度计，黑光辐照度检测仪检测时有两种形式，一种是直接测量法，另一种是间接测量法。

直接测量法是使黑光灯直接辐射到距黑光灯一定距离处的光敏电池上，测得黑光辐射照度值，以 $\mu W/cm^2$ 为单位。

间接测量法是使黑光辐射到一块荧光板上（荧光板是将荧光粉沾附在一块薄板上，表面再涂一层透明的聚酯薄膜制成的），激发荧光板发出荧光，黄绿色的荧光再照射到光电池上，使照度计指针偏转，指示出照度值，以勒克斯(lx)为单位。

照度计一般和黑光辐照度检测仪配合使用，主要用于测量黑光辐照度，此外也可以用来比较荧光液的亮度以及测量被检工件表面的可见光照度。

3.6.3 渗透检测典型方法

渗透检测的方法主要有水洗型渗透检测法、后乳化型渗透检测法、溶剂去除型渗透检测法，以及其他一些特殊的渗透检测方法，这里主要介绍水洗型渗透检测法和后乳化型渗透检测法。

1)水洗型渗透检测法

水洗型渗透检测法，其表面多余的渗透液可直接用水冲洗掉，是目前广泛使用的渗透检测方法之一，操作程序见图3-109。

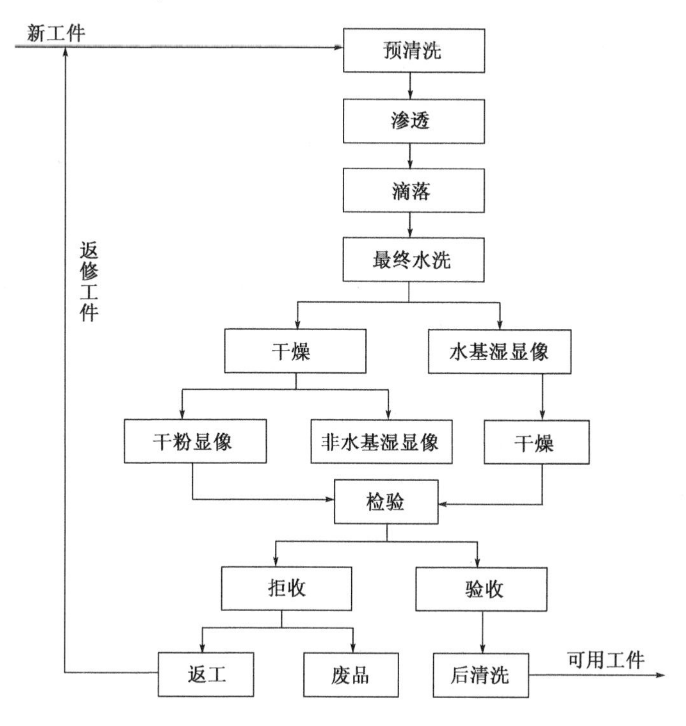

图3-109 水洗型渗透检测法的操作程序

水洗型渗透检测法主要包括水洗型着色法和水洗型荧光法。水洗型荧光法的显像方式有干式、速干式、湿式和自显像等几种。水洗型着色法的显像方式有速干式、湿式两种，一般不用干式和自显像方法，因为这两种显像方法均不能形成白色背景，对比度低，从而造成检测灵敏度过低。

水洗型渗透检测法具有以下优点：

(1)对荧光渗透检测，在黑光灯照射下，缺陷显示有明亮的荧光和高的可见度；对着色渗透检测，在白光下缺陷能显示鲜艳的颜色。

(2)检测周期比其他方法短。

(3)能适应绝大多数类型的缺陷检测，如使用高灵敏度的荧光渗透液，可检出很细微的缺陷。

(4)表面多余的渗透液可以直接用水去除，相对于后乳化型渗透检测法，其操作简便、费用低。

(5)比较适用于表面粗糙的工件检测，也适用于螺纹类工件、窄缝和工件上的销槽、盲孔内缺陷等的检测。

水洗型渗透检测法也有其局限性，具体如下。

(1)检测灵敏度相对较低，对浅而宽的缺陷容易漏检。

(2)渗透液的配方复杂。

(3)重复检验的重现性差，不宜在仲裁检验的场合下使用，因为水洗型渗透液中含有乳化剂第一次检验后，只能清洗掉渗透液中的油基部分，乳化剂会残留在缺陷中，妨碍渗透液的第二次渗入。

(4)如清洗方法不当，易造成过清洗，将缺陷中的渗透液清洗掉，降低缺陷的检出率。

(5)抗水污染的能力弱，渗透液易出现混浊、分离、沉淀及灵敏度下降等现象。

(6)酸污染会影响检验灵敏度，尤其是铬酸和铬酸盐的影响很大。因为酸和铬盐在无水情况下不易与渗透液的染料发生化学反应，但当水存在时，却易与渗透液中的染料发生化学反应，而水洗型渗透液中含有乳化剂，易与水相溶，故酸和铬酸盐对其影响较大。

2)后乳化型渗透检测法

后乳化型渗透检测法以其较高的检测灵敏度而被广泛使用。根据其操作程序的不同，可分为亲水性后乳化型渗透检测法和亲油性后乳化型渗透检测法。亲水性后乳化型渗透检测法除了多一道乳化工序外，其余与水洗型渗透检测法的操作程序完全相同，见图3-110。亲油性后乳化型渗透检测法的操作程序也基本符合图3-110，唯一的不同是不需要预水洗工序，即渗透后立即进行乳化。需要指出的是，乳化工序是后乳化型渗透检测法中的关键步骤。应根据具体情况，通过试验确定乳化时间和乳化温度，并严格控制。原则上，应在保证达到允许的背景条件下，使乳化时间尽量缩短，要防止乳化不足和过乳化。使用过程中，还应根据乳化剂受污染的程度，及时更改乳化时间或更换乳化剂。

后乳化型渗透检测方法主要有以下优点：

(1)检测灵敏度比较高。因为渗透液中不含乳化剂，有利于渗透液渗入表面开口缺陷中；同时，渗透液中染料的浓度高，因此显示的荧光亮度(或颜色强度)比水洗型渗透液高。

(2)渗透液中不含乳化剂，因此渗透速度快，渗透时间比水洗型要短。

(3)能检出浅而宽的表面开口缺陷，因为通过严格控制乳化时间，可以使渗入浅而宽的缺陷中的渗透液不被乳化，从而不会被清洗掉。

(4)重复检验的重现性好。因为后乳化型渗透液不含乳化剂，第一次检验系残存在缺陷中的渗透液可以用溶剂或三氯乙烯蒸气清洗掉，因而在二次检验时，不影响渗透液的渗入，缺陷能重复显示。

(5)由于不含乳化剂，因此温度变化时，不会产生分离、沉淀和凝胶等现象。

(6)抗污染能力强，不易受水、酸和铬盐的污染。

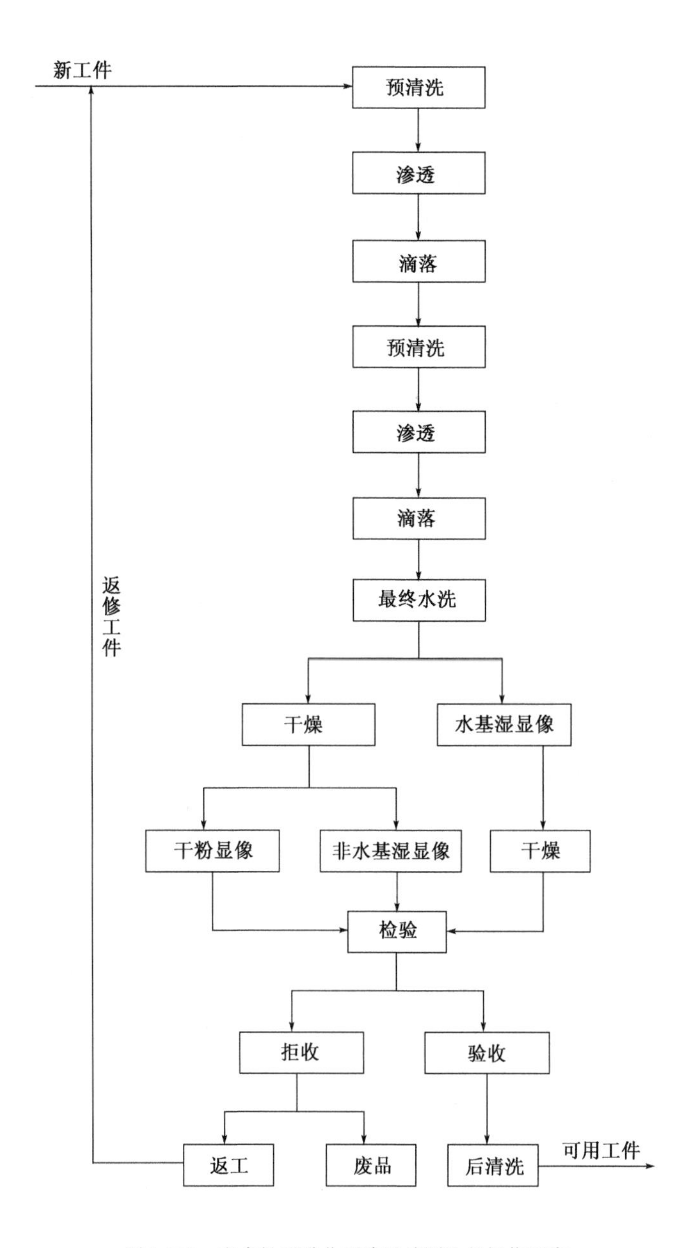

图3-110 亲水性后乳化型渗透检测法的操作程序

后乳化型渗透检测法的缺点为:要进行乳化工序,操作周期长,检测费用高。乳化时间必须严格控制,才能保证检验灵敏度,对操作人员的经验要求较高。被检工件表面必须有较低的粗糙度,如工件表面比较粗糙或有凹槽、螺纹或拐角、键槽等,则渗透液不易被清洗掉。对大型工件的检测,后乳化型渗透检测法的实施比较困难。

3.6.4 渗透检测通用技术

各种类型的渗透液、表面多余渗透液的不同去除方法以及不同的显像方式,可以组合成多种渗透检测方法。这些方法之间存在差异,但都是按照预清洗、渗透、去除表面多余的渗透液、干燥、显像和检验六个基本步骤进行的。下面主要介绍前四个步骤。

1)预清洗

渗透检测最重要的要求之一是使渗透液能最大限度地渗入工件的表面开口缺陷中,使检验人员能够在清晰的本底下识别出缺陷,而工件表面的污染物将严重影响这一过程,因此在施加渗透液之前必须对被检工件的表面进行预清洗,清洗的范围应比要求检测的部位大一些,有些标准规定,清洗范围应从检测部位四周向外扩展25mm。

被检工件的常见污染物主要有以下几种:油、油脂,氧化物、腐蚀物、结垢、积碳层,焊接飞溅焊渣、铁屑、毛刺,油漆及其涂层,酸、碱,水及水蒸发后留下残留物。

污染物对渗透检测的主要影响如下:

(1)工件表面上的油污被带进渗透液槽中,会污染渗透液,降低其渗透能力、荧光强度(或颜色强度)和使用寿命。

(2)缺陷中的油污会污染渗透液,降低显示的荧光强度或颜色强度。

(3)污染物影响渗透液对工件的润湿,严重时甚至会完全堵塞缺陷开口,使渗透液无法渗入。

(4)荧光渗透检测时,最后的显像是在紫蓝色的背景下显现黄绿色的缺陷影像,而大多数油类在黑光灯照射下都会发光(如煤油、矿物油发出蓝色光),从而干扰真正的缺陷显示。

(5)渗透液易留存在工件表面有油污的地方,从而有可能会把这些部位的缺陷显示掩盖掉。

(6)渗透液容易保留在工件表面有毛刺、氧化物的部位上,产生不相关的显示。

无损检测(NDT)技术的发展趋势之一是多种NDT技术的融合,如磁粉检测和渗透位测的融合、超声波探伤和渗透检测的融合等。需要说明的是,对同一工件,进行磁粉检测以后再进行渗透检测是不合适的。因为对渗透检测来说,湿磁粉也是一种污染物,特别是在强磁场作用下,磁粉会紧密地堵塞住缺陷。而且,磁粉的去除也比较困难。因此,对同一工件,如需同时进行磁粉检测和渗透检测,应先进行渗透检测,然后再进行磁粉检测。同样,如工件同时需要进行渗透检测和超声波检测,也应先进行渗透检测,因为超声波检测所用的耦合剂对渗透检测来说,也是一种污染物。

表面准备包括清理和清洗,目的是为了去除被检工件表面上妨碍渗透检测的污染物。常用的清理和清洗方法主要有机械清洗、溶剂清洗和化学清洗三种。

当工件表面有严重的锈蚀、飞溅、毛刺涂料等覆盖物时,应首先考虑采用机械清理的方法预备渗透检测的表面。常用的机械清理方法有振动光饰、抛光、喷砂、喷丸、钢丝刷、砂轮磨及超声波清洗等。

2)渗透

渗透的目的是把渗透液覆盖在被检工件的检测表面上,让渗透液充分渗入表面开口缺陷中。施加渗透液的常用方法有刷涂法、浸涂法、喷涂法和浇涂法等。

刷涂法:用软毛刷或棉纱布、抹布等将渗透液刷涂在工件表面上。该方法机动灵活,适用于各种工件,但缺点是效率低;常用于大型工件的局部检测和焊缝检测,有时也用于中小型工件的小批量检测。

浸涂法:把整个工件全部浸入渗透液中进行渗透。这种方法渗透充分、速度快、效率高,适于大批量工件的全面检查。

喷涂法:采用喷罐涂、静电喷涂、低压循环泵喷涂等方法,将渗透液喷涂在被检部位的表面上。该方法操作简单、喷洒均匀、机动灵活,适于大工件的局部检测或全面检测。

浇涂法:也称为流涂,是将渗透液直接浇在工件的表面上的一种方法,适于大工件的局部渗透检测。

无论采用何种施加渗透液的方法,都应保证被检部位完全被渗透液覆盖,并在整个渗透时间内保持润湿状态,不能让渗透液干在工件表面上。

对有盲孔或内通孔的工件,渗透前,应将孔洞口用橡皮塞塞住或胶纸粘住,防止渗透液渗入造成清洗困难。

渗透时间又称为接触时间或停留时间,是指从施加渗透液到开始乳化处理或清洗处理的时间。采用浸涂法施加渗透液后需要进行滴落,以弥补渗透液的损耗,减少渗透液对乳化剂的污染。因此滴落时间也是渗透时间的一部分,在这种情况下,渗透时间也包括滴落的时间,是施加渗透液的时间和滴落时间的总和。

渗透时间的长短应根据工件和渗透液的温度、渗透液的种类、工件种类、工件的表面状态、预期检出的缺陷大小和缺陷的种类等来确定。渗透时间不能过短或过长:时间过短,渗透液渗入不充分,缺陷不易检出;时间过长,渗透液易干涸,清洗困难,检测灵敏度和工作效率低。渗透温度一般控制在10~50℃的范围内。温度过高,渗透液容易干在工件表面上,给清洗带来困难;同时,渗透液受热后,某些成分蒸发,会使其性能下降。温度太低,会使渗透液变稠。一般情况下在10~50℃范围内,渗透时间不得少于10min;在5~10℃范围内,渗透时间不得少于20min。当温度不能满足上述条件时,应对操作方法进行修正。

3)去除表面多余的渗透液

多余渗透液去除的关键是保证不过洗而又清洗充分,这在一定程度上需凭操作者的经验。理想状态下,应当全部去除工件表面多余的渗透液,保留已渗入缺陷中的渗透液,但实际上这难以做到。因此检验人员应根据检查的对象,尽力改善工件表面的信噪比,提高检验的可靠性。水洗型渗透液可直接用水去除;亲油性后乳化型渗透液应先乳化,然后再用水去除;亲水性后乳化型渗透液应先进行预水洗,然后乳化,最后再用水去除;溶剂清洗型渗透液用溶剂擦拭去除。

4)干燥

常用的干燥方法有用干净布擦干、压缩空气吹干、热风吹干、热空气循环烘干等。

如果干燥的温度过高、时间过长,会将缺陷中的渗透液烘干,在添加显像剂后,就会造成缺陷中的渗透液不能被吸附到表面上,从而不能形成缺陷显示。允许的最高干燥温度与工件的材料和所用的渗透液有关,准确的干燥温度应通过试验确定。金属材料的干燥温度一般不超过80℃,塑料材料通常在40℃以下。

干燥时间不仅与工件材料、尺寸、表面粗糙度、工件表面水分的多少、工件的初始温度和烘干装置的温度等有关,还与每批被干燥的工件数量有关。原则上,干燥的时间越短越好,一般不宜超过10min。

3.6.5 焊缝的渗透检测

渗透检测被应用于现场加工的焊接构件检测中,特别是非铁磁性材料,例如铝合金、奥氏体不锈钢、黄铜管的焊缝等,更为广泛。只有当缺陷露出表面时通过渗透检测才能检测到,对焊缝的检测,常采用焊缝溶剂去除型着色检测法。

1)焊缝溶剂去除型着色检测法检测程序

(1)表面预处理:着色渗透检测前,必须借助机械方法,对焊缝及热影响区表面进行清理,以除去焊渣、焊剂、飞溅物、氧化物等污物,打磨焊缝时,应特别注意不要让铁粉末堵塞表面开口缺陷。在基本清除污物后,应用清洗液(如丙酮、香蕉水)清洗焊缝表面的油污,最后用压缩空气吹干。

(2)渗透:施加渗透液时,常采用喷涂或刷涂,一般应在焊缝上反复施加3~4次,每次间隔3~5min,对小型工件,也可采用浸涂法。

(3)去除:渗透操作完毕后,先用干净不脱毛的布擦去焊缝及热影响区表面多余的渗透液,然后再用蘸有去除剂的不脱毛的布擦拭,擦拭时,应注意沿一个方向擦拭,不能往复擦拭,在保证背景的前提下,应尽量缩短去除剂在焊缝及热影响区上的接触时间,以免产生过清洗。清洗干净的焊缝及热影响区表面应经自然风干或压缩空气吹干。

(4)显像和观察:焊缝及热影响区表面干燥后,即可施加显像剂,施加方法以喷涂法为宜,利用压缩空气或压力喷罐将溶剂悬浮显像粉均匀地喷洒在焊缝及热影响区表面上,显像3~5min后,可用肉眼或借助放大镜观察所显示的图像。为发现细微缺陷,可间隔4~5min观察一次,重复2~3次。焊缝引弧处和熄弧处易产生细微的火口裂纹,对这些易出现缺陷的部位,应特别引起注意。

2)注意事项

(1)焊缝经渗透检测后,应进行后清洗。多层多道焊缝,每层焊缝经渗透检测后的清洗更为重要,必须清洗干净,否则,残留在焊缝上的渗透液和显像剂会影响随后进行的焊接,使其产生缺陷。

(2)对钛合金或奥氏体不锈钢焊进行渗透检测时,检测后的清洗是非常重要的,特别是使用压力喷罐罐装渗透检测材料时,检测后的清洗工作显得更为重要。因为大多数喷罐内采用氟利昂作为气雾剂,如喷罐内含有一定的水分,氟利昂就会溶解、渗透检测材料形成卤酸,腐蚀钛合金或奥氏体钢焊缝;另外,氟利昂能与油脂以任意比例互相溶解,而渗透检测材料中大量使用油脂(如煤油、松节油等)及乳化剂等物质,被检工件表面也常有油脂,这样,氟利昂中的卤素元素也能溶入渗透检测材料中而间接进入受检工件表面,或直接进入受检工件表面,产生腐蚀作用。很显然,即使严格控制渗透检测材料中卤族元素的含量,但如不注意上述问题,这种控制就会失去实际意义。

3.6.6 渗透检测的应用实例

(1)清洗构件表面,使构件表面无污物。

(2)向构件表面施加渗透剂,见图3-111a)。

(3)待渗透剂干后,用清洗剂清洗构件表面,见图3-111b)。

(4)向清洗后的表面施加显像剂,见图3-111c)。

(5)观察构件缺陷并记录,见图3-111d)。

(6)检测完毕可用水或清洗剂清洗构件表面。

a)向构件表面施加渗透剂

b)用清洗剂清洗构件表面

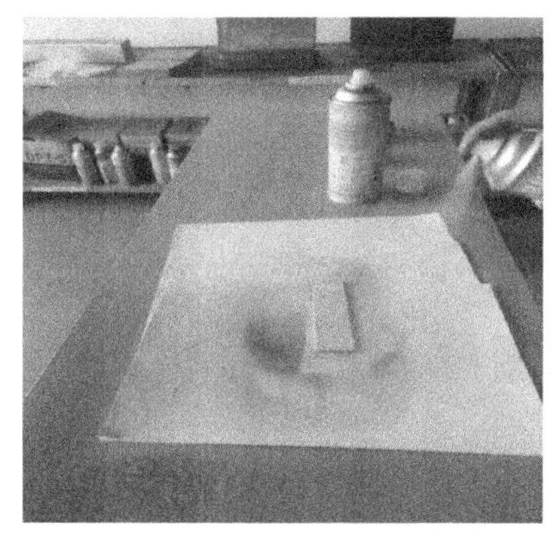

c)向清洗后的表面施加显像剂

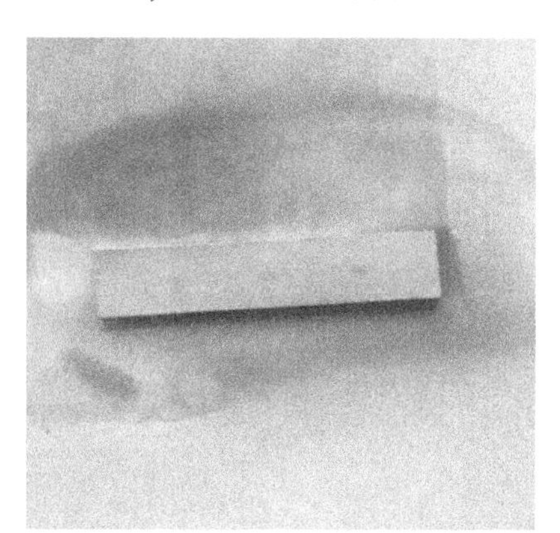

d)观察构件缺陷并记录

图 3-111 渗透检测应用实例

复习思考题

1. 直杆内窥镜在哪些场合使用,主要组成部分有哪些?
2. 焊接接头中常见的外观缺陷及其表现形式有哪些?
3. 如何进行焊缝厚度、焊脚的测量?
4. 如何进行焊缝余高测量? 验收的要求是什么?
5. 超声波的频率是由什么决定的?
6. 什么是 A 扫描、B 扫描和 C 扫描? 三种显示方式中各能够得到哪些信息?
7. 斜探头的入射点、前沿长度和 K 值应如何测定?
8. 横波检测焊缝时,应如何选择探头的折射角?
9. 纵向缺陷和横向缺陷的检测各采用哪些方法?
10. 试说明利用 RB-2 试块制作出的距离-波幅曲线有哪些用途。

11. 磁粉检测的原理是什么？
12. 标准缺陷试片的主要用途有哪些？
13. 怎样正确使用标准缺陷灵敏度试片？
14. 影响磁粉检测灵敏度的主要因素有哪些？
15. 简述射线检测的基本原理。

第4章

钢结构变形检测

钢结构变形是指由于时间、外力荷载等因素的作用下,钢结构向非正常的形状、方向发展。变形是建筑结构中一种常见的现象,钢结构在制作、安装、使用阶段均可能产生变形。钢结构具有截面小、强度高等优点,一般来说构件的强度不是控制的主要因素,构件和总体结构的稳定性才是重要的控制因素。在实际施工过程中,变形会使得构件拼接不紧,给组装和连接带来困难,影响力的传递,降低构件刚度和稳定性,并会产生附加应力,降低构件承载能力,严重的会导致钢结构破坏。

本章主要介绍钢结构变形产生的原因、变形检测方法和相关的标准要求。

4.1 概　　述

4.1.1 钢结构变形产生的原因

钢结构变形为建筑行业的常见现象。究其原因,有以下几种。

(1)原材料的变形

钢材因受到外力作用而变形。

(2)冷加工产生变形

某些钢零件的形成需要一个冷加工的过程,在此过程中,钢板由于剪切而产生变形。

(3)制作、组装带来的变形

制作操作不当,组装场地不平,工艺不精准,方法不正确等均会引起钢结构的变形。

(4)火焰切割、焊接产生变形

火焰切割、焊接产生变形主要是由于不均匀受热所致。

(5)运输、堆放、安装过程中产生变形

吊点位置不当,堆放场地不平,堆放方法错误,安装就位后临时支撑不足,尤其是强迫安装,均会使结构构件明显变形。

(6)使用过程中产生变形

钢结构在长期高温负荷下,或承受交变荷载,或局部受到强烈冲击时,均会产生变形。

4.1.2 钢结构变形检测的仪器

用于钢结构变形检测的仪器有钢卷尺、水准仪、经纬仪和全站仪等。为达到符合精度要求的测量成果,全站仪、经纬仪、水平仪、钢卷尺等必须经计量部门检定。除按规定周期进行检定外,在周期内的全站仪、经纬仪、铅直仪等主要有关仪器,还应每2~3月定期检校。

全站仪:近年来,全站仪在高层钢结构中的应用越来越多,主要是因为全站仪测量可以保证质量要求,并且操作方便。在多层与高层钢结构工程中,宜采用精度为2S级、3+3PPM级全站仪,如瑞士WILD、日本TOPCON、SOKKIA等厂生产的高精度全站仪。当用全站仪检测,现场光线不佳、起灰尘、有震动时,应用其他仪器对全站仪的测量结果进行对比判断。

经纬仪:采用精度为2S级的光学经纬仪,如是超高层钢结构,宜采用电子经纬仪,其精度宜在1/200000之内。

水准仪:按国家三、四等水准测量及工程水准测量的精度要求,其精度为±3mm/km。

钢卷尺:钢结构制作、钢结构安装使用的钢卷尺,应统一购买通过标准计量部门校准的钢卷尺。使用钢卷尺时,应注意检定时的尺长改正数,如温度、拉力等,进行尺长改正。

4.1.3 钢结构变形检测的内容及基本原则

钢结构变形检测内容主要包括:钢梁、桁架、吊车梁以及钢屋(托)架、檩条、天窗架等平面内垂直变形(挠度)和平面外侧向变形,钢柱柱身倾斜与挠曲,板件凹凸局部变形,整个结构的整体垂直度(建筑物倾斜)和整体平面弯曲以及基础不均匀沉降等。

钢结构变形检测的基本原则是利用设置基准直线,量测结构或构件的变形。在对钢结构或构件变形检测前,宜先清除饰面层(如涂层、浮锈)。如构件各测试点饰面层厚度基本一致,且不明显影响评定结果,可不清除饰面层。

4.2 变形检测的方法

钢结构构件的挠度可用拉线、激光测距仪、水准仪和钢尺等进行检测。钢构件或结构的倾斜可采用经纬仪、激光定位仪、三轴定位仪、全站仪或吊锤进行检测,宜区分倾斜中的施工偏差造成的倾斜、变形造成的倾斜、灾害造成的倾斜等。

(1)尺寸不大于6m的构件变形,可用拉线、吊线锤的方法进行检测。

测量构件弯曲变形时,从构件两端拉紧一根细钢丝或细线,然后测量跨中构件与拉线之间的距离,该数值即是构件的变形。测量构件的垂直度时,从构件上端吊一线锤直至构件下端,当线锤处于静止状态后,测量吊锤中心与构件下端的距离,该数值即是构件的水平位移。

(2)尺寸大于6m的钢构件垂直度、侧向弯曲矢高、钢结构整体垂直度及整体平面弯曲,宜采用全站仪或经纬仪检测。

可用测点间的相对位置差来计算垂直度或弯曲度,也可通过仪器引出基准线,放置量尺直接读取相应数值。当测量结构或构件垂直度时,仪器应架在与倾斜方向成正交的方向线上距被测目标1~2倍目标高度的位置。

钢构件挠度观测点应沿构件的轴线或边线布设,每一构件不得少于3点。将全站仪或水准仪测得的两端和跨中的读数相比较,即可求得构件的跨中挠度。

对钢构件、钢结构安装主体垂直度检测,应测定钢构件、钢结构安装主体顶部相对于底部的水平位移与高差,分别计算垂直度及倾斜方向。

对既有建筑的整体垂直度检测,当发现测点超过规范要求时,应进一步核实其是否由外饰面不平或结构施工时超标引起的,避免因外饰面不一致,而引起对结果的误判。

4.2.1 水准仪检测构件跨中挠度的方法

(1)将标杆分别垂直立于构件两端和跨中,通过水准仪测出同一水准高度时标杆上的读数。

(2)将水准仪测得的两端和跨中水准仪的读数相比较,即可求得构件的挠度值,即:

$$f = f_0 - \frac{f_1 + f_2}{2} \tag{4-1}$$

式中:f_0、f_1、f_2——构件跨中和两端水准仪的读数。

用水准仪测量标杆时,至少测读3次,并以3次读数的平均值作为构件跨中变形。

4.2.2 经纬仪检测构件倾斜度的方法

检测钢柱和整幢建筑物倾斜度一般采用经纬仪测定,其主要步骤如下:

1)经纬仪位置的确定

测量钢柱及整幢建筑物的倾斜时,经纬仪位置如图4-1所示。其中要求经纬仪至钢柱及建筑物的距离大于钢柱及建筑物的宽度。

2)数据测读

如图4-1所示,瞄准钢柱及建筑物顶部M点,向下投影得N点,然后量出NN'间的水平距离a。以M点为基准,采用经纬仪测出垂直角角度。

M为建筑物顶部基准点(一般为墙角的最高处),M'为未倾斜前建筑物顶部基准点,N为墙角与经纬仪

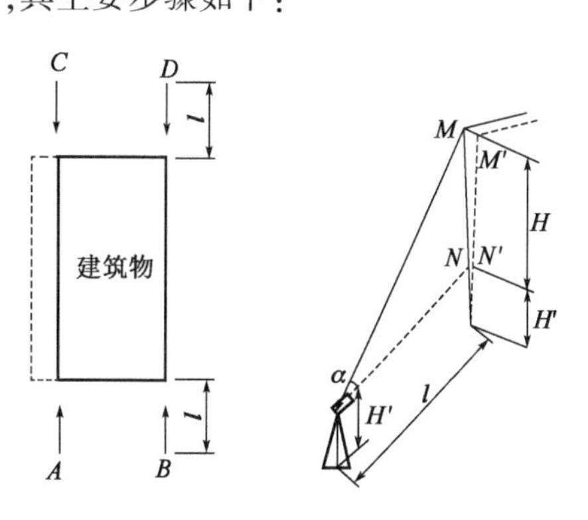

图4-1 经纬仪检测构件倾斜度

同高度的测点，N' 为与经纬仪同高度并与 M 点向下垂直的交点，H' 为经纬仪的高度，H 为建筑物顶部基准点至 N' 点的高度，α 为用经纬仪测量的 M 点垂直角，l 为经纬仪至建筑物底部的距离。

3)测量结果计算整理

根据垂直角 α，计算测点高度 H，按式(4-2)计算，即：

$$H = l\tan\alpha \tag{4-2}$$

则钢柱或建筑物的倾斜度 i 为：

$$i = \frac{a}{H'} \tag{4-3}$$

钢柱或整幢建筑物的倾斜量 Δ 为：

$$\Delta = i(H + H') \tag{4-4}$$

根据以上测算结果，综合分析四角的倾斜度及倾斜量，即可描述钢柱或建筑物的倾斜情况。

4.2.3 全站仪检测墩柱垂直度的方法

1)形心法

(1)检测仪器

检测仪器采用免棱镜全站仪。

(2)测量步骤

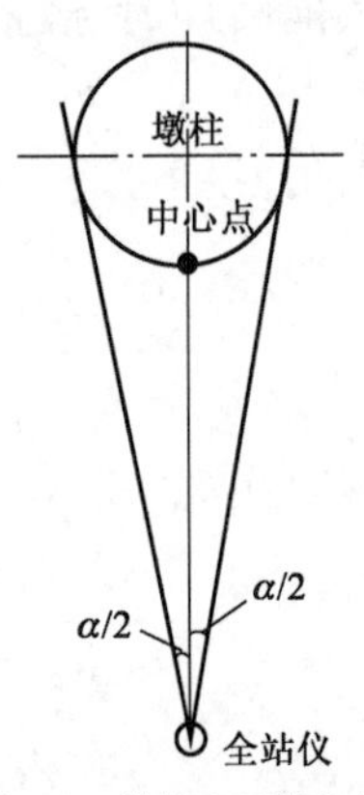

图4-2 墩柱上下部位的中心点的确定示意图

①根据路线前进方向确定结构物的纵横方向，以前进方向为纵向，垂直纵向方向为横向。

②在待测结构物正面架设全站仪。

③用全站仪对墩柱外表面进行角度测量，计算墩柱上下部位的中心点(图4-2)，具体操作为：

a. 瞄准墩柱上部表面一侧边缘并进行水平、竖直制动，记录此时水平角HL_1；

b. 保持仪器竖直制动，松开水平制动转动仪器至墩柱另一侧边缘，然后水平制动，记录此时水平角HL_2；

c. 计算中心点水平角，即 $\alpha/2 = |HL_1 - HL_2|/2$；

d. 继续保持仪器竖直制动，松开水平制动转动 $\alpha/2$ 水平角后制动，测量上部表面中心点坐标(X_1 , Y_1 , Z_1)，同理测量下部表面中心点坐标(X_2 , Y_2 , Z_2)。

(3)计算方法

①按下式计算结构物在测试高度范围内的斜度(倾斜量)：

$$\Delta D = \sqrt{(X_1 - X_2)^2 + (Y_1 - Y_2)^2} \tag{4-5}$$

式中：ΔD ——结构物在测试高度范围内的斜度(倾斜量)(mm)，结果正负号按以下③* 条规定计取。

②按下式计算结构物在测试高度范围内的竖直度(垂直度)：

$$B = \frac{\Delta D}{Z_1 - Z_2} \times 100\% \tag{4-6}$$

式中：B——结构物在测试高度范围内的竖直度（垂直度）(%)，准确至0.01，结果正负号按以下③*条规定计取。

③*横向竖直度向左幅倾和纵向竖直度向路线前进方向倾，用“+”表示；反之，用“-”表示。

2)平距法

(1)试验仪器

试验仪器采用免棱镜全站仪。

(2)测量步骤

①根据路线前进方向确定结构物的纵横方向，以前进方向为纵向，垂直纵向方向为横向；

②在待测结构物正面架设全站仪；

③利用免棱镜全站仪的测距功能，瞄准上部表面进行水平、竖直制动测量。结构物测试范围内的上部表面到仪器的水平距离HD_1以及仪器水平面到上部表面的高差VD_1，保持水平制动松开，竖直制动移动至下部表面后制动，测量水平距离HD_2以及仪器水平面到上部表面的高差VD_2，精确至mm。

(3)计算方法

①按下式计算结构物在测试高度范围内的斜度（倾斜量）：

$$\Delta D = HD_1 - HD_2 \tag{4-7}$$

式中：ΔD——结构物在测试高度范围内的斜度（倾斜量）(mm)，结果正负号按③*条规定计取；

HD_1——测试高度范围内结构物上部表面到基准的水平距离(mm)；

HD_2——测试高度范围内结构物下部表面到基准的水平距离(mm)。

②按下式计算结构物在测试高度范围内的竖直度（垂直度）：

$$B = \frac{\Delta D}{VD_1 - VD_2} \times 100\% \tag{4-8}$$

式中：B——结构物在测试高度范围内的竖直度（垂直度）(%)，准确至0.01，结果正负号按③**条规定计取；

$VD_1 - VD_2$——测试范围内结构物的高度(mm)。

③**横向竖直度向左幅倾和纵向竖直度向路线前进方向倾，用“+”表示；反之，用“-”表示。

4.2.4 水准仪检测结构沉降的方法

建筑物沉降观测采用水准仪测定，其主要步骤如下：

1)水准点位置

水准基点既可设置在基岩上，也可设置在压缩性低的土层上，但须在地基变形的影响范围内。

2)观测点的位置

建筑物上的沉降观测点应选择在能反映地基变形特征及结构特点的位置，测点数不宜少于6点。测点标志可用铆钉或圆钢锚固于墙、柱或墩台上，标志点的立尺部位应加工成半球或有明显的突出点。

3)数据测读及整理

沉降观测的周期和观测时间,应根据具体情况来定。建筑物施工阶段的观测应随施工进度及时进行,一般建筑可在基础完工后或地下室墙体砌完后开始观测。观测次数和时间间隔应视地基与加荷情况而定,民用建筑可每加高1~5层观测一次,工业建筑可按不同施工阶段(如回填基坑、安装柱子和屋架、砌筑墙体、设备安装等)分别进行观测,如建筑物均匀增高,应至少在增加荷载的25%、50%、75%和100%时各测一次。施工过程中如暂时停工,在停工时和重新开工时应各观测一次,停工期间,可每隔2~3月观测一次。

测读数据就是用水准仪和水准尺测读出各观测点的高程。水准仪与水准尺的距离宜为20~30m。水准仪与前、后视水准尺的距离要相等。观测应在成像清晰、稳定时进行,读完各观测点后,要回测后视点,同一后视点的两次读数差要求小于±1mm,记录观测结果,计算各测点的沉降量、沉降速度及不同测点之间的沉降差。

沉降是否稳定由沉降与时间关系曲线判断,一般当沉降速度小于0.1mm/月时,认为沉降已稳定。

4)应注意的问题

一是,在施工期间沉降观测次数安排不合理,会导致观测成果不能准确反映沉降曲线的细部变化,因此,施工期间较大荷重增加前后,如基础浇筑、回填土、安装柱子、结构每完成一层、设备安装、设备运转、工业炉砌筑期间、烟囱高度每增加15m左右等,均应进行观测;当基础附近地面荷重突然增加,周围大量积水及暴雨后,周围大量挖土方等,均应进行观测。

二是,由于现行规范对施工单位施工过程的沉降观测要求不明朗,使得施工单位在进行建筑物沉降观测精度选择时随意性较大,但是精度的高低直接关系沉降观测成败。对沉降观测精度选择要以既能适合工程特性的需要,又不造成无谓的浪费为原则。一般高层及重要的建(构)筑物在首次观测过程中,适用精密仪器的设备(高级水准仪、铝合金尺等),在±0.00以上部分按二等以上水准测量方法,采用放大率倍数较大的S2或S3水准仪进行观测,也可以测出较理想的结果。

三是,在沉降观测过程中,当沉降量与时间关系曲线不是单边下行光滑曲线,而是起伏状时,就要分析原因,进行修正。如果第二次观测出现回升,而以后各次观测又逐渐下降,可能是首次观测精度过低,若回升超过5mm时,第一次观测作废,若回升在5mm内,应将第二次与第一次的高程调整一致;如果曲线在某点突然回升,可能是观测点被碰动所致,因此,取相邻另一观测点的相同期间沉降量作为被碰观测点的沉降量;如果曲线自某点起渐渐回升,一般是基点下沉所致,因此,必须通过与高级水准点符合测量,确定基点的下沉量。

4.3 钢零件及钢部件加工工程

本节主要介绍钢结构制作及安装中,钢零件及钢部件加工变形的检测技术及要求。

4.3.1 矫正和成型

(1)冷矫正和冷弯曲的最小曲率半径和最大弯曲矢高应符合表4-1的规定。

冷矫正和冷弯曲的最小曲率半径和最大弯曲矢高(mm) 表4-1

钢材类别	图　　例	对　应　轴	矫　　正		弯　　曲	
			r	f	r	f
钢板、扁钢	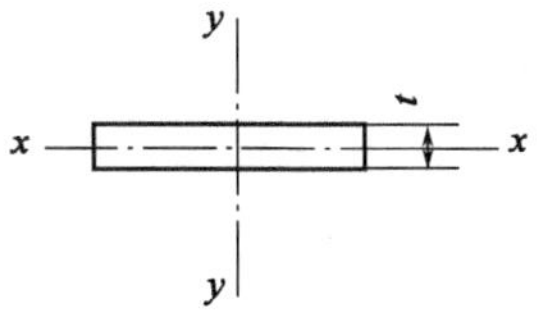	$x-x$	$50t$	$\frac{l^2}{400t}$	$25t$	$\frac{l^2}{200t}$
		$y-y$ (仅对扁钢轴线)	$100b$	$\frac{l^2}{800b}$	$50b$	$\frac{l^2}{400b}$
角钢	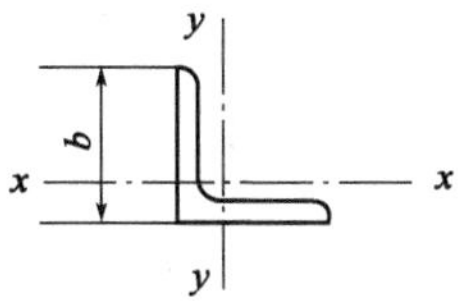	$x-x$	$90b$	$\frac{l^2}{720b}$	$45b$	$\frac{l^2}{360b}$
槽钢	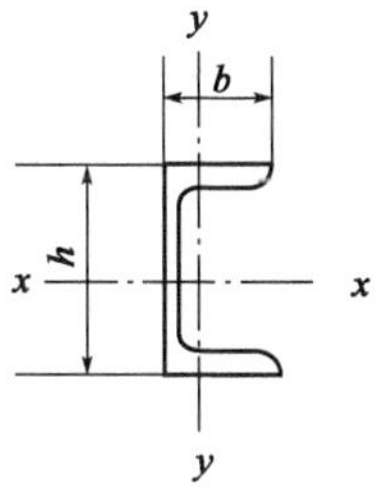	$x-x$	$50h$	$\frac{l^2}{400h}$	$25h$	$\frac{l^2}{200h}$
		$y-y$	$90b$	$\frac{l^2}{720b}$	$45b$	$\frac{l^2}{360b}$
工字钢	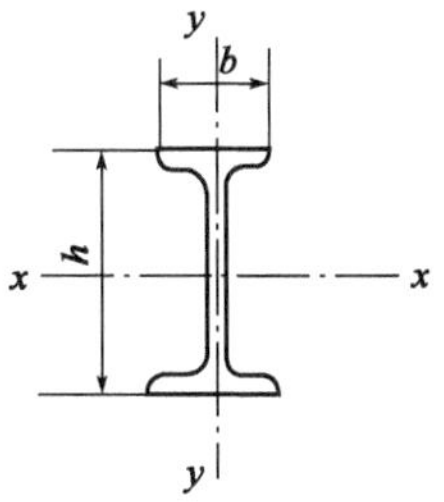	$x-x$	$50h$	$\frac{l^2}{400h}$	$25h$	$\frac{l^2}{200h}$
		$y-y$	$50b$	$\frac{l^2}{400b}$	$25b$	$\frac{l^2}{200b}$

注:r 为曲率半径;f 为弯曲矢高;l 为弯曲弦长;t 为钢板厚度。

检查数量:按冷矫正和冷弯曲件数抽查10%,且不少于3个。

检验方法:观察检查和实测检查。

(2)钢材矫正后的允许偏差,应符合表4-2的规定。

钢材矫正后的允许偏差(mm) 表4-2

项　　目		允 许 偏 差	图　　例
钢板的局部平面度	$t \leq 14$	1.5	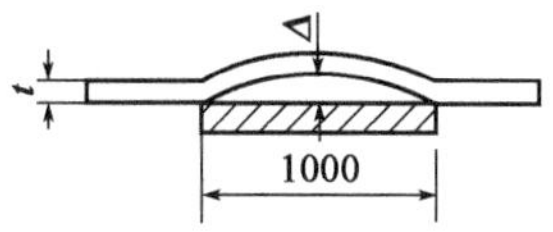
	$t > 14$	1.0	
型钢弯曲矢高		$l/1000$ 且不应大于5.0	

续上表

项　　目	允许偏差	图　　例
角钢肢的垂直度	$b/100$ 双肢栓接角钢的角度不得大于 90°	
槽钢翼缘对腹板的垂直度	$b/80$	
工字钢、H 形钢翼缘对腹板的垂直度	$b/100$ 且不大于 2.0	

检查数量：按矫正件数抽查 10%，且不应少于 3 件。

检验方法：观察检查和实测检查。

4.3.2　管、球加工

(1) 螺栓球加工的允许偏差应符合表 4-3 的规定。

检查数量：每种规格抽查 10%，且不应少于 5 个。

检验方法：见表 4-3。

螺栓球加工的允许偏差（mm）　　表 4-3

项　　目		允许偏差	检验方法
圆度	$d \leqslant 120$	1.5	用卡尺和游标卡尺检查
	$d > 120$	2.5	
同一轴线上两铣平面平行度	$d \leqslant 120$	0.2	用百分表 V 形块检查
	$d > 120$	0.3	
铣平面距离中心距离		±0.2	用游标卡尺检查
相邻两螺栓孔中心线夹角		±30′	用分度头检查
两铣平面与螺栓孔轴垂直度		$0.005r$	用百分表检查
球毛坯直径	$d \leqslant 120$	+2.0 −0.1	用卡尺和游标卡尺检查
	$d > 120$	+3.0 −1.5	

注：r 为螺栓球半径。

(2)焊接球加工的允许偏差应符合表4-4的规定。

检查数量:每种规格抽查10%,且不应少于5个。

检验方法:见表4-4。

焊接球加工的允许偏差(mm) 表4-4

项　　目	允许偏差	检验方法
直径	±0.005d ±2.5	用卡尺和游标卡尺检查
圆度	2.5	用卡尺和游标卡尺检查
壁厚减薄量	0.13t,且不应大于1.5	用卡尺和测厚仪检查
两半球对口错边	1.0	用套模和游标卡尺检查

(3)钢网架(桁架)用钢管杆件加工的允许偏差应符合表4-5的规定。

检查数量:每种规格抽查10%,且不应少于5根。

检验方法:见表4-5。

钢网架(桁架)用钢管杆件加工的允许偏差(mm) 表4-5

项　　目	允许偏差	检验方法
长度	±1.0	用钢尺和百分表检查
端面对管轴的垂直度	0.005r	用百分表V形块检查
管口曲线	1.0	用套模和游标卡尺检查

4.4 钢构件组装及预拼装工程

本节主要介绍了钢结构组装及预拼装工程变形的检测技术及要求。

4.4.1 钢构件组装工程

(1)焊接连接制作组装的允许偏差应符合表4-6的规定。

焊接连接制作组装的允许偏差(mm) 表4-6

项　　目	允许偏差	图　　例
对口错边Δ	t/10,且不应大于3.0	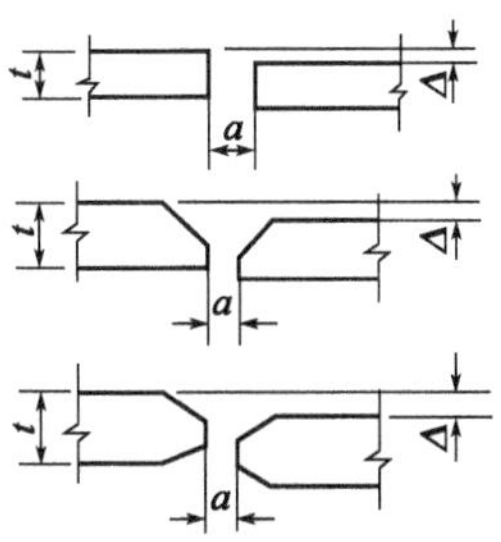
间隙a	±1.0	

续上表

项目		允许偏差	图例
搭接长度 a		±5.0	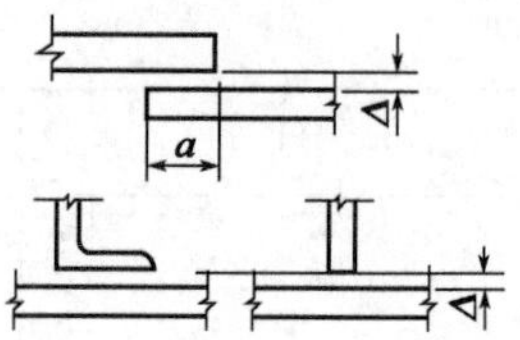
缝隙 Δ		1.5	
高度 h		±2.0	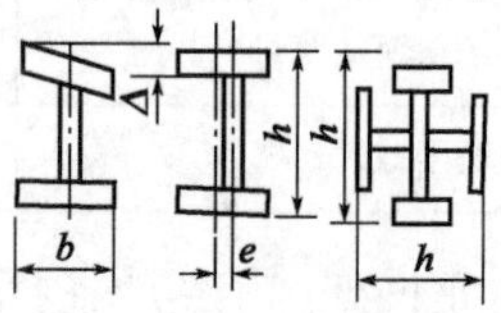
垂直度 Δ		b/100,且不应大于 3.0	
中心偏移 e		±2.0	
型钢错位	连接处	1.0	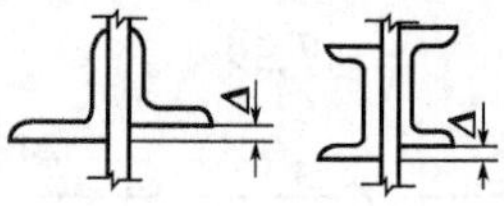
	其他处	2.0	
箱形截面高度 h		±2.0	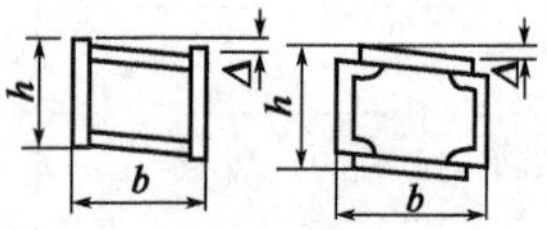
宽度 b		±2.0	
垂直度 Δ		b/200,且不应大于 3.0	

检查数量:按构件数抽查 10%,且不应少于 3 个。

检验方法:用钢尺检验。

(2)吊车梁和吊车桁架不应下挠。

检查数量:全数检查。

检验方法:构件直立,在两端支承后,用水准仪和钢尺检查。

(3)桁架结构杆件轴件交点错位的允许偏差不得大于 3.0mm。

检查数量:按构件数抽查 10%,且不应少于 3 个,每个抽查构件按节点数抽查 10%,且不少于 3 个节点。

检验方法:尺量检查。

(4)端部铣平的允许偏差应符合表 4-7 的规定。

端部铣平的允许偏差(mm) 表 4-7

项目	允许偏差	项目	允许偏差
两端铣平时构件长度	±2.0	铣平面的平面度	0.3
两端铣平时零件长度	±0.5	铣平面对轴线的垂直度	l/1500

注:l 为轴线长度。

检查数量:按铣平面数量抽查 10%,且不应少于 3 个。

检验方法:用钢尺、角尺、塞尺等检查。

4.4.2 钢构件预拼装工程

钢构件预拼装的允许偏差应符合表4-8的规定

钢构件预拼装的允许偏差(mm) 表4-8

<table>
<tr><th>构件类型</th><th colspan="2">项目</th><th>允许偏差</th><th>检验方法</th></tr>
<tr><td rowspan="5">多节柱</td><td colspan="2">预拼装单元总长</td><td>±5.0</td><td>用钢尺检查</td></tr>
<tr><td colspan="2">预拼装单元弯曲矢高</td><td>l/1500,且不应大于10.0</td><td>用拉线和钢尺检查</td></tr>
<tr><td colspan="2">接口错边</td><td>2.0</td><td>用焊缝量规检查</td></tr>
<tr><td colspan="2">预拼装单元柱身扭曲</td><td>h/200,且不应大于5.0</td><td>用拉线、吊线和钢尺检查</td></tr>
<tr><td colspan="2">顶紧面至任一牛脚距离</td><td>±2.0</td><td rowspan="2">用钢尺检查</td></tr>
<tr><td rowspan="5">梁、桁架</td><td colspan="2">跨度最外两端安装孔或
两端支承面最外侧距离</td><td>+5.0
−10.0</td></tr>
<tr><td colspan="2">接口截面错位</td><td>2.0</td><td>用焊缝量规检查</td></tr>
<tr><td rowspan="2">拱度</td><td>设计要求起拱</td><td>±l/5000</td><td rowspan="2">用拉线和钢尺检查</td></tr>
<tr><td>设计未要求起拱</td><td>l/2000
0</td></tr>
<tr><td colspan="2">节点处杆件轴线错位</td><td>4.0</td><td>划节后用钢尺检查</td></tr>
<tr><td rowspan="4">管构件</td><td colspan="2">预拼装单元总长</td><td>±5.0</td><td>用钢尺检查</td></tr>
<tr><td colspan="2">预拼装单弯曲矢高</td><td>l/1500,且不应大于10.0</td><td>用拉线和钢尺检查</td></tr>
<tr><td colspan="2">对口错边</td><td>t/10,且不应大于3.0</td><td rowspan="2">用焊缝量规检查</td></tr>
<tr><td colspan="2">坡口间隙</td><td>+2.0
−1.0</td></tr>
<tr><td rowspan="4">构件平面
总体预拼装</td><td colspan="2">各楼层柱距</td><td>±4.0</td><td rowspan="4">用钢尺检查</td></tr>
<tr><td colspan="2">相邻楼层梁与梁之间距离</td><td>±3.0</td></tr>
<tr><td colspan="2">各层间框架两对角线之差</td><td>H/2000,且不应大于5.0</td></tr>
<tr><td colspan="2">任意两对角线之差</td><td>$\sum H$/2000,且不应大于8.0</td></tr>
</table>

注:l 为构件长度;h 为柱的高度;t 为构件厚度;H 为对角线长度。

4.5 单层、多层及高层钢结构安装工程

4.5.1 单层钢结构工程

(1)安装偏差的检测,应在结构形成空间刚度单元并连接固定后进行。

(2)运输、堆放和吊装等造成钢构件变形,应进行矫正和修补。

检查数量:按构件数抽查10%,且不应少于3个。

检验方法:用拉线、钢尺现场实测或观察。

(3)钢屋(托)架、桁架、梁及受压杆件的垂直度和侧向弯曲矢高的允许偏差应符合表 4-9 的规定。

钢屋(托)架、桁架、梁及受压杆件的垂直度和侧向弯曲矢高的允许偏差(mm) 表 4-9

项目	允许偏差		图例
跨中的垂直度	$h/250$,且不应大于 15.0		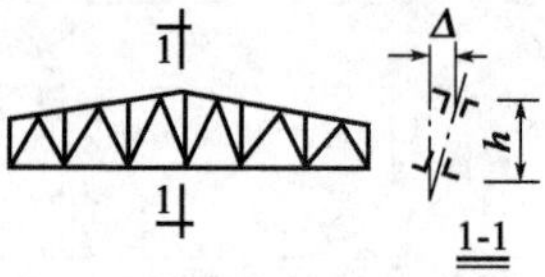
侧向弯曲矢高 f	$l \leq 30$m	$l/1000$,且不应大于 10.0	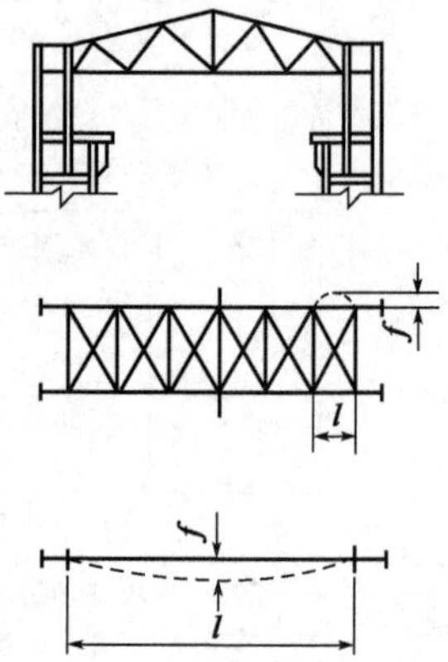
	30m $< l \leq$ 60m	$l/1000$,且不应大于 30.0	
	$l >$ 60m	$l/1000$,且不应大于 50.0	

检查数量:按同类构件数抽查 10%,且不少于 3 个。

检验方法:用吊线、拉线、经纬仪和钢尺现场实测。

(4)单层钢结构主体结构的整体垂直度和整体平面弯曲的允许偏差符合表 4-10 的规定。

单层钢结构主体结构的整体垂直度和整体平面弯曲的允许偏差(mm) 表 4-10

项目	允许偏差	图例
主体结构的整体垂直度	$H/1000$,且不应大于 25.0	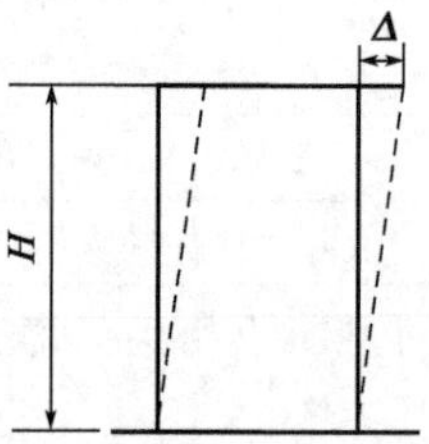
主体结构的整体平面弯曲	$l/1500$,且不应大于 25.0	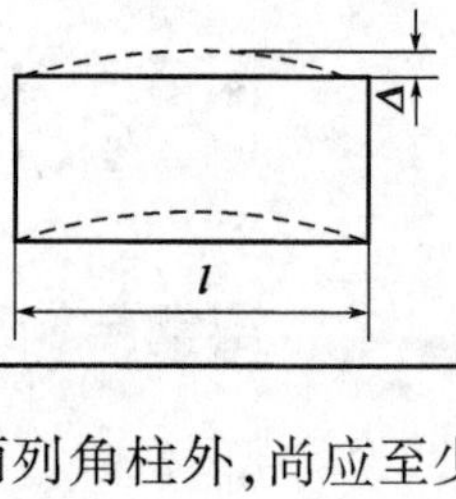

检查数量:对主要立面全部检查。对每个所检查的立面,除两列角柱外,尚应至少选取一列中间柱。

检验方法:采用经纬仪、全站仪等测量。

(5)单层钢结构中钢柱安装的允许偏差应符合表4-11的规定。

检查数量:按钢柱数抽查10%,且不应少于3件。

检验方法:见表4-11。

单层钢结构中钢柱安装的允许偏差(mm)　　表4-11

项目			允许偏差	图例	检验方法
柱脚底座中心线对定位轴线的偏移			5.0		用吊线和钢尺检查
柱基准点高程	有吊车梁的柱		+3.0 -5.0		用水准仪检查
	无吊车梁的柱		+5.0 -8.0		
弯曲矢高			$H/1200$,且不应大于15.0		用经纬仪或拉线和钢尺检查
柱轴线垂直度	单层柱	$H \leq 10m$	$H/1000$		用经纬仪或吊线和钢尺检查
		$H > 10m$	$H/1000$,且不应大于25.0		
	多节柱	单节柱	$H/1000$,且不应大于10.0		
		柱全高	35.0		

(6)钢吊车梁或直接承受动力荷载的类似构件,其安装的允许偏差应符合表4-12的规定。

检查数量:按钢吊车梁抽查10%,且不应少于3榀。

检验方法:见表4-12。

钢吊车梁安装的允许偏差(mm)　　表4-12

项目		允许偏差	图例	检验方法
梁的跨中垂直度Δ		$h/500$	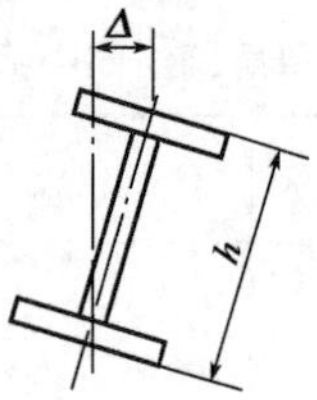	用吊线和钢尺检查
侧向弯曲矢高		$l/1500$，且不应大于10.0		用拉线和钢尺检查
垂直上拱矢高		10.0		
两端支座中心位移Δ	安装在钢柱上时,对牛脚中心的偏移	5.0	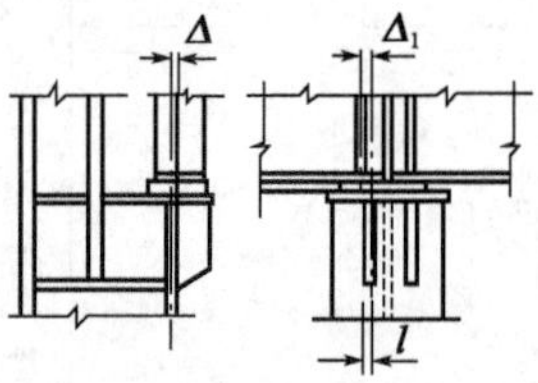	
	安装在混凝土柱上时,对定位的轴线的偏移	5.0		
吊车梁支座加劲板中心与柱子承压加劲板中心的偏移Δ_1		$t/2$		用吊线和钢尺检查
同跨间内同一横截面吊车梁顶面高差Δ	支座处	10.0	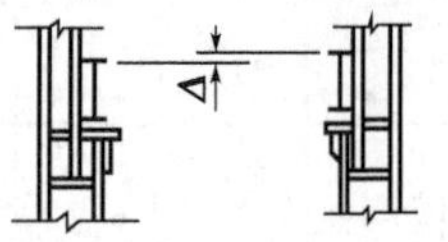	用经纬仪、水准仪和钢尺检查
	其他处	15.0		
同跨间内同一横截面下挂式吊车梁顶面高差Δ		10.0	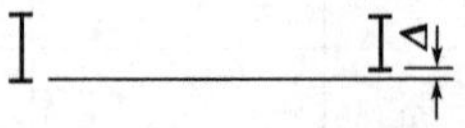	
同列相邻两柱间吊车梁顶面高差Δ		$l/1500$，且不应大于10.0	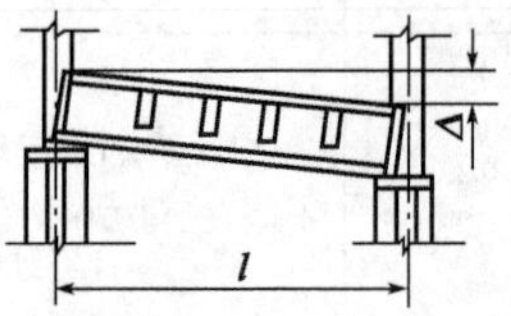	用水准仪和钢尺检查
相邻两吊车梁接头部位Δ	中心错位	3.0	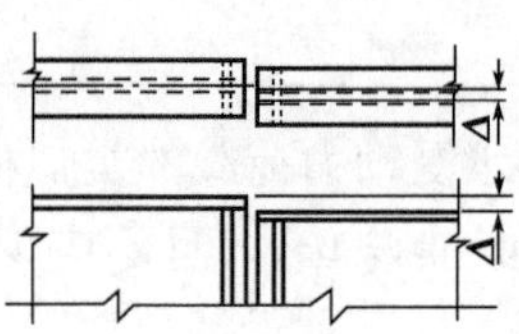	用钢尺检查
	上承式顶面高差	1.0		
	下承式底面高差	1.0		

续上表

项目	允许偏差	图例	检验方法
同跨间任一截面的吊车梁中心跨距 Δ	±10.0	l	用经纬仪和光电测距仪检查;跨度小时,可用钢尺检查
轨道中心对吊车梁腹板轴线的偏移 Δ	$t/2$	Δ	用吊线和钢尺检查

(7)墙架、檩条等次要构件安装的允许偏差应符合表4-13的规定。

检查数量:按同类构件数抽查10%,且不应少于3件。

检验方法:见表4-13。

墙架、檩条等次要构件安装的允许偏差(mm)　　表4-13

项目		允许偏差	检验方法
墙架立柱	中心线对定位轴线的偏移	10.0	用钢尺方法
	垂直度	$H/1000$,且不应大于10.0	用经纬仪或吊线和钢尺检查
	弯曲矢高	$H/1000$,且不应大于15.0	用经纬仪或吊线和钢尺检查
抗风桁架的垂直度		$h/250$,且不应大于15.0	用吊线和钢尺检查
檩条、墙梁的间距		±5.0	用钢尺检查
檩条的弯曲矢高		$L/750$,且不应大于12.0	用拉线和钢尺检查
墙梁弯曲矢高		$L/750$,且不应大于10.0	用拉线和钢尺检查

注:H为墙架立柱的高度;h为抗风桁架的高度;L为檩条或墙梁的长度。

(8)钢柱等主要构件的中心线及高程基准点等标记应齐全。

检查数量:按同类构件数抽查10%,且不应少于3件。

检验方法:观察检查。

(9)当钢桁架(或梁)安装在混凝土柱上时,其支座中心对定位轴线的偏差不应大于10mm;当采用大型混凝土屋面板时,钢桁架(或梁)间距的偏差不应该大于10mm。

检查数量:按同类构件数抽查10%,且不应少于3榀。

检验方法:用拉线和钢尺现场实测。

4.5.2 多层及高层钢结构工程

(1)运输、堆放和吊装等造成的钢构件变形,应进行矫正和修补。

检查数量:按构件数检查10%,且不应少于3个。

检验方法:用拉线、钢尺现场实测或观察。

(2)柱子安装的允许偏差应符合表4-14的规定。

柱子安装的允许偏差(mm) 表4-14

项 目	允许偏差	图 例
底层柱柱底轴线对定位轴线偏移	3.0	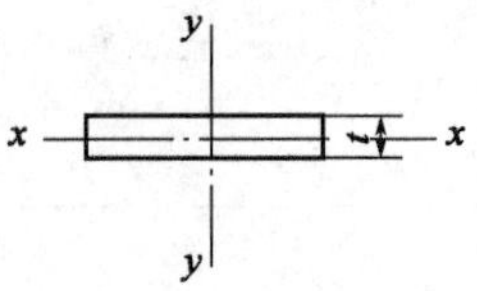
柱子定位轴线	1.0	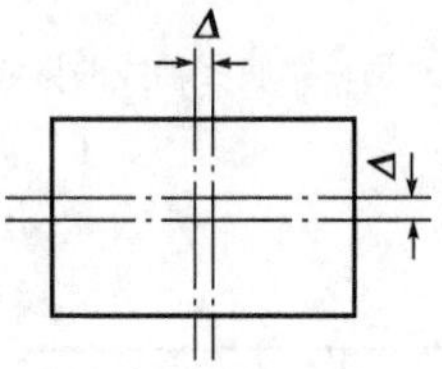
单节柱的垂直度	$h/1000$,且应大于10.0	

检查数量:标准柱全部检查;非标准柱抽查10%,且不应少于3根。

检验方法:用全站仪或激光经纬仪和钢尺实测。

(3)钢主梁、次梁及受压杆件的垂直度和侧向弯曲矢高的允许偏差应符合表4-9中有关钢屋(托)架允许偏差的规定。

检查数量:按同类构件数抽查10%,且不应少于3个。

检验方法:用吊线、拉线、经纬仪和钢尺现场实测。

(4)当钢构件安装在混凝土柱上时,其支座中心对定位轴线的偏差不应大于10mm;当采用大型混凝土屋面板时,钢梁(或桁架)间距的偏差不应大于10mm。

检查数量:按同类构件数抽查10%,且不应少于3榀。

检验方法:用拉线和钢尺现场实测。

(5)多层及高层钢结构主体结构的整体垂直度和整体平面弯曲矢高的允许偏差符合表4-15的规定。

检查数量:对主要立面全部检查。对每个所检查的立面,除两列角柱外,尚应至少选取一列中间柱。

检验方法:对于整体垂直度,可采用激光经纬仪、全站仪测量,也可根据各节柱的垂直度允许偏差累计(代数和)计算;对于整体平面弯曲,可按产生的允许偏差累计(代数和)计算。

多层及高层钢结构主体结构的整体垂直度和整体平面弯曲矢高的允许偏差(mm)　表4-15

项　目	允许偏差	图　例
主体结构的整体垂直度	H/2500 + 10.0,且不应大于25.0	Δ H
主体结构的整体平面弯曲	l/1500,且不应大于25.0	Δ l

(6)多层及高层钢结构中钢吊车梁或直接承受动力荷载的类似构件,其安装的允许偏差应符合表4-12的规定。

检查数量:按钢吊车梁数抽查10%,且不应少于3榀。

检验方法:见表4-12。

(7)多层及高层钢结构中檩条、墙架等次要构件安装的允许偏差应符合表4-13的规定。

(8)主体结构总高度的允许偏差应符合表4-16的规定。

主体结构总高度的允许偏差(mm)　表4-16

项　目	允许偏差
用相对高程度控制安装	$\pm\Sigma(\Delta_h+\Delta_z+\Delta_w)$
用设计高程控制安装	H/1000,且不应大于30.0 $-H$/1000,且不应小于−30.0

注:Δ_h为每节柱子长度的制造允许偏差;Δ_z为每节柱子长度受荷载后的压缩值;Δ_w为每节柱子接头焊缝的收缩值。

检查数量:按标准柱列数抽查10%,且不应少于4列。

检验方法:采用全站仪、水准仪和钢尺实测。

(9)钢构件安装的允许偏差应符合表4-17的规定。

检查数量:按同类构件或节点数抽查10%。其中,柱和梁各不应少于3件,主梁与次梁连接节点不应少于3个,支承压型金属板的钢梁长度不应少于5mm。

检验方法:见表4-17。

钢构件安装的允许偏差(mm)　表4-17

项　目	允许偏差	图　例	检验方法
上、下柱连接处的错口Δ	3.0	Δ Δ	用钢尺检查

续上表

项　目	允许偏差	图　例	检验方法
同一层柱的各柱顶高度差Δ	5.0		用水准仪检查
同一根梁两端顶面的高差Δ	l/1000，且不应大于10.0		用水准仪检查
主梁与次梁表面的高差Δ	±2.0		用直尺和钢尺检查
压型金属板在钢梁上相邻列的错位Δ	15.00		用直尺和钢尺检查

4.6　钢网架结构安装工程

4.6.1　网架尺寸与偏差、杆件的平直度检测

焊接球、螺栓球、高强度螺栓和杆件偏差的检测方法和偏差允许值应按《钢结构工程施工质量验收规范》(GB 50205—2001)中规定执行。网架结构安装允许偏差及检验方法应符合表4-18中的规定。

网架结构安装允许偏差及检验方法 表4-18

项次	项目			允许偏差(mm)	检验方法
1	拼装单元节点中心偏移			2.0	用钢尺及辅助量具检查
2	锥体型小拼单元	弦杆长		±2.0	
3		上弦对角线长		±3.0	
4		锥体高		±2.0	
5	平面桁架型小拼单元	跨长	≤24m	+3.0，−7.0	
			>24m	+5.0，−10.0	
6		跨中高度		±3.0	
7		跨中拱度	设计要求起拱	±L/5000	
			不要求起拱	+10	
8	分条分块网架单元长度	≤20m		±10.0	用钢尺及辅助量具检查
		>20m		±20.0	
9	多跨连续点支撑分条分块网架单元长度	≤20m		±5.0	
		>20m		±10.0	
10	网架结构整体交工验收时	纵、横向长度L		L/2000，且不应大于30	经纬仪
11		支座中心偏移		L/3000，且不应大于30	
12		周边		L/400，且不应大于15	水准仪
13		支座最大高差		30.0	
14		多点支承网架相邻支座高差		L_1/800，且不应大于30.0	

注：L为纵向、横向长度；L_1为相邻支座间距。

检查数量：1～7项抽小单元数的5%，且不少于5件；8～9项为中拼单元，全数检查；10～14项对网架结构工程全部检查；杆件弯曲矢高按杆件数抽查5%。抽查部位应根据外观检查情况由设计单位和施工单位共同商定。

4.6.2 钢网架挠度检测

1）检测依据

(1)《钢结构工程施工质量验收规范》(GB 50205—2001)；

(2)《建筑结构检测技术标准》(GB/T 50344—2004)；

(3)《空间网格结构技术规程》(JGJ 7—2010)。

2）检查数量

网架结构总拼装完成后及屋面施工完成后应分别测量其挠度值，所测的挠度值不得超过相应设计值的15%。

挠度观测点：小跨度网架在下弦中央一点；大中跨度在下弦中央一点及各向下弦跨度1/4

点处各设两点。如对跨度24m及以下钢网架结构测量下弦中央一点,对跨度24m以上钢网架结构测量下弦中央一点及各向下弦跨度的四等分点。

3)检测方法

采用钢尺和激光测距仪或水准仪检测,每半跨范围内测点数不宜少于3个,且跨中应有1个测点,端部测点距端支座不应大于1m,且所测的挠度值不应超过相应设计值的1.15倍。

4)需要注意的问题

(1)测定位置

①要有足够的稳定性;

②要满足一定的观测精度;

③允许值为设计值的1.15倍,而不是网架的允许挠度。

根据《空间网格结构技术规程》(JGJ 7—2010)中第3.5.1条,网架结构的容许挠度值,用作屋盖时为$L/250$,用作楼层时为$L/300$,L为网架的短向跨度。该值作为网架变形控制限值,1.15倍的设计值不应超过该值。

(2)检测结果的整理

①以点为基准计算挠度。

以支座中心高程平均值作为基准值,以网架轴线上各点高程与其差值为其挠度值,计算式如下:

$$f_{\mathrm{N}} = S_0 - S_{\mathrm{N}} \tag{4-9}$$

$$S_0 = \frac{S_{\mathrm{Z1}} + S_{\mathrm{Z2}} + \cdots + S_{\mathrm{Z}n}}{n} \tag{4-10}$$

式中:f_{N}——网架某点挠度;

S_0——网架支座中心高程平均值;

S_{N}——网架上某点高程;

$S_{\mathrm{Z}n}$——网架某支座中心高程。

②以线为基准计算挠度。

按《建筑变形量测规程》(JGJ 8—2016)中挠度计算公式原理,根据网架两支座端点高差相同,构件成一条倾斜的直线,即为基准线,网架上测点高程与该直线点高程的差值为网架轴线上点的挠度值,计算公式如下:

$$f_{\mathrm{E}} = \Delta S_{\mathrm{AE}} - L_{\mathrm{a}} \cdot \frac{\Delta S_{\mathrm{AB}}}{L_{\mathrm{a}} + L_{\mathrm{b}}} \tag{4-11}$$

$$\Delta S_{\mathrm{AE}} = S_{\mathrm{E}} - S_{\mathrm{A}} \tag{4-12}$$

$$\Delta S_{\mathrm{AB}} = S_{\mathrm{B}} - S_{\mathrm{A}} \tag{4-13}$$

式中:S_{A}、S_{B}、S_{E}——网架支座A、B的高程及网架上某点E的高程;

f_{E}——网架上某点的挠度;

L_{a}——AE的距离;

L_{b}——EB的距离。

③以面为基准计算挠度。

采用空间坐标系有限元法,需结合支座高差情况来确定网架支座基准面。确定基准面的基本原则是支座基准面在不受任何力,只受支座高差影响后质点相互关联移动后形成的。在支座基准面确定后,网架各点的高程与基准面相对应高程之差为该点挠度值。

复习思考题

1. 请简述可能会导致钢结构产生变形的原因。

2. 如何使用经纬仪检测构件的倾斜度?

3. 一个钢结构高层建筑,整体高度为486.794m,经检测,其垂直度偏差为35mm。请问该建筑物的垂直度是否符合标准《钢结构工程施工质量验收规范》(GB 50205—2001)相关条款的规定?

第5章

钢结构涂装检测

5.1 概　　述

近年来,建筑钢结构正朝着高层和超高层、大跨度空间结构、大跨度钢结构桥梁等方向发展,在建筑工程中使用越来越广泛。与传统的混凝土相比,钢材具有强度大、韧性高、延展性好等特点,这使钢结构建筑在结构性能、经济性能、环保性能等领域的具有显著优势。特别是环保方面的优势与我国倡导建筑节能环保的理念不谋而合。

但是,普通钢材的抗腐蚀性和防火性较差,尤其是地处湿度较大、有侵蚀性介质的环境中,普通钢材会较快地生锈腐蚀,削弱了构件的承载力。因此,钢结构涂装质量的检测工作尤为重要。

5.2 防腐涂层检测

防腐涂层是由各类高性能抗腐蚀材料与改性增韧耐热树脂进行共聚反应,形成互穿网络结构,产生协同效应,有效提高聚合物的抗腐蚀性能的功能涂层。

按使用基材不同,防腐涂层可分为环氧防腐涂层、鳞片防腐涂层、环氧聚酯混合型、户外纯聚酯等;按使用温度不同,防腐涂层分为低温防腐涂层、常温防腐涂层、高温防腐涂层等。

5.2.1 防腐涂层检测要求

1)一般要求

(1)钢结构涂装工程可按钢结构制作或钢结构安装工程检验批的划分原则划分成一个或若干个检验批。

(2)普通钢结构涂料涂装工程应在钢结构构件组装预拼装或钢结构安装工程检验批的施工质量验收合格后进行。

(3)涂装时的环境温度和相对应湿度应符合涂料产品说明书的要求;当产品说明书无要求时,环境温度宜为5~38℃,相对湿度不应大于85%。涂装构件表面不应有结露;涂装后4h内应免受雨淋。

2)取样要求、检测方法、性能评定

(1)涂装前钢材表面除锈应符合设计要求和有关标准的规定。处理后的钢材表面不应有焊渣、焊疤、灰尘、油污、水和毛刺等。当设计无要求时,钢材表面除锈等级应符合表5-1中的规定。

钢材表面除锈等级 表5-1

涂料品种	除锈等级
油性酚醛、醇酸等底漆或防锈漆	St2
高氯化聚乙烯、氯化橡胶、氯磺化聚乙烯、环氧树脂、聚氨酯等底漆或防锈漆性酚醛、醇酸等底漆或防锈漆	Sa2
无机富锌、有机硅、过氯乙烯等底漆	Sa21/2

检查数量:按构件数抽查10%,且同类构件不少于3件。

检查方法:表面除锈用铲刀检查和用国家标准《涂覆涂料前钢材表面处理 表面清洁度的目视评定 第1部分:未涂覆过的钢材表面和全面清除原有涂层后的钢材表面的锈蚀等级和处理等级》(GB/T 8923.1—2011)中规定的图片对照观察检查。

(2)涂料、涂装遍数、涂层厚度均应符合设计要求。当设计对涂层厚度无要求时,涂层干漆膜总厚度:室外应为150μm,室内应为125μm,其允许偏差为-25μm。每遍涂层干漆膜厚度的允许偏差为-5μm。

检查数量:按构件数抽查10%,且同类构件不少于3件。

检查方法:用干漆膜测厚仪检查。每个构件检查5处,每处的数值为3个相距50mm测点涂层干漆厚度的平均值。

(3)构件表面不应误涂、漏涂,涂层不应脱皮和返锈等。涂层应均匀,无明显皱皮、流坠、针眼和气泡等。

检查数量:全部检查。

检验方法:观察检查。

(4)当钢结构处在有腐蚀介质环境或外漏且设计有要求时,应进行涂层附着力测试。在检测范围内,当涂层完整程度达到70%以上时,涂层附着力达到合格质量标准的要求。

检查数量:按构件数抽查10%,且同类构件不少于3件,每件测3处。

检验方法:按《漆膜附着力测定法》(GB 1720—1979)或《色漆和清漆漆膜的划格实验》(GB 9286—1998)进行检测。

(5)涂装完成后,构件的标志、标记和编号应清晰完整。

检查数量:全部检查。

检验方法:以观察的方式检查。

5.2.2 防腐涂层厚度检测

涂层厚度应根据需要来确定,过厚虽然可以增加防腐力,但附着力和机械性能都容易降低;过薄易产生肉眼看不到的针眼和其他缺陷,起不到隔离环境的作用。钢结构防腐涂层厚度可参考表5-2。

钢结构防腐涂层厚度(μm) 表5-2

涂层材料	基本涂层和防护涂层厚度					附加涂层厚度
	城镇大气	工业大气	化工大气	海洋大气	高温大气	
醇酸漆	100~150	125~175				25~50
沥青漆			150~210	180~240		30~60
环氯树脂漆			150~200	175~225	150~200	25~50
过氯乙烯漆			160~200			20~40
丙烯酸漆		100~140	120~160	140~180		20~40
聚氨酯漆		100~140	120~160	140~180		20~40
氯化橡胶漆		120~160	140~180	160~200		20~40
氯磺化聚乙烯漆		120~160	140~180	160~200	120~160	20~40
有机硅漆					100~140	20~40

1)一般要求

防腐涂层厚度的检测在涂层干燥后进行。检测时构件表面不应有结露。每个构件检测5处,每处以3个相距不小于50mm测点的平均值作为该处涂层厚度的代表值。以构件上所有测点的平均值作为该构件涂层厚度的代表值。测点部位的涂层应与钢材附着良好。使用涂层测厚仪检测时,宜避免电磁干扰(如焊接等)。防腐涂层厚度检测应经外观检查无明显缺陷后进行。防火涂料不应有误差、漏涂,涂层表面不应存在脱皮和返锈等缺陷,涂层应均匀,无明显皱皮、流坠、针眼和气泡等。

2)检测设备

(1)设备要求

涂层测厚仪的最大测量值不应小于1200μm,最小分辨率不应大于2μm,示值相对误差不应大于3%。测试构件的曲率半径应符合仪器的使用要求。在弯曲构件的表面测量,应考虑其对测试准确度的影响。

(2)涂层测厚仪类型

涂层测厚仪根据测量原理一般有以下五种类型。

①磁性测厚法:适用导磁材料上的非导磁层厚度测量,导磁材料一般为钢、铁、银、镍,该方法测量精度高。

②涡流测厚法:适用导电金属上的非导电层厚度测量,该方法比磁性测厚法精度低。

③超声波测厚法:目前国内还没有用这种方法测量涂镀层厚度,国外个别厂家有这样的仪器,适用多层涂镀层厚度的测量或者是以上两种方法都无法测量的场合,但一般价格昂贵,测量精度也不高。

④电解测厚法:此方法有别于以上三种方法,不属于无损检测,需要破坏涂镀层,一般精度也不高,测量起来比其他几种方法麻烦。

⑤放射测厚法:该仪器价格非常昂贵(一般在10万元以上),适用于一些特殊场合。

目前国内普遍使用的是前两种方法。

(3)常规涂层测厚仪的原理及测厚仪

①磁吸力测量原理及测厚仪。

永久磁铁(测头)与导磁钢材之间的吸力大小与处于这两者之间的距离呈一定比例关系,这个距离就是覆层的厚度。利用这一原理制成测厚仪,只要覆层与基材的磁导率之差足够大,就可以进行测量。鉴于大多数工业品采用结构钢和热轧冷轧钢板冲压成型,所以磁性测厚仪应用最广泛。磁性测厚仪基本结构由磁钢、接力簧、标尺及自停机构组成。磁钢与被测物吸合后,将测量簧在其后逐渐拉长,拉力逐渐增大,当拉力刚好大于吸力,磁钢脱离的一瞬间记录拉力的大小即可获得覆层厚度,新型的产品可以自动完成这一记录过程。不同型号的产品有不同的量程与适用场合。

这种仪器的特点是操作简便、坚固耐用、不用电源,测量前无需校准,价格也较低,很适合车间现场质量控制。

②磁感应测量原理及测厚仪。

采用磁感应测量原理时,利用从测头经过非铁磁覆层厚度而流入铁磁基体的磁通的大小,来测定覆层厚度,也可以测定与之对应的磁阻的大小,来表示其覆层厚度。覆层越厚,则磁阻越大,磁通越小。利用磁感应原理的测厚仪,原则上可以测导磁基体上的非导磁覆层厚度。一般要求基材磁导率在500以上。如果覆层材料也有磁性,则要求与基材的磁导率之差足够大(如钢上镀镍)。当软芯上绕着线圈的测头放在被测样本上时,仪器自动输出测试电流或测试信号,早期的产品采用指针式表头,测量感应电动势的大小,仪器将该信号放大后来指示覆层厚度。近年来的电路设计引入稳频、锁相、温度补偿等新技术,利用磁阻来调制测量信号,还采用专利设计的集成电路,引入微机,使测量精度和重现性有了大幅度的提高(几乎达到一个数量级)。现代的磁感应测厚仪,分辨率可达到0.1μm,允许误差达1%,量程达10mm。

磁感应测厚仪可应用来精确测量钢铁表面的油漆层,瓷、搪瓷防护层,塑料、橡胶覆层,包括镍铬在内的各种有色金属电镀层,以及化工石油行业的各种防腐涂层。

③电涡流测量原理及测厚仪。

高频交流信号在测头线圈中产生电磁场,测头靠近导体时,就在其中形成涡流。测头距导电基体越近,则涡流越大,反射阻抗越大。这个反馈作用量表征了测头与导电基体之间距离的大小,也就是导电基体上非导电覆层厚度的大小。由于这类测头专门测量非铁磁金属基材上的覆层厚度,所以通常称之为非磁性测头。非磁性测头采用高频材料作线圈铁芯,如铂镍合金或其他新材料。与磁感应原理测厚仪相比,主要区别是测头不同,信号频率不同,信号的大小、标度关系不同。与磁感应测厚仪一样,电涡流测厚仪也达到了分辨率0.1μm,允许误差达

1%,量程达10mm。

采用电涡流原理的测厚仪,原则上对所有导电体上的非导电体覆层均可测量,如航天航空器、车辆、家电、铝合金门窗及其他铝制品表面的漆,塑料涂层及阳极氧化膜。覆层材料有一定的导电性,通过校准同样也可以测量,但要求两者的导电率之比至少相差3~5倍(如铜上镀铬)。

3)检测步骤

(1)确定的检测位置应有代表性,在检测区域内分布宜均匀。检测前应清除测试点表面的防火涂层、灰尘、油污等。

(2)检测前对仪器进行校准,根据具体情况可采用一点校准(校零值)、二点校准或基本校准,经校准后方可开始测试。

(3)应使用与试件基体金属具有相同性质的标准片对仪器进行校准,也可用待涂覆试件进行校准。检测期间关机再开机后,应对设备重新校准。

(4)检测时,将探头与测点表面垂直接触,探头距试件边缘不宜小于10mm,并保持1~2s,读取仪器显示的测量值,对测量值进行打印或记录,并依次进行测量。测点距试件边缘或内转角处的距离不宜小于20mm。

4)检测结果的评价

每处涂层厚度的代表值不应小于设计厚度的85%,构件涂层厚度的代表值不应小于设计厚度。当设计对涂层厚度无要求时,涂层干漆膜总厚度:室外应为150μm,室内为-125μm,其允许偏差为-25μm。

5)工字钢和H形钢梁漆膜厚度的检测原则

一根梁有8个面,每一个面都有可能使漆膜厚度超过规定的要求,所以,对此都要进行测量,所使用的漆膜测厚仪不能受边缘的影响。测量步骤如下:

长度达12m的H形钢梁,可以选择距两端0.6m之间的范围进行8个面的干膜厚度测量(图5-1)。如果有一个面的干膜厚度低于规定厚度,那么整根梁的喷涂质量就视为不合格。之后将每0.6m作为一个测量点进行膜厚测量。超过25m长度的H形钢梁,可以把它分成12m一段再进行膜厚度测量。最厚一段如果不是12m,选择距另一端0.6m处开始测量。

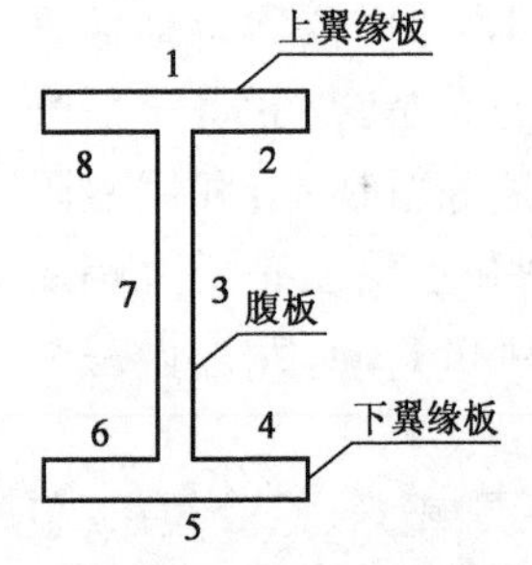

图5-1 H形钢梁截面编号

对于整批的钢梁,第一根梁按以上原则进行测量,随后的钢梁随机选取0.1m进行测量。喷涂完毕的一批工件堆放在一起,首先,进行目测以判断有问题的部位(如涂覆不良的地方)。如果一堆工件通过了目测,选取一根进行干膜厚度测量,再从这一堆工件的中间位置和末尾位置选取一根,按上述原则进行测量。对于不同形状的构件,可以从一堆工件的头部、中部、尾部选取构件进行测量。

建议一天所有的班次中,每2h进行一次上述规则的测量。测量点的平均值,就是得到的干膜厚度,并且不得有一个点与规定的漆膜厚度误差超过20%。

6)影响涂层测厚仪测量值精度的因素

(1)基体金属磁性质

磁性法则易受基体金属磁性变化的影响(在实际应用中,低碳钢磁性的变化可以认为是轻微的)。为了避免热处理和冷加工因素的影响,应使用与试件基体金属具有相同性质的标准片对仪器进行校准,也可以用待涂覆试件进行校准。

(2)基体金属电性质

基体金属的电导率对测量有影响,而基体金属的电导率与其材料成分及热处理方法有关。使用与试件基体金属具有相同限制的标准片对仪器进行校准。

(3)基体金属厚度

每一种仪器都有一个基体金属的临界厚度,大于这个厚度,测量就不受基体金属厚度的影响。

(4)边缘效应

仪器对试件表面形状的陡变敏感。因此,在靠近试件边缘或内转角处进行测量是不可靠的。

(5)曲率

试件的曲率对测量有影响。这种影响总是随着曲率半径的减少而明显增大。因此,在弯曲试件的表面上进行测量是不可靠的。

(6)试件的变形

测头会使软覆盖层试件变形,因此,在这些试件上测出的数据不可靠。

(7)表面粗糙度

基体金属和覆盖层的表面粗糙程度对测量有影响。粗糙程度越大,影响越大。粗糙表面会引起系统误差和偶然误差,每次测量时,在不同位置上应增加测量的次数,以克服这种偶然误差。如果基体金属粗糙,还必须在未涂覆的粗糙度相似的基体金属试件上取几个位置校对仪器的零点;或用对基体金属没有腐蚀的溶液溶解除去覆盖层后,再校对仪器的零点。

(8)周围磁场

周围各种电气设备所产生的强磁场,会严重干扰磁性法测厚工作。

(9)附着物质

检测面的附着物质,会对检测精度产生影响。

(10)测头压力

将测头置于试件上所施加的压力大小会影响测量的读数,因此,要保持压力恒定。

(11)测头的取向

测头的放置方式对测量有影响。在测量中,应当使测头与试样表面保持垂直,这是使用仪器时应当遵守的规定。

(12)读数次数

通常仪器的每次读数并不完全相同,因此必须在每一测量面积内取几个读数。覆盖层厚度的局部差异,也要求在任一给定的面积内进行多次测量,表面粗糙时更应如此。

(13)表面清洁度

测量前,应清除表面上的任何附着物质,如尘土、油脂及腐蚀产物等,但不要除去任何覆盖层物质。

5.2.3 防腐涂层附着力检测

附着力是指涂层与被涂物表面之间或涂层与涂层之间相互结合的能力。良好的附着力对被涂产品的防护效果至关重要,一种涂料产品的其他性能无论多么优异,但如果与被涂物表面的结合力太差,或者是因施工不当而造成涂层在产品的运输或使用过程中过早脱落,也就谈不上有什么防护效果了。

涂层附着力的好坏取决于两个关键因素：一是涂层与被涂物表面的结合力；二是涂装施工质量尤其是表面处理的质量。

涂层与被涂物面间的结合可分为三种类型：化学结合、机械结合和极性结合。通常是某两种或三种结合方式同时发挥作用，使涂层黏附在物体表面。化学结合发生在涂层与金属表面，即涂料中的某些成分与金属表面发生化学反应，典型的例子是磷化底漆和铬酸盐底漆与金属表面的结合，前者兼具磷化处理和金属钝化的双重作用，后者也依赖铬酸盐中离解出的 CrO_4^- 对金属进行阳极钝化，特别是用于非铁（有色）金属表面，对于提高涂层附着力有着明显效果。机械结合效果与基体表面粗糙度有关，粗糙的表面将导致涂料与被涂物体的接触面积增加，从而增强附着力。极性结合是涂膜中聚合物的极性基团（如羟基或羧基）与被涂物表面的极性基相互结合所致，但只有在两个极性基团的引力范围之内才会发生。不同的涂料之所以有不同的附着力，其主要原因就在于涂料中能与被涂物表面极性基作用的极性基团的多少及极性强弱的不同。

表面处理的目的是尽可能消除涂层与被涂物体表面结合的障碍，排除影响化学结合及极性结合的因素，如油、锈、氧化皮及其他杂质等，使得涂层能与被涂物表面直接接触。此外，也可提供较为粗糙的表面，加强涂层与被涂物表面的机械结合力。因此，表面处理的质量与涂层附着力息息相关。

常用的检测涂层附着力的方法有划格法、拉开法等。

1）划格法检测涂层附着力

划格法是使用切割工具采取手工或机械的切割方式，将涂层按格阵图形切割，其割伤应贯穿涂层直至基体表面，然后评价涂层的损伤情况。

切割时，先在试片涂层上切割 6 道或 11 道相互平行的、间距相等（可为 1mm 或 2mm）的切痕，然后再垂直切割与前者切割道数及间距相同的切痕，其切割线的道数及间距应根据涂层性质及与有关方面协商后而定。采用手工切割时，用力要均匀，速度要平稳，无颤动。机械切割时，应在刀具上部加适当质量的砝码，以便使刃口在切割中正好能穿透涂层而触及底材。

（1）仪器和材料：多刃刀具（具有 6 个切割刃口，刀刃间隔为 1mm 或 2mm 的划格器）、软毛刷、百格专用 3M 透明胶带、放大镜。

（2）检测方法：

①将试片放置在有足够硬度的平板上。

②手持划格器手柄，使多刃切割刀垂直于试片平面。

③以均匀的压力、平稳不颤动的手法和 20 ~ 50mm/s 的速度割划。

④将试片旋转 90°，在所割划的切口重复以上操作，形成格阵图形。

⑤用软毛刷刷格阵图形的两边对角线，轻轻向后 5 次、向前 5 次地刷试片。

⑥试验至少在试片的 3 个不同位置上完成，如果 3 个位置的试验结果不同，应在多于 3 个位置上重复试验，同时记录全部结果。

⑦如需更换多刃切割刀，可用螺丝刀将刀体上两个螺栓旋松，换上所用的刀，使刀刃部位贴向手柄一侧，将螺栓旋紧。

⑧在硬底材上另外施加胶黏带。匀速拉出一段胶黏带，除去最前面一段，然后剪下长约 75mm 的胶黏带。把该胶黏带的中心点放在网格上方，方向与一组切割线平行，然后用手指把胶黏带在网格区上方的部位压平，胶黏带长度至少超过网格 20mm（图 5-2）。在贴上胶黏带

5min 内,拿住胶黏带悬空的一端,并在尽可能接近 60°的角度,在 0.5 ~ 1.0s 内平稳地撕离胶黏带(图 5-3)。

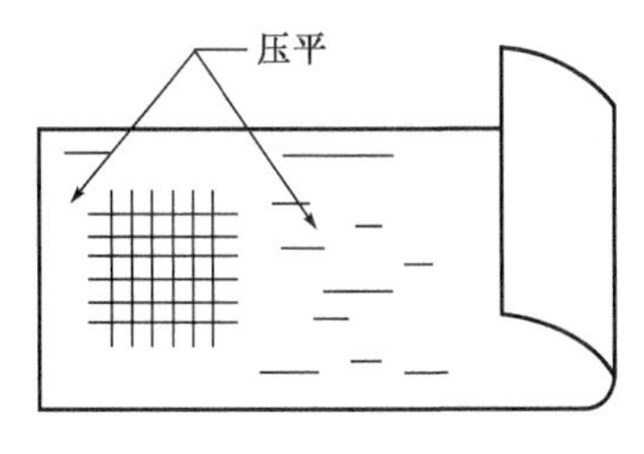

图 5-2 胶黏带的位置

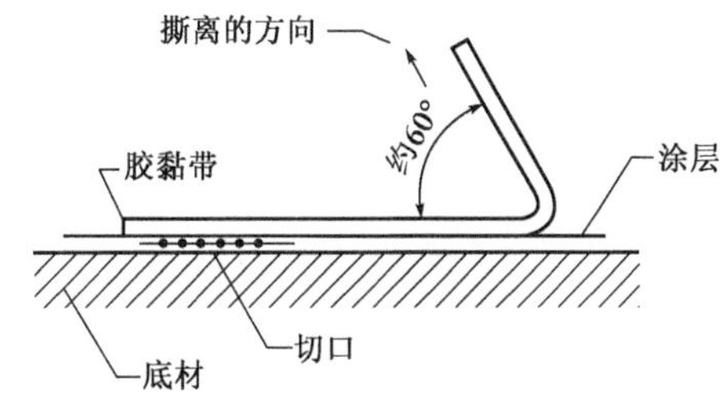

图 5-3 从网格上撕离前胶黏带的位置

⑨划格试验结果评级见表 5-3。

划格试验结果评级 表 5-3

分 级	说 明	发生脱落的十字交叉切割区的表面外观
0	切割边缘完全平滑,无一格脱落	—
1	在切口交叉处有少许涂层脱落,但受影响交叉切割面积不能明显大于 5%	
2	在切口交叉处和/或沿切口边缘有涂层脱落,受影响的交叉切割面积明显大于 5%,但不能明显大于 15%	
3	涂层沿切割边缘部分或全部以大碎片脱落,和/或在格子不同部位上部分或全部剥落,受影响的交叉切割面积明显大于 15%,但不能明显大于 35%	
4	涂层沿切割边缘大碎片剥落,和/或一些方格部分或全部出现脱落,受影响的交叉切割面积明显大于 35%,但不能明显大于 65%	
5	剥落的程度超过 4 级	—

2)拉开法检测涂层附着力

拉开法检测涂层的附着力是指在规定的速率下,在试样的胶结面上施加垂直、均匀的拉力,以测定涂层与涂层或涂层与底材间的附着破坏时所需的力,以 MPa 表示。此方法不仅可检验涂层与底材的黏结程度,也可检测涂层之间的层间附着力;考察涂料的配套性是否合理,全面评价涂层的整体附着效果。

(1)仪器及试验材料:拉力试验机、夹具、试柱、定中心装置、胶黏剂。

(2)试样的制备:试样为 2 个金属试柱(对接)或组合件。试柱材料和表面处理应和产品实际相同。一个试柱的表面按照被试涂料相关规范进行涂装,用胶黏剂与另一个试柱胶结,在未涂装的试柱上均匀地涂一层薄的胶黏剂,借助定中心装置同轴心胶结,按要求固化。

①应使用最小量的胶黏剂,以使在组合试样时产生一个牢固、连续、均匀的胶结面;

②试柱周围一圈的漆膜及溢出的胶黏剂要除去,以保证受力面积;

③为提高胶结试柱的黏结力,可适当打磨试柱表面。

(3)检测方法:将试样放入拉力机的上下夹具,调至对准,使其横截面均匀受力。以10mm/min的拉伸速度进行拉开试验,直至破坏,记录负荷值,并观察断面的破坏形式。

(4)附着力计算方法:试样被拉开破坏时的负荷值除以被试涂层试柱的横截面面积,即为涂层的附着力,单位为 N/mm²。

$$\sigma = \frac{F}{A} \tag{5-1}$$

式中:F——破坏力(N);

A——试柱截面面积(mm²)。

(5)破坏形式:附着破坏表示为 A;内聚破坏表示为 B;胶黏剂自身破坏或被测涂层的面漆部分被拉破表示为 C;出现两种或两种以上的破坏形式,应注明破坏面积百分数,大于 70% 为有效。

(6)结果表示:每组被测涂层试验应至少进行 6 次测量,计算所有 6 次测量的平均值,精确到整数,用平均值和范围来表示结果。

5.3 防火涂层检测

虽然钢材是不燃烧体,但当其受热时,强度会迅速降低。试验证明,温度大约在 540℃时,钢材的弹性模量和抗拉强度损失 40%;温度在 600℃时,抗拉强度降低 70% 左右;一旦钢结构建筑发生火灾,火场温度可达 800~1200℃,钢材的热力学特性就会使钢结构丧失承载能力而扭曲变形,导致垮塌毁坏。为了提高钢结构的耐火极限,可采取喷涂防火涂料的保护方法。将钢结构防火涂料喷涂于建筑物及构筑物钢结构表面,形成耐火隔热保护层,提高钢结构的耐火极限。防火涂料按其涂层厚薄和耐火极限的不同,可分为厚涂型、薄涂型、超薄涂型三种类型。涂层厚度为 8~50mm 粒状表面,密度较小,热导率低,耐火极限可达 1~3h 的称为厚涂型防水涂料。涂层厚度为 3~7mm,有一定装饰效果的称为薄涂型膨胀防火涂料;涂层厚度在 3mm 以下,耐火极限仅达 0.5~1h 的称为超薄涂型钢结构膨胀防火涂料。不同类型的防火涂料,喷涂厚度不同,耐火极限不同,适用于喷涂在不同场所的钢结构上。

近年来,通过对钢结构防火涂料喷涂质量进行检验发现,仅有 41.67% 的报检单位第一次检验合格。这充分说明对钢结构涂料喷涂质量进行检验的重要性和必要性。

5.3.1 防火涂层的检测要求

(1)防火涂料涂装前钢材表面除锈及防锈底漆涂装应符合设计要求和国家现行有关标准的规定。

检查数量:按构件数抽查 10%,且同类构件不少于 3 件。

表面除锈用铲刀检查和使用应按照国家标准《涂覆涂料前钢材表面处理　表面清洁度的目视评定　第 1 部分:未涂覆过的钢材表面和全面清除原有涂层后的钢材表面的锈蚀等级和处理等级》(GB/T 8923.1—2011)中规定进行对照观察检查。对底漆涂装用干漆膜测厚仪检查,每个构件检查 5 处,每处的数值为 3 个间距为 50mm 测点涂层干漆膜厚度的平均值。

(2)涂层表面质量应满足下列要求:构件表面普通涂层不应误涂、漏涂,涂层不应脱皮和返锈等,涂层应均匀,涂层无明显皱皮、流坠、针眼和气泡等。防火漆料漆装基层不应有油渍、灰尘和泥沙等污垢。防火漆料不应有误涂、漏涂,涂层应闭合,涂层无脱层、空鼓、明显凹陷、粉化松散和浮浆等外观缺陷,乳突已剔除。

检查数量:全数检查。

检验方法:观察检查。用目视法检查涂层颜色及漏涂和裂缝情况,用 0.75~1kg 榔头轻击涂层检查其强度等,用1m直尺检查涂层平整度。

(3)薄涂型防火涂料涂层表面裂缝宽度不应大于0.5mm,厚涂型防火涂料涂层表面裂缝宽度不应大于1mm。

检查数量:按构件数抽查10%,且同类构件不少于3件。

检验方法:观察和用尺量检查。

(4)薄涂型防火涂料涂层厚度应符合有关耐火极限的设计要求。厚涂型防火涂料涂层厚度应有80%以上的面积符合耐火极限的设计要求,且最薄处厚度不应低于设计要求的85%。

检查数量:按构件数抽查10%,且同类构件不少于3件。

检验方法:用涂层厚度测量仪、测针和钢尺检查。测量方法应符合现行标准《钢结构防火涂料应用技术规范》(CECS:24—1990)中的规定。

5.3.2 防火涂层厚度检测

1)一般要求

防火涂层厚度的检测应在涂层干燥后,方可进行。

楼板和墙体的防火涂层厚度检测,可选两相邻纵、横轴线相交的面积为一个构件,在其对角线上,按每米长度选1个测点,每个构件不应少于5个测点。

受施工工艺、涂层材料等影响,构件不同位置的防火涂层厚度可能不同,对水平向构件,测点应布置在构件顶面、侧面、底面;对竖向构件,测点应布置在不同的高度处。

梁、柱及桁架的防火涂层厚度检测,在构件长度内每隔3m取一个截面,且每个构件不应少于两个截面进行检测。对梁、柱及桁架杆件的测试截面按图5-4所示布置测点。

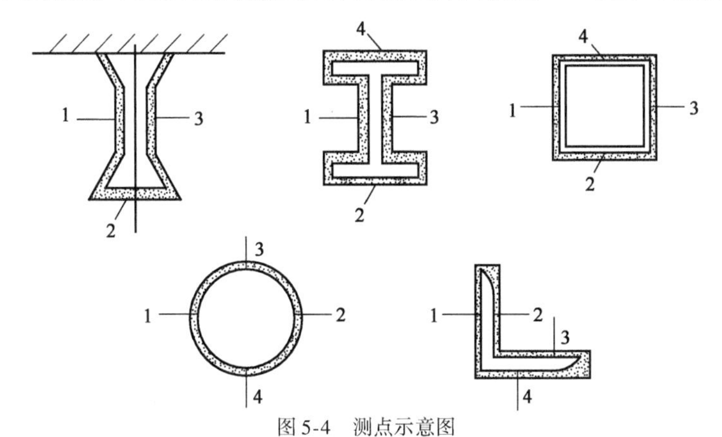

图5-4 测点示意图

以同一截面测点的平均值作为该截面涂层厚度的代表值,以构件所有测点厚度的平均值作为该构件防火涂层厚度的代表值。

防火涂层厚度检测应经外观检查无明显缺陷后进行。防火涂料不应有误涂、漏涂,涂层应闭合,无脱层、空鼓、明显凹陷、粉化松散和浮浆等外观缺陷。当有乳突存在时,尚应剔除乳突后,方可进行检测。

2)检测设备

(1)对防火涂层的厚度可采用涂层测厚仪和卡尺进行检测,用于检测的卡尺尾部应有可外伸的窄片。测量设备的量程应大于被测防火涂层厚度。厚涂型防火涂层通常超出涂层测厚仪的最大量程,一般情况下,用卡尺、探针检测较为适宜。

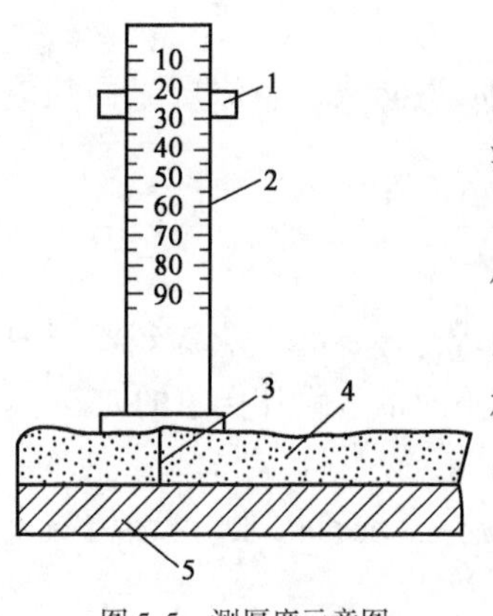

图 5-5 测厚度示意图

1-标尺;2-刻度;3-探针;4-防火涂层;5-钢基材

(2)防火涂层可抹涂、喷涂施工,其中涂层厚度值较离散,过高的检测精度在实际工程中意义不大;同时为方便检测操作,对超薄涂型、薄涂型、厚涂型涂层的检测精度统一规定为不低于0.5mm。

(3)测针(厚度测量仪)由针杆和可滑动的圆盘组成,圆盘始终保持与针杆垂直,并在其上装有固定装置,圆盘直径不大于30mm,以保证完全接触被测试件的表面。如果厚度测量仪不易插入被插材料中,也可使用其他适宜的方法测试。测试时,将测量探针(图5-5)垂直插入防火涂层直至钢基材表面上,记录标尺读数。

3)检测步骤

(1)检测前应清除测试点表面的灰尘、附着物等,并避开构件的连接部位。注意构件的连接部位的涂层厚度可能偏大,检测数据不具代表性。

(2)在测点处,应将仪器的探针或窄片垂直插入防火涂层,直至钢材防腐涂层表面,记录标尺读书,测试值应精确至0.5mm。对于厚型防火涂层表面凹凸不平的情况,为便于检测,可用砂纸将涂层表面适当打磨平整。

(3)如探针不易插入防火涂层内部,可按防火涂层局部剥除的方法测量,剥除面积不宜大于15mm×15mm。检测后,宜修复局部剥除的防火涂层。

4)检测结果的评价

(1)数据处理

对于楼板和墙面,在所选的面积中,至少测出5个点;对于梁和柱在所选择的位置中,分别测出6个点和8个点,分别计算出它们的平均值,精确至0.5mm。

(2)结果的评定

每个截面涂层厚度的代表值不应小于设计厚度的85%,构件涂层厚度的代表值不应小于设计厚度。

5.4 涂层检测应用实例

某剧院既有钢结构工程建成多年后钢构件出现大面积返锈现象,重新修缮后,委托具有相应检测资质的检测单位对防火涂层厚度进行检测,检测流程如下:

(1)委托单

根据委托方及国家标准规范的要求,填写委托单。委托单内容包括:工程名称、委托日期、客户名称、地址、联系人、委托性质、检测依据、数量、规格、型号、验收标准等。

(2)检测方案

根据委托单的信息,检测单位勘查现场,编制检测方案。检测方案内容应包括:工程概况、检测依据、检测方法、检测比例、拟投入人员设备、质量安全保证措施等。检测方案经委托方审核通过后,进入现场检测环节。

(3)检测报告

检测完成后,出具检测报告,报告样式如图5-6所示。

检 测 报 告

TEST REPORT

报告编号：HXT-TI-L2014××××
Report No.

客 户 名 称 浙江××××大学
Customer name

工 程 名 称 ××××大剧院钢结构工程
Project name

构 件 名 称 杆件（防火涂层）
Member name

HXT 杭州华新检测技术股份有限公司
HANGZHOU HUAXIN TESTING TECHNOLOGY CO., LTD

图 5-6

<table>
<tr><td colspan="7">杭州华新检测技术股份有限公司
HANGZHOU HUAXIN TESTING TECHNOLOGY CO., LTD
检 测 报 告
Test report
报告编号 Report No.:
HXT-TI-L2014××××</td></tr>
<tr><td>客户名称
Customer name</td><td colspan="6">浙江 ×××× 大学</td></tr>
<tr><td>工程名称
Project name</td><td colspan="4">浙江×××× 大学大剧院钢结构工程</td><td>构件名称
Member name</td><td>杆件</td></tr>
<tr><td>监理单位
Supervision unit</td><td colspan="4">—</td><td>见证人
Witnesses</td><td>—</td></tr>
<tr><td>检测比例
Detection of proportion</td><td>8 根</td><td>构件材质
Material</td><td colspan="2">Q345B</td><td>检测日期
Test Date</td><td>2014.09.08</td></tr>
<tr><td>检测依据
Testing basis</td><td colspan="6">《钢结构工程施工质量验收规范》(GB 50205—2001)</td></tr>
<tr><td>仪器名称
Instrument name</td><td colspan="6">涂层测厚仪(LAT-B)
Universal material testing machine(LAT-B)</td></tr>
<tr><td>检测项目
Test item(s)</td><td colspan="6">涂层厚度检测</td></tr>
<tr><td>检测结论
Test conclusion</td><td colspan="6">根据《钢结构工程施工质量验收规范》(GB 50205—2001)标准，对构件防火涂层进行检测，检测结果符合标准要求。

（检测报告专用章）
签发日期（Issue date）：2014 年 09 月 22 日</td></tr>
<tr><td colspan="7">编制：Edit by　　　　审核：Check by　　　　批准：Approve by</td></tr>
</table>

图 5-6

杭州华新检测技术股份有限公司

HANGZHOU HUAXIN TESTING TECHNOLOGY CO., LTD.

检 测 报 告

Test report

报告编号 Report No.:
HXT-TI-L2014××××

序号	构件编号	理论值(mm)	实测值(mm)/平均值(mm)					
			a	*b*	*c*	*d*	*e*	结论
1	杆件1	1.3	1.41	1.39	1.39	1.42	1.46	合格
2	杆件2	1.3	1.43	1.48	1.43	1.49	1.44	合格
3	杆件3	1.3	1.50	1.42	1.47	1.41	1.49	合格
4	杆件4	1.3	1.49	1.52	1.43	1.45	1.40	合格
5	杆件5	1.3	1.42	1.44	1.52	1.49	1.47	合格
6	杆件6	1.3	1.61	1.58	1.49	1.53	1.45	合格
7	杆件7	1.3	1.40	1.52	1.43	1.48	1.46	合格
8	杆件8	1.3	1.57	1.52	1.40	1.51	1.48	合格
9								
10								

图5-6 检测报告样式

复习思考题

1. 涂层测厚仪分为哪几种类型？
2. 常规涂层测厚仪的检测原理是什么？
3. 涂层测厚的检测步骤是什么？
4. 影响涂层测厚仪测量精度的因素有哪些？
5. 防火涂层检测中表面质量有什么要求？

第6章

紧固件连接的检测

紧固件连接包括螺栓、铆钉和销钉等连接。其中,螺栓连接可分为普通螺栓连接和高强度螺栓连接;按受力情况又各分为三种,即抗剪螺栓连接、抗拉螺栓连接和同时承受剪拉的螺栓连接。目前,铆钉和销钉连接在新建钢结构上使用较少,因此本章主要针对普通螺栓连接和高强度螺栓连接。另外圆头焊接栓钉的检测也在本章附带介绍。

6.1 焊接栓钉性能检测

6.1.1 概述

焊接栓钉是电弧螺柱焊用圆柱头焊钉(Cheese head studs for arc stud welding)的简称,它是钢结构与钢筋混凝土结构间组合连接作用的连接件,采用拉弧型栓钉焊机和焊枪,并使用去氧弧耐热陶瓷座圈。焊接栓钉公称直径为 $\phi10\sim\phi25$mm,焊接前总长度一般为 40 ~ 300mm,检测依据为:

(1)《电弧螺柱焊用圆柱头焊钉》(GB/T 10433—2002);

(2)《钢结构工程施工质量验收规范》(GB 50205—2001);

(3)《钢结构焊接规范》(GB 50661—2011)。

6.1.2 焊接栓钉外观及尺寸检查

焊接栓钉表面应无锈蚀、氧化皮、油脂和毛刺等。其杆部表面不允许有影响使用的裂缝,但头部裂缝的深度(径向)不得超过0.25(d_k - d)mm。其中,d_k 为焊接栓钉头部直径,d 为焊接栓钉公称直径。

抽检数量:按计件数抽查1%,且不应少于10件。

检测方法:观察检查。焊接栓钉及焊接瓷环的规格、尺寸及偏差应符合《电弧螺柱焊用圆柱头焊钉》(GB/T 10433—2002)的规定。

6.1.3 焊接栓钉的力学性能检验

(1)拉力试验

采用《金属材料拉伸试验 第1部分:室温试验方法》(GB/T 228.1—2010)规定的方法对试件进行拉力试验,具体如图6-1所示。当外加拉力荷载达到表6-1中的规定时,不得断裂;继续增大荷载直至拉断,断裂不应发生在焊缝和热影响区内。

栓钉拉力荷载 表6-1

焊钉直径 d(mm)	10	13	16	19	22	25
拉力荷载(N)	32970	55860	84420	119280	159600	206220

(2)弯曲试验

《钢结构焊接规范》(GB 50661—2011)规定,对于 $d \leqslant 22$mm 的焊接栓钉,可进行焊接端的弯曲试验,如图6-2所示。试验可用手锤打击(或使用套管压)焊接栓钉试件头部,使其弯曲30°。使用套管进行试验时,套管下端距焊缝上端的距离不得小于 d_0。

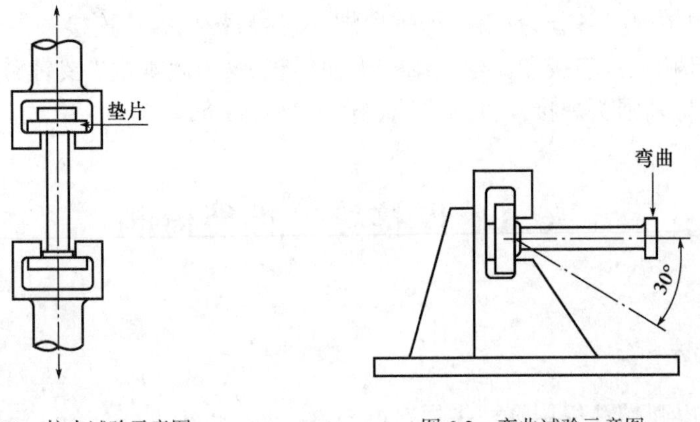

图6-1 拉力试验示意图

图6-2 弯曲试验示意图

抽检数量:每批同类构件抽查10%,不应少于10套。被抽查构件中,每套焊接栓钉数量的1%,但不应少于1个。

检测方法:锤击端头使其弯曲至30°,焊缝和热影响区内没有肉眼可见的裂纹,用角尺检查和观察检查。

6.2 普通螺栓性能检测

6.2.1 概述

普通螺栓可分为精制普通螺栓和粗制普通螺栓两种。其中精制普通螺栓有 A 级和 B 级两种,粗制普通螺栓为 C 级。普通螺栓连接中使用较多的是粗制普通螺栓(C 级螺栓)连接,其抗剪连接依靠螺杆受剪和孔壁承压来承受荷载。粗制螺栓在抗剪连接中,只能用在一些不直接承受动力荷载的次要构件的连接中,如支撑、檩条、墙梁、小桁架等的连接,不承受动力荷载的可拆卸结构的连接和临时固定用的连接。相反,由于螺栓的抗拉性能较好,因而常用在一些螺栓受拉节点的连接中。普通螺栓连接中的精制普通螺栓(A、B 级)连接,受力和传力情况与上述粗制普通螺栓连接完全相同,因质量较好,可用于要求较高的抗剪连接,但由于螺栓加工复杂,安装要求高,价格昂贵,目前常由高强度螺栓摩擦型连接件所替代。普通螺栓的检测依据如下:

(1)《紧固件机械性能 螺栓、螺钉和螺柱》(GB/T 3098.1—2010);

(2)《钢结构工程施工质量验收规范》(GB 50205—2001);

(3)《普通螺纹基本尺寸》(GB/T 196—2003)。

6.2.2 普通螺栓检验方法

(1)现场检查

普通螺栓的连接应牢固可靠,无锈蚀、松动等现象,外露丝扣不应少于 2 扣。

抽检数量:按节点数抽检 10%,且不少于 3 个。

检测方法:观察检查和锤击、扳手检查。一般采用锤击法,即用 3kg 小锤,一手扶螺栓(或螺母)头,另一手用锤敲,要求螺栓(或螺母)头不偏移、不颤动、不松动,锤声比较干脆,否则说明螺栓紧固质量不好,需要重新紧固施工。

(2)螺栓实物最小拉力荷载检测

普通螺栓作为永久性连接螺栓时,仅测试其抗拉能力,主要检测项目为螺栓实物最小拉力荷载。当设计有要求或对其质量异议时,应进行螺栓实物最小拉力荷载复验,其结果应符合《紧固件机械性能 螺栓、螺钉和螺柱》(GB/T 3098.1—2010)中的规定。

抽检数量:每一规格螺栓抽取 8 个。

抽检方法:抗拉强度试验。

用专用卡具将螺栓实物置于拉力试验机上进行拉力试验。为避免试件承受横向荷载,试验机的夹具应具有自动调正中心的功能,试验时夹头张拉的移动速度不应超过 25mm/min。

进行试验时,承受拉力荷载的未旋合螺纹长度应为 6 倍以上螺距。当试验拉力达到《紧固件机械性能 螺栓、螺钉和螺柱》(GB/T 3098.1—2010)中规定的最小拉力荷载不得断裂。当超过最小拉力荷载直至拉断时,断裂应发生在杆部或螺栓部分,而不应发生在螺头与杆部的交接处。

6.3 高强度螺栓性能检测

6.3.1 概述

钢结构中用的高强度螺栓有特定的含义，其在安装过程中使用特制的扳手，能保证螺杆中具有规定的预拉力，从而使被连接的板件接触面上有规定的预压力。为提高螺杆中应有的预拉力值，这种螺栓必须用高强度钢制造，因而得名。有关高强度螺栓的国家标准有《钢结构用高强度大六角头螺栓、大六角螺母、垫圈技术条件》(GB/T 1231—2006)和《钢结构用扭剪型高强度螺栓连接副》(GB/T 3632—2008)两种。前者包括8.8级和10.9级两种，后者只有10.9级一种。高强度螺栓由中碳钢或合金钢等经热处理(淬火并回火)后制成，强度较高。8.8级高强度螺栓的抗拉强度不小于800N/mm^2，屈强比为0.8。10.9级高强度螺栓的抗拉强度不小于1000N/mm^2，屈强比为0.9。10.9级高强度螺栓常用的材料是20MnTiB和35VB钢等，经热处理后抗拉强度不低于1040N/mm^2。8.8级高强度螺栓常用的材料是40B、45号钢或35号钢，经热处理后抗拉强度不低于830N/m^2。两者的螺母和垫圈均采用45号钢，经热处理后制成。用20MnTiB钢制造的螺栓直径宜不大于M24，用35VB钢制造的螺栓直径宜不大于M30，用40B钢制造的螺栓直径宜不大于M24，用45号钢制造的螺栓直径宜不大于M22，用35号钢制造的螺栓直径宜不大于M20，以保证有较好的淬火效果。目前，扭剪型高强度螺栓限用20MnTiB钢制造。高强度螺栓的检测依据如下：

(1)《钢结构用扭剪型高强度螺栓连接副》(GB/T 3632—2008)；

(2)《钢结构用高强度大六角头螺栓》(GB/T 1228—2006)；

(3)《钢网架螺栓球节点用高强度螺栓》(GB/T 16939—2016)；

(4)《钢结构设计标准》(GB 50017—2017)；

(5)《钢结构工程施工质量验收规范》(GB 50205—2001)；

(6)《紧固件标记方法》(GB/T 1237—2000)。

6.3.2 资料检验

高强度螺栓连接副(螺栓、螺母、垫圈)应配套成箱供货，并附有出厂合格证、质量证明书及质量检验报告，检验人员应逐项与设计要求及现行国家标准进行对照，不符合要求的连接副不得使用。

对大六角头高强度螺栓连接副，应重点检验扭矩系数检验报告；对扭剪型高强度螺栓连接副，应重点检验紧固轴力检验报告。

6.3.3 大六角头高强度螺栓连接副扭矩系数复验

(1)取样要求

出厂检验按批进行。同一性能等级、材料、炉号、螺纹规格、长度(当螺纹长度不大于100mm时，长度相差不大15mm；当螺纹长度大于100mm时，长度相差不大于20mm，可视为同一长度)、机械加工、热处理工艺、表面处理工艺的螺栓为同批；同一性能等级、材料、炉号、规格、机械加工、热处理工艺、表面处理工艺的垫圈为同批；分别由同批螺栓、螺母、垫圈组成连接副为同批连接副；对保证扭矩系数，供货的螺栓连接副最大批量为3000套。

《钢结构工程施工质量验收规范》(GB 50205—2001)中规定,复检的大六角头高强度螺栓应在施工现场从待安装的螺栓各批中随机抽取,每批应抽取 8 套连接副进行复检。复验使用的计量器具应经过标定,误差不得超过 2%。对每套连接副只应做一次试验,不得重复使用。

(2)检测步骤

连接副扭矩系数的复验是将螺栓插入轴力计或高强度螺栓自动检测仪,然后在螺母处施加扭矩。紧固螺栓分初拧、终拧两次进行,初拧应采用扭矩扳手,初拧值应控制在预拉力(轴力)标准值的 50% 左右。对每套连接副只应做一次试验,不得重复使用。在紧固过程中垫圈发生转动时,应更换连接副,重新试验。

由高强度螺栓轴力仪(图 6-3)或高强度螺栓自动检测仪(图 6-4)可以读出螺栓紧固轴力(预拉力)。当螺栓紧固轴力(预拉力)达到表 6-2 规定的范围后,读出施加于螺母上的扭矩值 T,并按下式计算大六角头高强度螺栓连接副的扭矩系数 K:

$$K = \frac{T}{P \cdot d} \tag{6-1}$$

式中:T——施拧扭矩(N·m);

d——高强度螺栓的公称直径(mm);

P——螺栓紧固轴力(预拉力)(kN)。

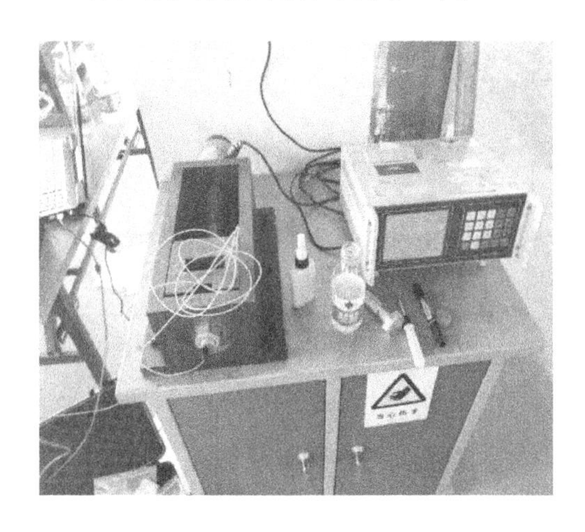

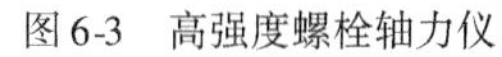

图 6-3 高强度螺栓轴力仪

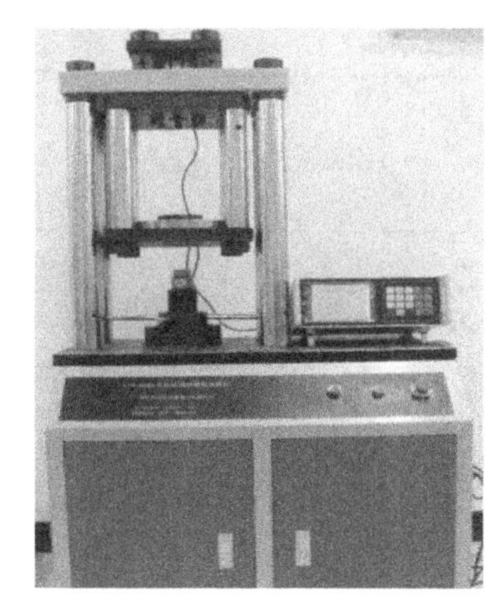

图 6-4 高强度螺栓自动检测仪

螺栓紧固轴力范围 表 6-2

螺栓规格		M16	M20	M22	M24	M27	M30
预拉力 P(kN)	10.9S	93 ~ 113	142 ~ 177	175 ~ 215	206 ~ 250	265 ~ 324	325 ~ 390
	8.8S	62 ~ 78	100 ~ 120	125 ~ 150	140 ~ 170	185 ~ 225	230 ~ 275

每组 8 套连接副扭矩系数的平均值应为 0.11 ~ 0.15,标准偏差小于或等于 0.010。

若采用高强度螺栓自动检测仪,则当螺栓紧固轴力值达到表 6-2 规定范围后,仪器自动停止施加扭矩,并记录此时的扭矩值和轴力值,计算(自动给)出扭矩系数。

(3)数据记录与检测报告

检测报告示例如图 6-5 所示。

杭州华新检测技术股份有限公司
HANGZHOU HUAXIN TESTING TECHNOLOGY CO., LTD.

检测报告
Test report

报告编号 Report No.:
HXT-LX- ××××

<table>
<tr><td>客户名称
Customer name</td><td colspan="3">—</td><td>送样日期
Sample delivery date</td><td>2014.11.14</td></tr>
<tr><td>工程名称
Project name</td><td colspan="3">—</td><td>检测日期
Test date</td><td>2014.11.18</td></tr>
<tr><td>监理单位
Supervision unit</td><td colspan="3">—</td><td>见证人
Witnesses</td><td>—</td></tr>
<tr><td>样品名称
Sample name</td><td colspan="3">大六角头高强度螺栓</td><td>牌号
Brand number</td><td>—</td></tr>
<tr><td>样品编号
Sample number</td><td>YZDK-08-01~11</td><td>规格、型号
Specification</td><td>M22</td><td>温度/湿度
Temperature/humidity</td><td>12℃/50%RH</td></tr>
<tr><td>检测依据
Testing basis</td><td colspan="5">《钢结构工程施工质量验收规范》(GB 50205—2001)、《钢结构用高强度大六角头螺栓、大六角螺母、垫圈技术条件》(GB/T 1231—2006)</td></tr>
<tr><td>仪器名称
Instrument name</td><td colspan="5">高强度螺栓轴力扭矩复合检测仪(YJZ-500A)
万能材料试验机(WES-1000B)</td></tr>
<tr><td>检测项目
Test item(s)</td><td colspan="5">大六角头高强度螺栓连接副扭矩及抗滑移系数</td></tr>
<tr><td>检测结论
Test conclusion</td><td colspan="5">按《钢结构工程施工质量验收规范》(GB 50205—2001)、《钢结构用高强度大六角头螺栓、大六角螺母、垫圈技术条件》(GB/T 1231—2006)标准检验上述项目,检测结果符合标准要求。
(检测报告专用章)
签发日期(Issue date):2014 年 11 月 19 日</td></tr>
<tr><td>备注</td><td colspan="5">螺栓等级(Bolt grade):10.9S</td></tr>
<tr><td colspan="2">编制:
Edit by</td><td colspan="2">审核:
Check by</td><td colspan="2">批准:
Approve by</td></tr>
</table>

图 6-5

杭州华新检测技术股份有限公司

HANGZHOU HUAXIN TESTING TECHNOLOGY CO., LTD.

检测报告

Test report

报告编号 Report No.: HXT-LX-×××××

M22X85 大六角头高强度螺栓连接副扭矩系数

生产单位	×××××股份有限公司			
样品编号 Sample number	施拧扭矩 T (N·m) On-site torque	螺栓预拉力 P(kN) Bolt pretension force	扭矩系数 K Torque coefficient	标准偏差 S Standard deviation
YZDK-08-01	642	210	0.139	0.0057
YZDK-08-02	603	210	0.131	
YZDK-08-03	686	210	0.148	
YZDK-08-04	652	210	0.141	
YZDK-08-05	616	210	0.133	
YZDK-08-06	667	210	0.144	
YZDK-08-07	645	210	0.140	
YZDK-08-08	666	210	0.144	
平均值	647	210	0.140	
标准值	—	189～231	0.110～0.150	≤0.0100

图 6-5 检测报告示例

6.3.4 扭剪型高强度螺栓连接副预拉力复验

紧固预拉力(简称预拉力或紧固力)是高强度螺栓正常工作的保证,对于扭剪型高强度螺栓连接副,必须进行预拉力复验。

(1)取样要求

取样要求同6.3.3节相关内容。

(2)检测步骤

复验用的螺栓应在施工现场待安装的螺栓批中随机抽取,每批应抽取8套连接副进行复验,连接副预拉力可采用经计量检定,校准合格的各类轴力计进行测试。试验用的电测轴力计、油压轴力计、电阻应变仪、扭矩扳手等计量器具,应在试验前进行标定,其误差不得超过2%。采用轴力计方法复验连接副预拉力,应将螺栓直接插入轴力计。紧固螺栓分初拧、终拧两次进行,初拧应采用手动扭矩扳手或专用扭矩电动扳手,初拧值应为预拉力标准值的50%左右。终拧应采用专用电动扳手,至尾部梅花头拧掉,读出预拉力值。每套连接副只应做一次试验,不得重复使用,在紧固中垫圈发生转动时,应更换连接副重新试验。

复验螺栓连接副的预拉力平均值和标准偏差应符合表6-3中的规定,其变异系数应按式(6-2)计算,并不大于10%,即:

$$\delta = \frac{\sigma_{p}}{P} \times 100\% \tag{6-2}$$

式中:δ——紧固件预拉力的变异系数(%);

σ_{p}——紧固预拉力的标准值(MPa);

P——该批螺栓预拉力平均值(kN)。

扭剪型高强度螺栓紧固预拉力和标准偏差 表6-3

螺栓直径(mm)	16	20	22	24
紧固预拉力的平均值(kN)	99~120	154~186	191~231	222~270
标准偏差	10.1	15.7	19.5	22.7
紧固轴力变异系数(%)	≤10			

(3)数据记录与检测报告

检测报告示例如图6-6所示。

6.3.5 高强度螺栓连接副施工扭矩试验

(1)一般要求

高强度螺栓连接副扭矩检验含初拧、复拧、终拧扭矩的现场无损检验。检验所用的扭矩扳手精度误差应不大于3%。

对于大六角头高强度螺栓终拧检验,先用质量为0.3kg的小锤敲击每一个螺栓螺母的一侧,同时用手指按住相对的另一侧,以检查高强度螺栓有无漏拧。对于扭矩的检查,可采用扭矩法和转角法检验。扭矩检验应在施拧1h后、48h内完成。发现欠拧、漏拧的必须全部补拧,超拧的必须全部更换。

<table>
<tr><td colspan="6">杭州华新检测技术股份有限公司
HANGZHOU HUAXIN TESTING TECHNOLOGY CO., LTD.
检测报告
Test report
报告编号 Report No.:
HXT-LX-××××</td></tr>
<tr><td>客户名称
Customer name</td><td colspan="3">—</td><td>送样日期
Sample delivery date</td><td>2017.08.30</td></tr>
<tr><td>工程名称
Project name</td><td colspan="3">—</td><td>检测日期
Test date</td><td>2017.09.04</td></tr>
<tr><td>监理单位
Supervision unit</td><td colspan="3">—</td><td>见证人
Witnesses</td><td>—</td></tr>
<tr><td>样品名称
Sample name</td><td colspan="3">钢结构用扭剪型高强度螺栓连接副</td><td>牌号
Brand number</td><td>10.9S</td></tr>
<tr><td>样品编号
Sample number</td><td>WZHL-07-01~08</td><td>规格、型号
Specification</td><td>M20</td><td>温度/湿度
Temperature/humidity</td><td>27℃/52% RH</td></tr>
<tr><td>检测依据
Testing basis</td><td colspan="5">《钢结构工程施工质量验收规范》(GB 50205—2001)、
《钢结构用扭剪型高强度螺栓连接副》(GB/T 3632—2008)</td></tr>
<tr><td>仪器名称
Instrument name</td><td colspan="5">高强度螺栓轴力扭矩复合检测仪（YJZ-500A）</td></tr>
<tr><td>检测项目
Test item(s)</td><td colspan="5">扭剪型高强度螺栓紧固轴力</td></tr>
<tr><td>检测结论
Test conclusion</td><td colspan="5">按《钢结构工程施工质量验收规范》(GB 50205—2001)、《钢结构用扭剪型高强度螺栓连接副》(GB/T 3632—2008)标准检测下述项目，检测结果符合标准要求。
（检测报告专用章）
签发日期（Issue date）：2017 年 09 月 04 日</td></tr>
<tr><td>备注</td><td colspan="5">—</td></tr>
<tr><td colspan="2">编制：
Edit by</td><td colspan="2">审核：
Check by</td><td colspan="2">批准：
Approve by</td></tr>
</table>

图 6-6

杭州华新检测技术股份有限公司 HANGZHOU HUAXIN TESTING TECHNOLOGY CO., LTD. 检测报告 Test report 报告编号 Report No.: HXT-LX-××××			
M20×55 扭剪型高强度螺栓连接副紧固轴力		制造单位:杭州嘉翔	批号:17081513
样品编号 Sample number	紧固轴力(kN) Tighten axial force	平均值(kN) Average value	标准偏差 *S* Standard deviation
WZHL-07-01	178	170	10.76
WZHL-07-02	160		
WZHL-07-03	156		
WZHL-07-04	175		
WZHL-07-05	175		
WZHL-07-06	184		
WZHL-07-07	156		
WZHL-07-08	173		
标准值	—	155~188	≤15.5

图 6-6 检测报告示例

施工扭矩检查数量:按节点数抽查10%,且不应少于10个,每个被抽查节点按螺栓数抽查10%,且不应少于2个。对于扭剪型高强度螺栓施工扭矩的检验,要观察尾部梅花头拧掉情况:尾部梅花头被拧掉者视同其终拧扭矩达到合格质量标准;尾部梅花头未被拧掉者全部应按扭矩法或转角法进行检验。

(2)扭矩法检验

扭矩扳手示值相对误差的绝对值不得大于测试扭矩值的3%。扭矩扳手宜具有峰值保持功能。应根据高强度螺栓的型号、规格选择扭矩扳手的最大量程。工作值宜控制在被选用扳手量限值的20%~80%。

在对高强度螺栓终拧扭矩进行检验前,应清除螺栓及周边涂层。螺栓表面有锈蚀时,还应进行除锈处理。

在对高强度螺栓终拧扭矩检验时,应经外观检查或敲击检查合格后进行。

检验时,施加的作用力应位于手柄尾部,用力要均匀、缓慢。扳手手柄上宜施加拉力。除有专用配套的加长柄或套管外,严禁在尾部加长柄或套管后测定高强度螺栓终拧扭矩。

高强度螺栓终拧扭矩检验采用松扣-回扣法。先在扭矩扳手套筒和连接板上做一直线标记,然后反向将螺母拧松60°,再用扭矩扳手将螺母拧回原来位置(即扭矩扳手套筒与连接板的标记又成一直线),读取此时的扭矩值。

扭矩扳手经使用后,应擦拭干净放入盒内。定力矩扳手使用后要注意将示值调节到最小值处。如扭矩扳手长时间未用,在使用前应先预加载3次,使内部工作机构被润滑油均匀润滑。

评定:高强度螺栓终拧扭矩检验结果宜为$0.9T_{ch}$ ~ $1.1T_{ch}$。

$$T_{ch} = K \times P \times d$$

式中:T_{ch}——高强度螺栓终拧扭矩值;

K——高强度螺栓连接副的扭矩系数平均值;

P——高强度螺栓施工预应力;

d——高强度螺栓杆直径。

(3)转角法检验

在螺尾端头和螺母相对位置划线,然后全部将螺母卸松,再按规定的初拧扭矩和终拧角度重新拧紧螺栓。

①检查初拧后在螺母与螺尾端头相对位置所划的终拧起始线和终止线所夹的角度是否在规定的范围内。

②在螺尾端头和螺母相对位置划线,然后完全卸松螺母,再按规定的初拧扭矩和终拧角度重新拧紧螺栓,观察与原划线是否重合,终拧转角偏差在±10°以内为合格。

6.4 高强度螺栓连接抗滑移系数试验方法

6.4.1 抗滑移系数试验取样要求

制造厂和安装单位应分别以钢结构制造批(验收批)为单位进行抗滑移系数试验。每批3组试件,制造批可按单位工程划分规定的工程量每2000t为一批,不足2000t的可视为一批。

选用两种及两种以上表面处理工艺时,每种处理工艺单独检验。抗滑移系数试验应采用双摩擦面的两螺栓连接的拉力试验,如图 6-7 所示。

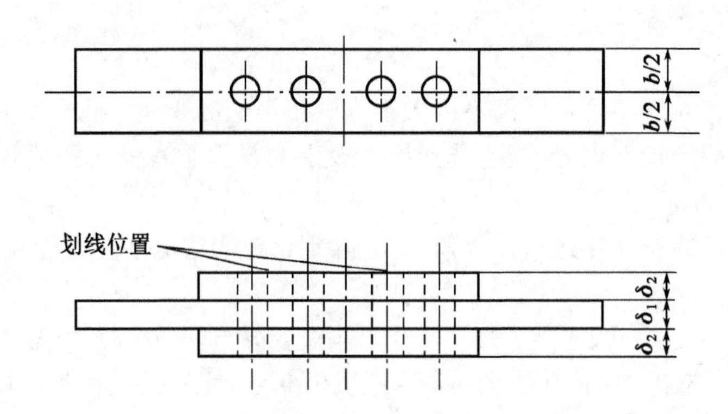

图 6-7 抗滑移系数试验试件的形式和尺寸

抗滑移系数试验所用试件应由钢结构公司或有关制造厂加工,试件与所代表的钢结构构件应为同一材质、同批操作、采用同一摩擦面处理工艺和具有相同的表面状态,并应用同批、同一性能等级的高强度螺栓连接副,在同一环境条件下存放。试件板面应平整、无油污,孔和板的边缘无飞边、毛刺。

试件板厚 δ_1、δ_2 应根据钢结构工程中有代表性的板材厚度来确定,同时应考虑在摩擦面滑移之前,试件钢板的净截面始终处于弹性状态,试件参考尺寸见表 6-4。

抗滑移系数试验所用试件参考尺寸(mm) 表 6-4

性能等级	公称直径	孔径	芯板厚度 δ_1	盖板厚度 δ_2	板宽	端距	间距
8.8S	16	17.5	14	8	75	40	60
	20	22	18	10	90	50	70
	(22)	24	20	12	95	55	80
	24	26	22	12	100	60	90
	(27)	30	24	14	105	65	100
	30	33	24	14	110	70	110
10.9S	16	17.5	14	8	95	40	60
	20	22	18	10	110	50	70
	(22)	24	22	12	115	55	80
	24	26	25	16	120	60	90
	(27)	30	28	18	125	65	100
	30	33	32	20	130	70	110

6.4.2 试验步骤

试验用的试验机误差应在 1% 以内。试验用的贴有电阻片的高强度螺栓压力传感器和电阻应变仪,应在试验前用试验机进行标定,其误差应在 2% 以内。

试件的组装顺序应符合下列规定:

先将冲钉打入试件孔定位,然后逐个换成装有压力传感器或贴有电阻片的高强度螺栓,或换成同批预拉力复验的扭剪型高强度螺栓。紧固高强度螺栓分为初拧、终拧两阶段。初拧应达到螺栓预拉力标准值的 50% 左右。终拧后,螺栓预拉力应符合下列规定:对装有压力传感器或贴有电阻片的高强度螺栓,采用电阻应变仪实测控制试件每个螺栓的预拉力应在 $0.95P \sim 1.05P$ (P 为高强度螺栓设计预拉力值)之间;不进行实测时,扭剪型高强度螺栓的预拉力(紧固轴力)可按同批复验预拉力的平均值取用。

试件应在其侧面画出观察滑移的直线。

将组装好的试件置于拉力试验机上,试件的轴线应与试验机夹具中心严格对中。

加荷时,应先加 10% 的抗滑移设计荷载值,停 1min 后,再平稳加荷,加荷速度为 3 ~ 5kN/s。当拉至滑动破坏时,测得滑移荷载 N_v。

在试验中当发生以下情况之一时,所对应的荷载可定为试件的滑移荷载:试件突然发生"嘣"的响声。

抗滑移系数应根据试验所测得的滑移荷载 N_v 和螺栓预拉力的实测值 P_i 按式(6-3)计算,宜取小数点后 2 位有效数字,即:

$$\mu = \frac{N_v}{n_f \sum_{i=1}^{m} P_i} \tag{6-3}$$

式中: N_v——由试验测得的滑移荷载(kN);

n_f——摩擦面面数,取 2;

$\sum_{i=1}^{m} P_i$ ——试件滑移一侧高强度螺栓预拉力实测值(或同批螺栓连接副的预拉力平均值)之和(取 3 位有效数字)(kN);

m ——试件一侧螺栓数量。

式(6-3)中的取值规定如下:对于大六角头高强度螺栓, P_i 应为实测值,此值应准确控制在 $0.95P \sim 1.05P$ 。对于扭剪型高强度螺栓,先抽验 8 套螺栓(与试件组装螺栓同批),当 8 套螺栓的紧固力平均值和变异系数符合《钢结构工程施工质量验收规范》(GB 50205—2001)的规定时,即将该平均值作为 P_i 。

抗滑移系数检验的最小值必须不小于设计规定值。

当不符合上述规定时,对构件摩擦面应重新处理,对处理后的构件摩擦面重新检验。

检测报告示例如图 6-8 所示。

杭州华新检测技术股份有限公司

HANGZHOU HUAXIN TESTING TECHNOLOGY CO., LTD.

检测报告

Test report

报告编号 Report No.
HXT-LX-××××

M22X85 大六角头高强度螺栓连接副抗滑移系数			
材质 Sample material	—	试件规格（mm） Specification	芯板 18mm, 旁板 14mm
试样类型	双摩擦面二栓拼接,摩擦面喷丸处理		
样品编号 Sample number	螺栓预拉力 P（kN） Bolt pretension force	滑移荷载 N_v（kN） Sip load	抗滑移系数μ Sliding resistance coefficient
YZDK-08-09	210	397	0.47
YZDK-08-10	210	403	0.48
YZDK-08-11	210	392	0.47
平均值	210	397	0.47
设计值	153~187	—	≥0.45
备注 Remark			

图 6-8　检测报告示例

6.5 在役高强度螺栓缺陷检测

高强度螺栓连接在钢结构连接中应用广泛，但多年以来，在役高强螺栓的健康状况无法检测，这在一定程度上影响了高强度螺栓连接在我国的应用，也给在役结构带来很大的安全隐患。为解决在役高强度螺栓缺陷检测问题，有关单位开发了基于全矩阵数据采集（Full Matrix Capture，FMC）的相控阵全聚焦（Total Focusing Method，TFM）超声成像检测技术，该技术能够实现高强度螺栓的三维成像，从而清楚地观测到高强度螺栓内部可能存在的缺陷，以及缺陷的种类和尺寸，有效解决了在役高强度螺栓缺陷检测问题。

6.5.1 参考标准

基于二维相控阵探头的实时3D相控阵全聚焦成像技术的应用原则及检测工艺设计所参考的标准是《无损检测超声检测相控阵超声检测方法》（GB/T 32563—2016），该标准明确规定“使用二维相控阵超声探头进行检测，在考虑声场特性变化及其给系统校准和检测带来的影响后，也可参照本标准。”

6.5.2 技术背景

基于全矩阵数据采集（FMC）的相控阵全聚焦（TFM）超声成像检测技术，因其具有缺陷成像分辨力高、算法灵活等优点而成为近几年相控阵超声成像检测领域的研究热点。当前，国内外相关技术研究人员对于相控阵全聚焦成像技术的研究主要还集中于使用一维线阵实现二维全聚焦成像。

近年来把二维全聚焦成像检测扩展至三维，并利用硬件芯片的高速并行运算能力实现了硬件的全聚焦计算，检测图像刷新率高达20幅/s，数据实时处理能力约每秒2.5G字节，从真正意义上实现了实时3D相控阵全聚焦成像检测，填补了当前国内外在实时3D相控阵全聚焦成像检测领域的空白。实际的检测试验结果表明，3D相控阵全聚焦成像技术的检测成像结果非常直观，能够真实还原缺陷整体结构，达到所见即所探的检测效果。

6.5.3 全聚焦检测系统简介

图6-9为实时3D超声全聚焦检测系统（简称全聚焦检测系统），该系统由64个全并行的相控阵硬件通道、8×8面阵探头、65536个法则、内置的实时数字滤波器和嵌入处理器等组成，实时图像刷新率高达20幅/s，并提供原始全矩阵数据、检测结果保存和二次开发函数接口，开放源代码。图6-10为全聚焦检测系统检测界面，该界面简洁清楚。图6-11为全聚焦检测系统分析界面，系统可以对缺陷在长度、宽度和高度方向进行切片，并可以显示缺陷的宽度、长度、高度和深度。

6.5.4 全聚焦检测系统分析案例

分别采用2D-TFM和3D-TFM成像技术对高强度合金钢螺栓的裂纹缺陷进行检测，结果如图6-12所示。由检测结果可知,2D-TFM、3D-TFM技术均可有效检出螺栓内部的人工缺陷,在2D-TFM检测结果中,裂纹和螺栓丝扣之间的图像特征区别不是非常明显,有可能导致缺陷误判,而3D-TFM检测能够非常轻松地识别出这两个缺陷。

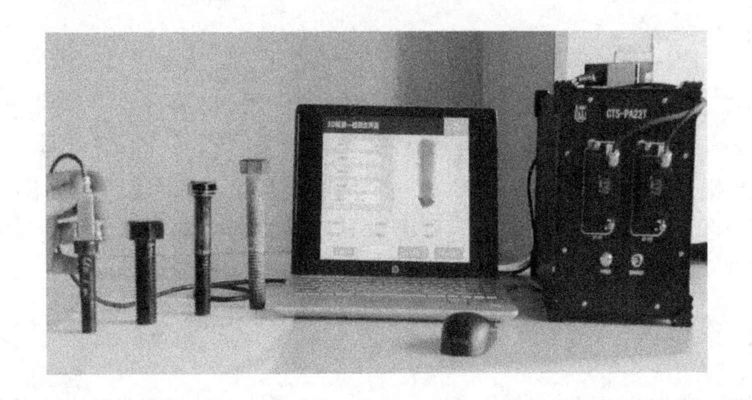

图6-9 实时3D超声全聚焦检测系统

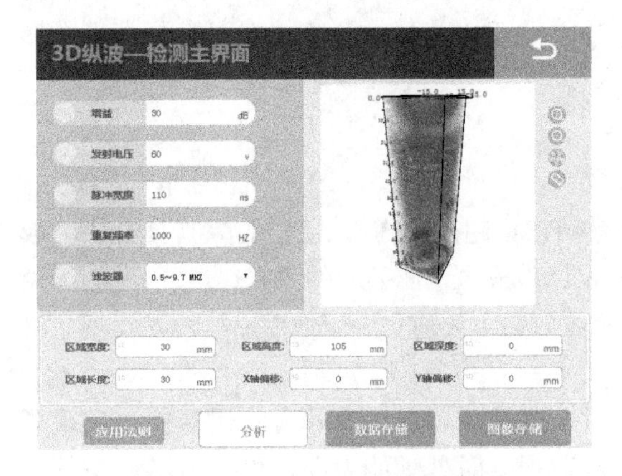

图6-10 全聚焦检测系统检测界面

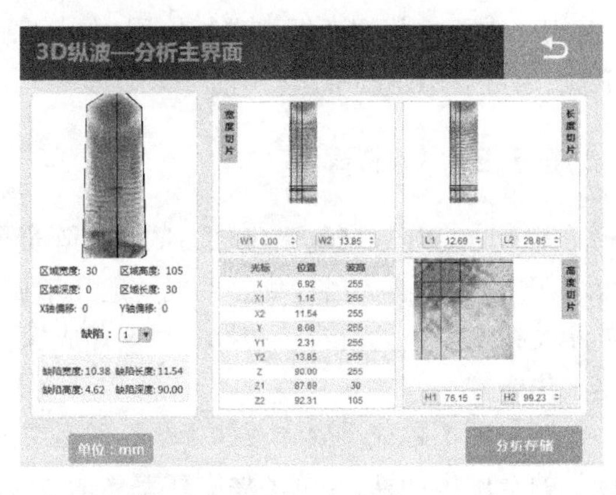

图6-11 全聚焦检测系统分析界面

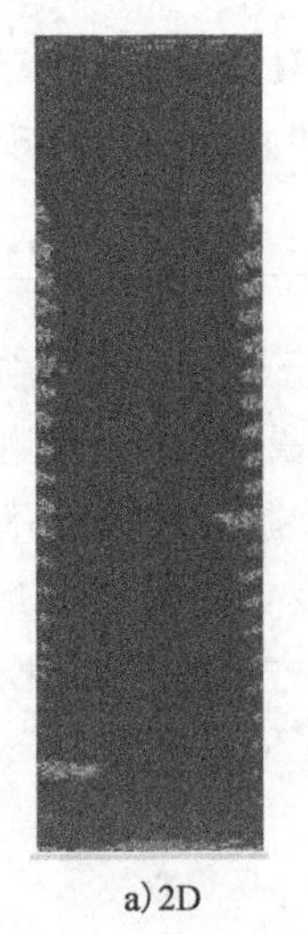

a) 2D

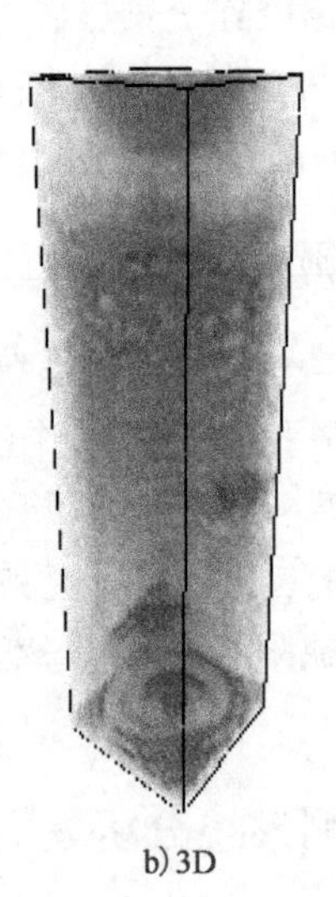

b) 3D

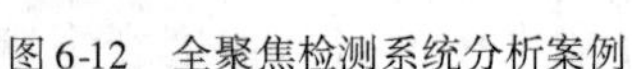

图6-12 全聚焦检测系统分析案例

6.6 在役高强度螺栓预紧力检测

6.6.1 技术背景

在航空航天、发电、核电站、化工、锅炉、水泵等工业领域的一些关键设备,都有螺栓预紧力测量的需要。近十几年,国内外都在积极探索使用超声波直接测量螺栓预紧力的方法和手段,如:美国的 Micro Control、LoadCT 公司、德国的 Intellifast、日本的东日公司、中国的北京艾法斯特科技有限公司都相继推出超声波测量螺栓预紧力的设备。但是,目前的超声波螺栓预紧力测量仪都要测得螺栓未受应力状态下的螺栓长度参量,这对安装过程是适用的,然而对已紧固的螺栓则是不具有操作性的。

6.6.2 技术原理

预紧力检测系统使用纵横波一体探头,在螺栓头部发射沿螺杆传播的横波、纵波,如图 6-13所示。

根据声弹力学,螺栓预紧力可由公式(6-4)求得:

$$\frac{T_{\mathrm{T}}}{T_{\mathrm{L}}} = \frac{T_{\mathrm{T0}}}{T_{\mathrm{L0}}}(1 + K \times \beta \times F) \tag{6-4}$$

式中:T_{T} ——应力状态下横波回波时间;

T_{L} ——应力状态下纵波回波时间;

T_{T0} ——无应力状态下横波回波时间;

T_{L0} ——无应力状态下纵波回波时间;

K ——声弹常量;

β ——装夹长度和螺栓总长的比值;

F ——螺栓预紧力。

其中,$T_{\mathrm{T}}/T_{\mathrm{L}}$ 只与材质的冶金参数及温度相关,其与温度相关关系见图 6-14;K 只与冶金参数相关,可通过螺栓拉伸机一次标定获得。

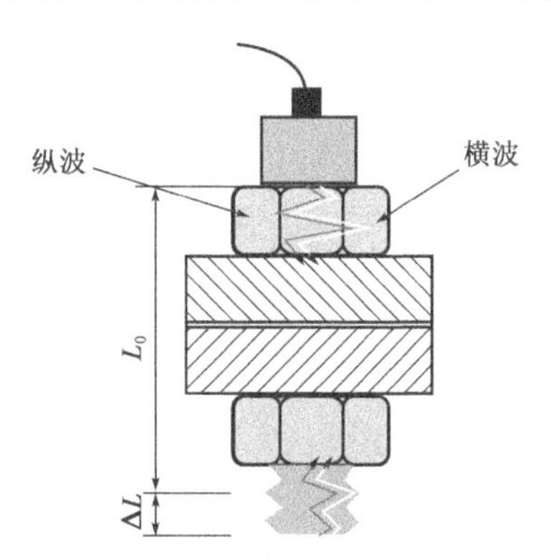

图 6-13 纵、横波测量螺栓预紧力原理图

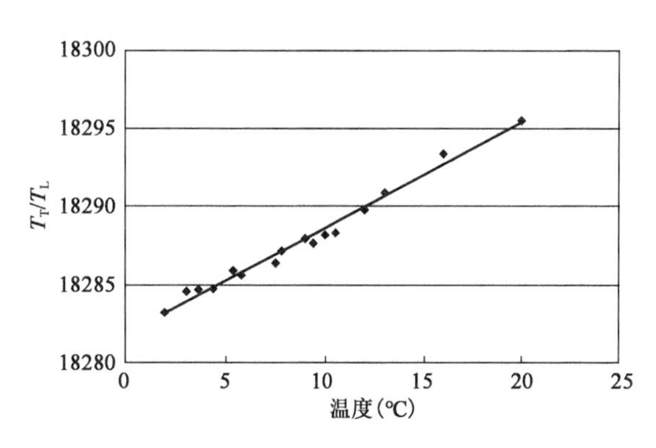

图 6-14 对于待测螺栓 $T_{\mathrm{T}}/T_{\mathrm{L}}$ 和温度的线性关系

6.6.3 检测案例

(1)试验对象

此试验使用杭州华新检测技术股份有限公司提供的M24、长度100mm 1支螺栓,尾部打磨;使用测试系统专用的纵横波一体探头进行测量,如图6-15所示。

(2)试验方法

①在待测的螺栓进行标定试验,获得T_{T0}、T_{L0};在0~200kN范围内,以50kN为步长,使用螺栓拉伸机获得声弹常量K的平均值。②将常量K、T_{T0}、T_{L0}代入公式(6-4),在螺栓检测仪上对待测螺栓在0~200kN范围内随机进行加载,对比螺栓拉伸机输出的实际力值和系统的测量值,并进行误差分析。

(3)试验过程及数据

此次试验装配如图6-16所示。使用轴力计给出高强度螺栓的实际预紧力,并与测试结果进行对比。使用iBolt USM-2设备读取零应力条件下的横波、纵波回波时间T_{T0}和T_{L0}。将标定数据输入系统,获得声弹常量K值。获得T_{T0}、T_{L0}及K后,对待测螺栓进行试验,数据如表6-5所示,其中测量误差为:(实际值-测量值)/测量值的百分比。由表6-5可知,误差最大为7.774%。

图6-15 纵横波一体探头

图6-16 试验装配图

测试数据及与轴力计数据的比较表　　表6-5

编　号	横波时间(μs)	纵波时间(μs)	横 纵 比	拉力(kN)	测量力(kN)	误差(%)
1	65.283963	35.024170	1.863969	0.000	6.519	
1-1	65.443609	35.159370	1.861342	81.900	81.047	-1.042
1-2	65.450939	35.199470	1.859430	132.100	142.370	7.774
2	65.316368	35.035071	1.864314	0.000	-11.831	
2-1	65.370483	35.100580	1.862376	57.900	54.481	-5.905
2-2	65.371165	35.128643	1.860908	97.700	102.626	5.042
2-3	65.385698	35.141538	1.860638	105.000	110.404	5.147
2-4	65.453072	35.215773	1.858629	157.700	166.911	5.841

复习思考题

1. 简述栓钉检测依据的标准。
2. 简述普通螺栓连接现场检查的方法。
3. 简述高强度螺栓的分类。
4. 简述大六角头高强度螺栓连接副扭矩系数的检测方法。
5. 简述扭剪型高强度螺栓连接副预拉力复验方法。
6. 简述高强度螺栓摩擦型连接抗滑移系数试验中判断螺栓滑动的方法。

第7章

装配式钢结构检测

7.1 概　　述

装配式钢结构建筑是指建筑的结构系统由钢(构)件构成的装配式建筑。钢结构是天然的装配式结构。

装配式钢结构建筑的优点:

(1)没有现场现浇节点,安装速度更快,施工质量更容易得到保证。

(2)钢结构是延性材料,具有更好的抗震性能。

(3)相对于混凝土结构,钢结构自重更轻,基础造价更低。

(4)钢结构是可回收材料,更加绿色环保。

(5)精心设计的钢结构装配式建筑,比装配式混凝土建筑具有更好的经济性。

(6)梁柱截面更小,可获得更多的使用面积。

装配式钢结构建筑的缺点:

(1)相对于装配式混凝土结构,外墙体系与传统建筑存在差别,较为复杂。

(2)如果处理不当或者没有经验,防火和防腐问题需要引起重视。

(3)如设计不当,钢结构比传统混凝土结构造价更高,但相对装配式混凝土建筑而言,仍然具有一定的经济性。

装配式钢结构检测包含材料检测、构件检测、连接检测、结构性能检测。

7.2 材料检测

装配式钢结构材料检测应包括物理化学性能检测、缺陷和损伤检测等。

7.2.1 装配式钢结构物理化学性能检测

1)钢材的物理化学性能检测

钢材的检验批划分:

(1)牌号为Q235、Q345且板厚小于40mm的钢材,应按同一生产厂家、同一牌号、同一质量等级的钢材组成检验批,每批质量不应大于150t;同一生产厂家、同一牌号的钢材供货质量超过600t且全部复验合格时,每批的组批质量可扩大至400t。

(2)牌号为Q235、Q345且板厚大于或等于40mm的钢材,应按同一生产厂家、同一牌号、同一质量等级的钢材组成检验批,每批质量不应大于60t;同一生产厂家、同一牌号的钢材供货质量超过600t且全部复验合格时,每批的组批质量可扩大至400t。

(3)牌号为Q390的钢材,应按同一生产厂家、同一质量等级的钢材组成检验批,每批质量不应大于60t;同一生产厂家的钢材供货质量超过600t且全部复验合格时,每批的组批质量可扩大至300t。

(4)牌号为Q235GJ、Q345GJ、Q390GJ的钢板,应按同一生产厂家、同一牌号、同一质量等级的钢材组成检验批,每批质量不应大于60t;同一生产厂家、同一牌号的钢材供货质量超过600t且全部复验合格时,每批的组批质量可扩大至400t。

(5)牌号为Q420、Q460、Q420GJ、Q460GJ的钢材,每个检验批应由同一牌号、同一质量等级、同一炉号、同一厚度、同一交货状态的钢材组成,每批质量不应大于60t。

钢材的物理化学性能包含屈服强度或规定非比例延伸强度、抗拉强度、断后伸长率、冷弯性能、冲击韧性、Z向钢板厚度方向断面收缩率及钢材的化学元素含量检测。

屈服强度或规定非比例延伸强度、抗拉强度、断后伸长率采用《金属材料拉伸试验 第1部分 室温拉伸试验方法》(GB/T 228.1—2010)标准进行检测。

冷弯性能采用《金属材料 弯曲试验方法》(GB/T 232—2010)标准进行检测。

冲击韧性采用《金属材料 夏比摆锤冲击试验方法》(GB/T 229—2007)标准进行检测。

对于有Z向性能要求的钢材应采用《厚度方向性能钢板》(GB/T 5313—2010)标准进行检测。

钢材的化学元素含量检测采用标准《钢铁及合金化学分析方法》(GB/T 223)或《碳素钢和中低合金钢 多元素含量的测定 火花放电原子发射光谱法(常规法)》(GB/T 4336—2016)进行检测。

钢材的物理化学性能应符合现行国家产品标准和设计要求。

2)焊接材料的物理化学性能检测

焊接材料的物理化学性能检测包含焊接材料熔敷金属的屈服强度或规定非比例延伸强度、抗拉强度、断后伸长率、冲击韧性及焊接材料的化学元素含量检测。其中,屈服强度或规定非比例延伸强度、抗拉强度、断后伸长率采用《焊缝及熔敷金属拉伸试验方法》(GB/T 2652—2008)标准进行检测;冲击韧性采用《焊接接头冲击试验方法》(GB/T 2650—2008)标准进行检测;焊接材料的化学元素含量检测采用现行标准《钢铁及合金化学分析方法》(GB/T 223)或《碳素钢和中低合金钢　多元素含量的测定火花放电原子发射光谱法(常规法)》(GB/T 4336—2016)进行检测。

焊接材料的物理化学性能应符合现行国家产品标准和设计要求。

3)铸钢件物理化学性能检测

铸钢件的物理化学性能检测包含铸钢件的屈服强度或规定非比例延伸强度、抗拉强度、断后伸长率、冲击韧性及铸钢件的化学元素含量检测。其中,屈服强度或规定非比例延伸强度、抗拉强度、断后伸长率采用《金属材料拉伸试验　第1部分　室温拉伸试验方法》(GB/T 228.1—2010)标准进行检测;冲击韧性采用《金属材料　夏比摆锤冲击试验方法》(GB/T 229—2007)标准进行检测;铸钢件的化学元素含量检测采用现行标准《钢铁及合金化学分析方法》(GB/T 223)或《碳素钢和中低合金钢　多元素含量的测定　火花放电原子发射光谱法(常规法)》(GB/T 4336—2016)进行检测。

铸钢件的物理化学性能应符合现行国家产品标准和设计要求。

4)圆柱头焊钉物理化学性能检测

圆柱头焊钉物理化学性能检测包含圆柱头焊钉的屈服强度、抗拉强度、断后伸长率、冲击韧性及铸钢件的化学元素含量检测。其中,屈服强度、抗拉强度、断后伸长率采用《金属材料拉伸试验　第1部分　室温拉伸试验方法》(GB/T 228.1—2010)标准进行检测;冲击韧性采用《金属材料　夏比摆锤冲击试验方法》(GB/T 229—2007)标准进行检测;圆柱头焊钉的化学元素含量检测采用现行标准《钢铁及合金化学分析方法》(GB/T 223)或《碳素钢和中低合金钢　多元素含量的测定　火花放电原子发射光谱法(常规法)》(GB/T 4336—2016)进行检测。

圆柱头焊钉的物理化学性能应符合现行国家产品标准和设计要求。

5)紧固件力学性能检测

紧固件力学性能检测包含扭矩系数、紧固轴力、螺栓楔负载试验、螺栓螺母保载试验、螺母和垫圈硬度和螺栓实物最小拉力荷载检测。其检测方法应符合《钢结构用高强度大六角头螺栓、大六角螺母、垫圈技术条件》(GB/T 1231—2006)、《钢结构用扭剪型高强度螺栓连接副》(GB/T 3632—2008)、《钢网架螺栓球节点用高强度螺栓》(GB/T 16939—2016)或《钢结构工程施工质量验收规范》(GB 50205—2001)的相关规定。

6)高强度螺栓连接摩擦面的抗滑移系数检验

高强度螺栓连接摩擦面的抗滑移系数检验应按钢结构工程量每2000t为一个批次,不足2000t可视为一批,每批3组试件。高强度螺栓连接摩擦面的抗滑移系数检验方法应按《钢结构施工质量验收规范》(GB 50205—2001)附录B的规定检验。测得的抗滑移系数最小值应符合设计要求。

7.2.2　装配式钢结构缺陷与损伤检测

钢板缺陷检测方法应符合下列规定:对于厚度方向有规定的钢板宜采用逐张探伤检测,检测要求应符合国家标准《厚钢板超声波检验方法》(GB/T 2970—2016)的规定。

钢板、型钢厚度检验:采用游标卡尺或超声测厚仪对每一品种、规格的钢板抽查5处。钢板厚度应符合其产品标准的要求。

铸钢件应采用《铸钢件超声检测 第1部分:一般用途铸钢件》(GB/T 7233.1—2009)标准进行超声波检测,采用《铸钢件磁粉检测》(GB/T 9444—2007)标准进行磁粉检测。

高强度螺栓的缺陷检测采用《钢结构现场检测技术标准》(GB/T 50621—2010)标准中的磁粉或渗透检测方法进行检测。

螺栓球节点采用《锻钢件磁粉检验方法》(JB/T 8468—2014)标准进行表面检测。

焊接球节点及螺栓球杆件节点采用《钢结构超声波探伤及质量分级法》(JG/T 203—2007)标准对焊缝进行超声波探伤。

7.3 构件检测

装配式钢结构构件检测应包括构件尺寸、构造、偏差与变形等项目。

装配式钢结构构件的检测可采用观察、测量和常规无损检测方法,必要时可进行取样检验及构件(节点)试验检验。

构件尺寸检测应包括构件轴线尺寸、主要零部件布置定位尺寸及零部件规格尺寸等项目。零部件规格尺寸的检测方法应符合相关产品标准的规定。

构件的制作与安装偏差检测应符合国家标准《钢结构工程施工质量验收规范》(GB 50205—2001)的相关规定。

构件的弯曲度、垂直度,可采用经纬仪、激光定位仪或全站仪的方法检测,测定构件顶部相对于底部的水平位移,计算倾斜度。对于尺寸不大于6m的构件,也可用拉线、吊线锤的方法进行检测。

构件涂装层的检测应包括外观质量、涂层附着力、涂层厚度等检测项目。相关检测项目应符合《钢结构工程施工质量验收规范》(GB 50205—2001)的相关规定。

7.4 连接检测

装配式钢结构的连接检测应包括焊缝连接检测、螺栓连接检测、铆钉连接检测等。以下介绍前两种连接检测。

7.4.1 焊缝连接检测

焊缝连接检测中的外观质量检测采用目视和焊接检验尺测量的方法;对焊缝外观质量(未焊满、根部收缩、咬边、弧坑裂纹、电弧擦伤。接头不良、表面夹渣、表面气孔、焊缝余高、焊缝错边、焊角尺寸)进行检测,检测结果应符合《钢结构工程施工质量验收规范》(GB 50205—2001)的要求。

设计要求全焊透焊缝应采用超声波探伤进行内部缺陷的检验;超声波探伤不能对缺陷作出判断时,应采用射线探伤。其内部缺陷分级及探伤方法应符合国家标准《焊缝无损检测

超声检测 技术、检测等级和评定》(GB/T 11345—2013)或《金属熔化焊焊接接头射线照相》(GB/T 3323—2005)的规定。焊缝验收等级应根据设计要求进行确定。

焊接球节点网架焊缝、螺栓球节点网架焊缝及圆管T形、K形、Y形点相贯线焊缝,其内部缺陷分级及探伤方法应符合国家现行标准《钢结构超声波探伤及质量分级法》(JG/T 203)的规定。

7.4.2 螺栓连接检测

装配式钢结构普通螺栓连接检测的内容应包括螺栓紧固情况、外露丝扣情况。装配式钢结构普通螺栓连接检测宜采用观察、锤击检查等方法。永久普通螺栓紧固应牢固、可靠、外露丝扣不应少于2扣。按连接节点数抽查10%,且不应少于3个。

高强度大六角头螺栓连接副终拧完成1h后、48h内应进行终拧扭矩检查,检查结果应符合《钢结构工程施工质量验收规范》(GB 50205—2001)的规定。按节点数检查10%,且不应少于10个;每个被抽查节点按螺栓数抽查10%,且不应少于2个。

扭剪型高强度螺栓连接副终拧后,除因构造原因无法使用专用扳手终拧掉梅花头者外,未在终拧中拧掉梅花头的螺栓数不应大于该节点螺栓数的5%。对所有梅花头未拧掉的扭剪型高强度螺栓连接副应采用扭矩法或转角头进行终拧,扭剪型高强度螺栓连接副应采用扭矩法或转角法进行终拧并用标记。对所有梅花头未拧掉的抗剪型高强度螺栓连接副应采用扭矩法或转角法进行终拧并用标记。按节点数抽查10%,但不应少于10节点,被抽查节点中梅花头未拧掉的扭剪型高强度螺栓连接副全数进行终拧扭矩检查。

高强度螺栓连接摩擦面应保持干燥、整洁,不应有飞边、毛刺、焊接飞溅物、焊疤、氧气铁皮、污垢等,除设计要求外摩擦面不应涂漆。

7.4.3 梁柱、梁梁节点检测

梁柱、梁梁节点的检测内容应符合下列规定:

(1)节点及其零部件的尺寸、构造是否满足设计或规范要求。

(2)对于采用端板连接的梁柱连接,应重点检测端板是否变形、开裂,其厚度是否满足设计或规范要求;梁(柱)与端板的连接是否开裂;端板的连接螺栓是否松动、脱落。

(3)对于采用栓焊或全焊的框架梁柱、梁梁连接,除应检查焊缝和螺栓外,地震区尚应验算节点承载力是否满足抗震规范要求。

7.4.4 支座节点检测

支座节点检测应包括对屋架支座、桁(托)架支座、柱脚、网架(壳)支座的检测。检测内容应包括支座偏心与倾斜、支座沉降、支座锈蚀、连接焊缝裂纹、锚栓变形或断裂、螺母松动或脱落、限位装置是否有效、铰支座能否自由转动或滑动等。

7.4.5 残余应力检测

对结构受力较大或对结构影响较大的焊接节点部位应进行残余应力的检测并进行消除处理。残余应力的检测可采用国家标准《无损检测 残余应力超声临界折射纵波检测方法》(GB/T 32073—2015)的规定执行,残余应力可采用高能声束调控法进行消除。

7.5 结构性能检测

装配式钢结构应对在需要时对结构性能进行静载试验,静载试验可分为使用性能检验、承载力检验。采用分级加载测试构件的应变与变形量,确定构件的强度是否满足要求。当检验应模型的材料与所模拟结构或构件的材料性能有差别时,应时行材料性能试验。

装配式钢结构在施工及使用过程中对重要受力部位或重要结构部位应进行应力应变及变形监测。装配式钢结构施工及使用过程监测可参照国家标准《建筑与桥梁结构监测技术规范》(GB 50982—2014)执行。

7.6 钢管混凝土密实度声波 CT 检测

目前,装配式钢结构普遍采用了钢管混凝土的结构。因此,对钢管混凝土密实度的检测就相当重要。本节介绍钢管混凝土密实度的 CT 检测方法。

声波 CT 检测原理:声波 CT 是利用声波穿透混凝土,通过声波走时和能量衰减的观测对混凝土的内部结构成像。波速可作为混凝土强度和内部缺陷评价的定量指标,波速与混凝土强度等级的关系见表 7-1。

波速与混凝土强度等级的试验结果对照　　表 7-1

混凝土强度等级	波速(m/s)	混凝土强度等级	波速(m/s)
C40	3500 ~ 3800	C55	4300 ~ 4500
C45	3800 ~ 4000	C60	>4500
C50	4000 ~ 4300		

检测仪器:采用声波 CT 检测仪,其具有采样频率大,频带宽等优点。分析软件应具有走时读取、延时校正、射线追踪、速度计算等模块。

声波 CT 检测测线布置:

(1)进行钢管混凝土的声波 CT 检测时,需要按照结构分解为不同的检测面。图 7-1 表示了一个典型的钢管混凝土 CT 观测系统,5cm 布设一个点,每个点布设接收点和激发点。

(2)检测面射线分布。从激发点到检波点构成穿过检测区域的射线,在 CT 计算中,每个检测面的射线密度和正交性代表计算结果的可靠性。单个声波 CT 检测面射线密度分布如图 7-2 所示,密度过低或者正交性过小的区域其计算结果可信度降低。

(3)检测资料分析系统。

声波 CT 检测资料处理分为 3 个步骤:

①走时读取:对现场采集的每一记录数据,读取射线的走时,如图 7-3 所示。

为保证走时读取准确,一般在读取走时之前要进行触发延时校正。

②观测坐标编辑与射线追踪:对激发点与接收点的几何坐标进行编辑,对激发点到接收点的射线进行追踪,计算出经过各单元体的射线长度。

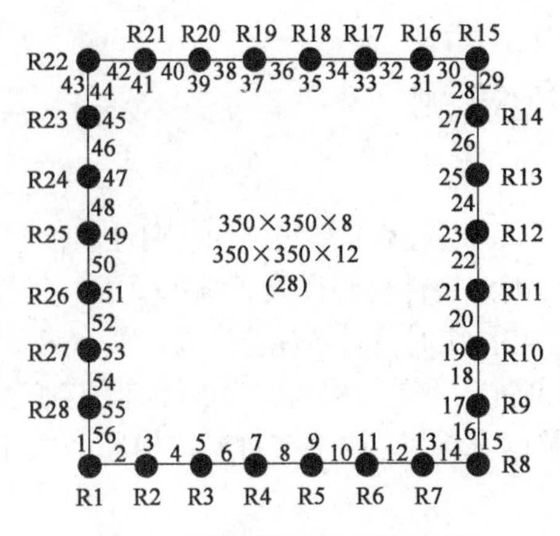

图 7-1　钢管混凝土 CT 观测系统图

R 为观测点位置

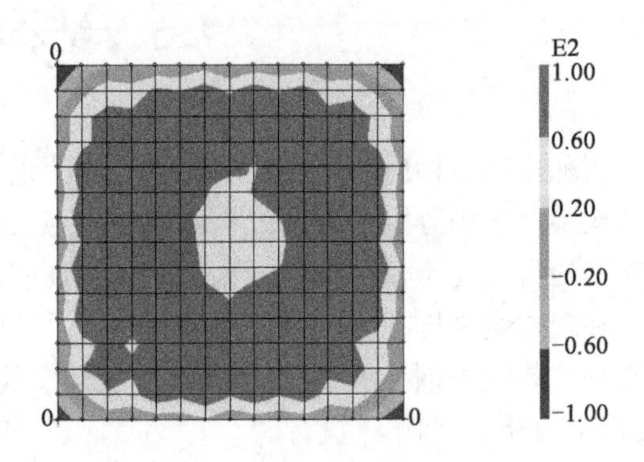

图 7-2　单个声波 CT 检测面射线密度分布图

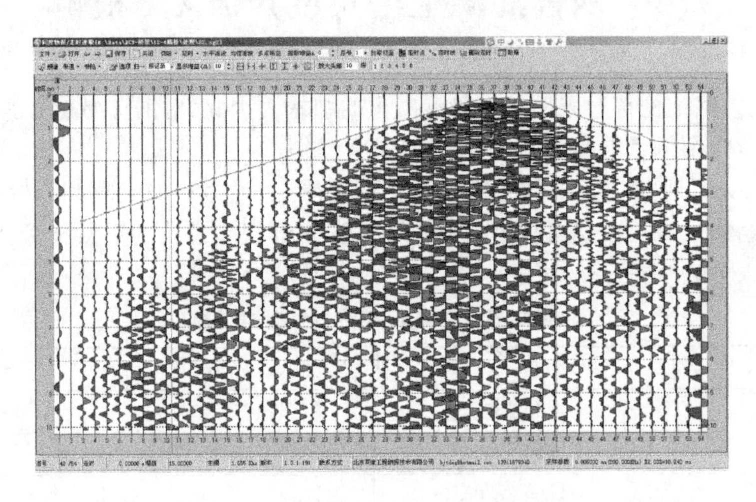

图 7-3　资料分析(步骤 1:走时读取)

③混凝土中的波速 CT 成像:联合所有的激发点、接收点数据,对波速分布进行 CT 求解,并形成波速 CT 图像,如图 7-4 所示。

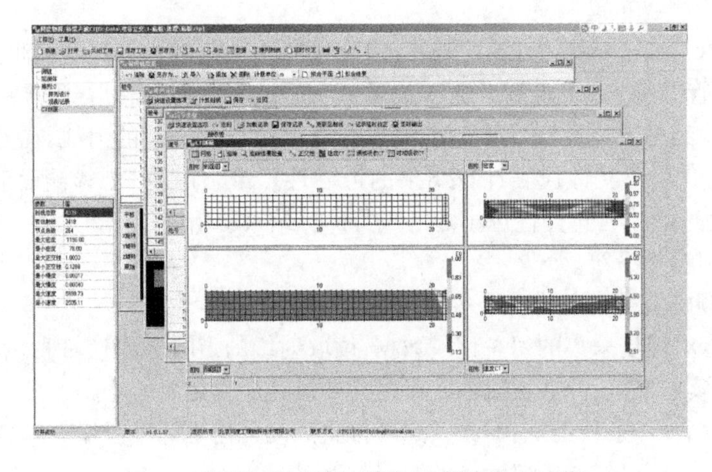

图 7-4　资料分析(步骤 3:混凝土中的波速 CT 成像)

(4)声波 CT 的混凝土质量评价方法。

根据上述研究,声波速度可以作为评价混凝土浇筑质量的依据。钢管混凝土中的波速是分布参数,不同部位波速不同,因而需要选定几项统计参数作为混凝土质量评价的指标。根据目前的研究结果,为便于实际应用,初步选择下列 4 个参数作为混凝土质量评价的定量指标,它们分别为钢管混凝土的平均波速 V_a、波速离散度 R_b、合格率面积比 R_s 和最大缺陷尺度 SL。

①平均波速。

钢管混凝土的平均波速 V_a 是表征钢管混凝土平均强度的重要指标,用它来衡量钢管混凝土的平均强度是否达到设计标准。平均波速计算公式如下:

$$V_a = \frac{1}{M}\sum_{j=1}^{M} V_j \tag{7-1}$$

式中:V_j——CT 剖面内单元节点位置的波速;

M——剖面内单元节点总数。

当声波 CT 剖面内的平均波速达到或超过设计强度时,表明混凝土强度达到了设计标准。对于 C50 混凝土,其平均波速应大于 4000m/s(表 7-1)。

②波速离散度。

波速离散度 R_b 定义为速度均方差与平均波速的比值,它是表征钢管混凝土浇筑质量离散性大小的重要指标。离散度大,表示浇筑质量不均匀,混凝土密实性差异较大,桥梁受力时易造成应力集中;反之,离散度小,说明浇筑质量均一。CT 剖面的波速的离散度由式(7-2)计算:

$$R_b = \frac{\sigma}{V_a} \qquad \sigma = \sqrt{\frac{\sum_{j=1}^{M}(V_j - V_a)^2}{M}} \tag{7-2}$$

其中,σ 为均方差。

离散度小于 9% 为合格;超过此数值则离散度过大,判定为不合格。

③合格率面积比。

合格率面积比 R_s 定义为强度达到设计标准的面积所占的比率。合格率面积比越大,说明混凝土质量越好。对于 C50 混凝土,就是波速等于或超过 4000m/s 的面积所占的比率。这个面积比率达到或超过 80% 为合格,低于此数值为不合格。

④最大缺陷尺度。

混凝土质量评价的第四项参数是最大缺陷尺度 SL。所谓缺陷是指波速低于设计强度 85% 的疏松混凝土。松散混凝土在 CT 剖面上连续分布的面积如果过大,对桥梁的承载力会产生不利的影响,目前初步将最大缺陷面积设定在 1m^2,小于该数值认为合格,超过该数值认为不合格。对于 C50 混凝土,最大缺陷的面积是统计波速小于 3400m/s 连续的面积。

7.7 套筒灌浆缺陷冲击回波检测方法

钢筋采用套筒灌浆连接时,灌浆应饱满、密实,其材料及连接质量应符合国家行业标准《钢筋套筒灌浆连接应用技术规程》(JGJ 355—2015)的有关规定。装配整体式结构的灌浆连接接头是质量验收的重点,施工时应做好检查记录,提前制定有关试验和质量控制方案。连接接头受力性能不仅与钢筋、套筒及灌浆料有关,还与其连接影响范围内的混凝土有关,因此不能像钢筋机械连接那样进行现场随机截取连接接头,检验批验收时要求在保证灌浆质量的前提下,可通过模拟现场制作平行试件进行验收。

根据对北京、上海、安徽等十多个工程项目的现场测试发现,出浆口出浆不代表灌浆饱满,有三种典型情况导致套筒内灌浆不饱满:如图 7-5 所示的灌浆料搅拌后未充分消泡导致体积收缩;如图 7-6 所示的封边缺陷导致漏浆液面下降;如图 7-7 所示的灌浆过程中断(加料),会导致套筒内压入空气形成空腔,空气溢出后造成液面下降。

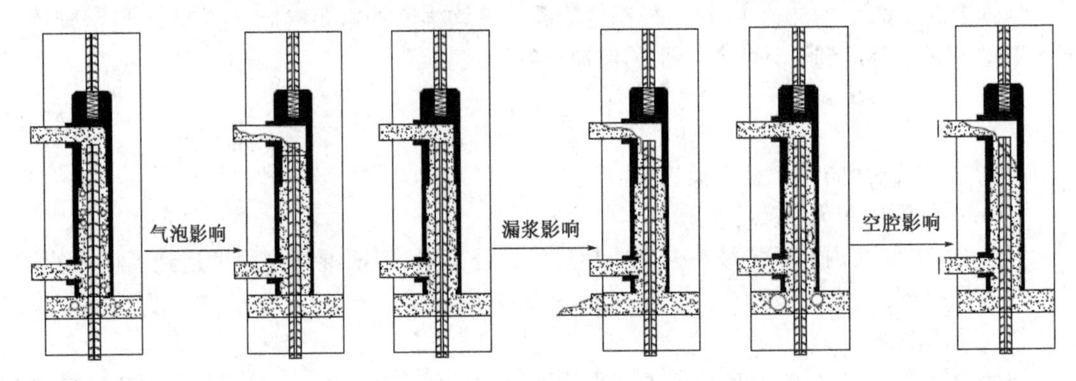

图 7-5　体积收缩　　图 7-6　漏浆液面下降　　图 7-7　灌浆过程中断

试验证明:当套筒内液面下降时,往往排浆管中灌浆料最先丧失流动性,而且水平流动速度大大低于垂直流动速度,进而导致套筒内液面下降而排浆管有浆。因此固化后排浆口有浆不等同于套筒内灌浆饱满。

对于已完成灌浆的套筒,宜采用冲击回波法进行灌浆质量检测。

7.7.1　检测设备

检测设备应包含冲击器、传感器、数据采集分析系统,直尺等。检测仪应具有产品合格证及计量检定或校准证书,并应在检测仪明显位置上标注名称、型号、制造厂名(或商标)、出厂编号等。检测仪应符合下列规定:

(1)冲击器应根据检测对象厚度选择、更换。

等效波速法检测冲击器见表 7-2。

等效波速法检测冲击器选择一览表　　表 7-2

构件厚度 b	50mm < b≤200mm	200mm < b≤400mm	400mm < b≤600mm
首选激振锤型号	D10	D17	D17
备选激振锤型号	D6、D17	D10	D30

注:D× ×中 D 为激振锤代号;× ×为激振锤直径,单位为 mm。

(2)传感器应采用具有接收表面垂直位移响应的宽带换能器,应能够检测到由冲击产生的沿着表面传播的 P 波到达时的微小位移信号。

(3)数据采样分析系统应具有查询、信号触发、数据采集、滤波、快速傅立叶变换(FFT)、最大熵法(MEM)功能。

(4)采集系统须具有预触发功能,触发信号到达前应能采集不少于 100 个数据记录。

(5)接收器与数据采集仪的连接电缆应无电噪声干扰,外表应屏蔽、密封,与插头连接应牢固。

(6)检测仪检定或校准周期为一年,当新检测仪开启,检测仪超过检定或校准有效期限,检测仪在检定或校准有效期内有过系统维修时,应由法定计量检定机构进行检定或校准。

7.7.2 检测前准备

(1)连接好检测仪,调试仪器设备,确定无主动激振以外的振动信号、强电磁波等干扰,设备系统运行正常。

(2)检测前应确定套筒位置;可根据设计确定,也可采用钢筋位置测定仪来确定。

(3)检测部位混凝土表面应清洁、平整,且不应有蜂窝、孔洞等外观质量缺陷。必要时可用砂轮磨平或用高强度快凝砂浆抹平。采用砂轮磨平后应清除残留的粉末或碎屑,采用高强度快凝砂浆抹平时,抹平砂浆须与混凝土黏结良好。

(4)根据检测对象尺寸确定测点间距、测点数、每测点有效激振次数,并在测试面上画出相应测点,检测范围应包含套筒位置以外的正常混凝土,且正常混凝土有效检测数据不少于6个。测点具体间距根据孔道长度设置,孔道与检测测点间距 L 应在20~50mm之间,且有效灌浆长度范围测点数应不少于5个,且有效激振测试数据不少于10个。另外,测点应避开构件边缘,距离不应小于构件厚度的0.3倍。

(5)根据检测对象厚度特征,按表7-2选择合适的冲击器,也可在正式检测之前,通过试测比较可选锤的优劣后,选择合适的锤。

(6)准确填写现场检测记录表,检测过程中有任何特殊情况应注明。

7.7.3 检测实施

(1)检测时应采用自下而上的顺序,依次对每个测点进行激振和数据采集工作。

(2)传感器安装应采用专用支座,或采用专用耦合剂,将传感器用手轻按在标记好的测点位上。专用支座为适合于振动/波动测试的传感器耦合装置,且宜作为首先固定方式;专用耦合剂宜采用硅油脂,或采用在-20~50℃的温度范围内黏度较为均匀,且具有较好的形状保持能力的其他油脂材料。

(3)检测激振位置与测点应在同一直线上(图7-8),可以上下敲击,激振点到传感器的距离可以为测点间距,也可为1.5倍测点间距。

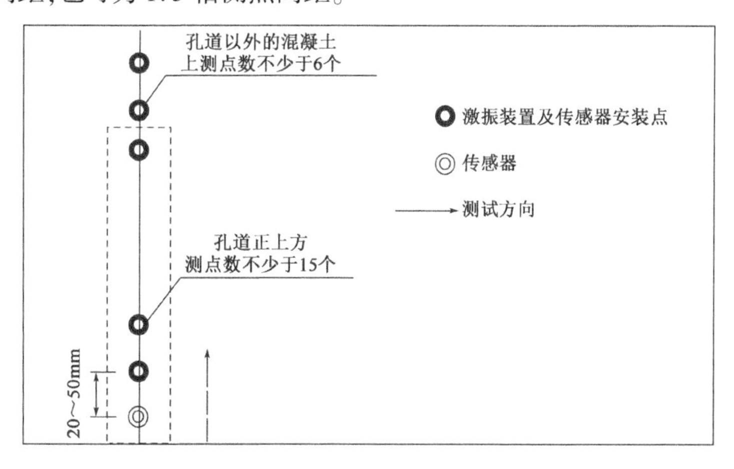

图7-8 激振装置与传感器关系示意图

(4)激振力度不宜过大且尽量均匀一致。激振力度可以通过测试信号幅值实时确认。如当采用频带15kHz、灵敏度1.5PC/ms^{-2}的传感器检测，放大倍率为10倍时，检测输出幅值可以控制在1.0～3.0V。

(5)检测时除激励产生的振动信号外，应避免其他振动信号、强电磁波等干扰，且测试波形首波明确，具有明显的包络线。

(6)当采集到的波形与相邻保存的波形出现较大变化时，应稍微移动传感器及激振位置，重复测试；若波形稳定，且测试面无异常、激振标准，即可进行保存。

(7)一个孔道所有测点数据采集完成后，即可对孔道位置测试数据与正常混凝土测试进行时域频谱(MEM)解析。当被测孔道测点弹性波波速比正常混凝土测点弹性波波速有延迟时，可判断该测点处存在灌浆缺陷。

$$T = \frac{2H}{V_P} \tag{7-3}$$

式中：V_P——弹性波P波的反射速度。

(8)孔道内缺陷(空腔)位置及长度大小可以根据等值线云图(图7-9，彩色图见封三)直接获取。

①横轴(水平轴)表示弹性波一个来回的时间(单位：ms)；

②纵轴(垂直轴)表示测试的测点位置；

③红、黄色部分表示能量集中区域。其与激振点平面距离H按下式计算：

$$H = \frac{V_P \cdot T}{2} \tag{7-4}$$

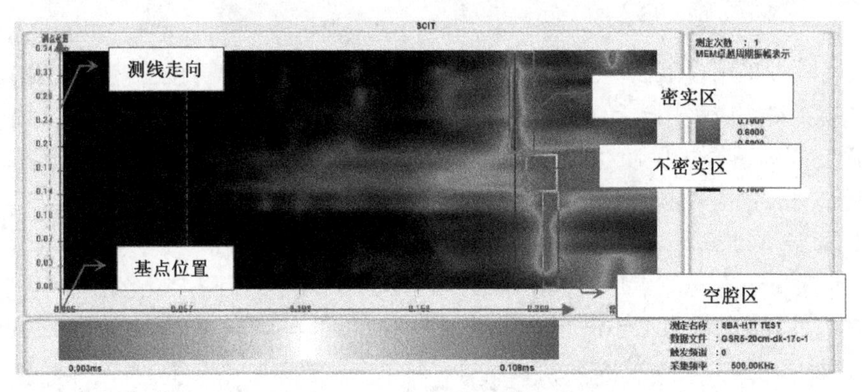

图7-9　典型的IEEV法解析图

复习思考题

1. 简述装配式钢结构建筑的优缺点。
2. 简述钢材物理化学性能检测中钢材检验批的划分原则。
3. 常规钢材物理化学性能检测的检测项目有哪些？
4. 在钢结构焊缝连接检测中，采用什么标准进行无损探伤检测与验收？
5. 钢结构结构性能可分别采用什么方法进行检测？

第 8 章

钢结构结构试验

“结构试验”的任务就是在结构物或试验对象(实物或模型)上,以仪器设备为工具,利用各种试验技术为手段,在荷载(重力、机械扰动力、地震力、风力……)或其他因素(温度、变形)作用下,通过量测与结构工作性能有关的各种参数(变形、挠度、应变、振幅、模态、频率、阻尼……),从强度(稳定)、刚度、抗裂性以及结构实际破坏形态来判明建筑结构的实际工作性能,估计结构的承载能力,确定结构对使用要求的符合程度,用以检验和发展结构的计算理论。结构试验按照试验对象的不同,可分为原型或足尺模型试验和比例模型试验;按照荷载的不同,可分为静载试验和动载试验;按照试验场地的不同,可分为现场试验和实验室试验。

当对结构或构件的承载力有疑义时,可进行结构试验检验。试验应委托具有足够设备能力的专门机构进行。试验前应制订详细的试验方案,包括试验目的、试件的选取或制作、加载装置、测点布置和测试仪器、加载步骤以及试验结果的评定方法等。

8.1 一般原则

8.1.1 静力荷载

钢结构性能的静力荷载检验可分为使用性能检验、承载力检验和破坏性检验。使用性能检验和承载力检验的对象可以是实际的结构或构件，也可以是足尺寸的模型；破坏性检验的对象可以是不再使用的结构或构件，也可以是足尺寸的模型。使用性能检验以保证正式结构或构件在规定荷载的作用下不出现过大的变形和损伤，经过检验且满足要求的结构或构件应能正常使用。承载力检验用于证实结构或构件的设计承载力，在进行承载力检验前，宜先进行使用性能检验且检验结果应满足相应的要求。破坏性检验用于确定结构或模型的实际承载力，进行破坏性检验前，宜先进行设计承载力检验，并根据检验情况估算被检验结构的实际承载力。

8.1.2 动力荷载

测试结构的基本振型时，宜选用环境随机振动激励法，在满足测试要求的前提下也可以选用初位移等其他方法。环境随机振动激励法无须测量荷载，直接从响应信号中识别模态参数，可以对结构实现在线模态分析，能够比较真实地反映结构的工作状态，而且测试系统相对简单，但由于精度不高，应特别注意避免产生虚假模态；对于复杂的结构，单点激励能量一般较小，很难使整个结构获得足够能量振动起来，结构上的响应信号较小，信噪比过低，不宜单独使用，在条件允许的情况下应采用多点激励方法。对于相对简单结构，可采用初始位移法、重物撞击法等方法进行激励；对于复杂重要结构，在条件许可的情况下，采用稳态正弦激振法。

8.2 结构试验的模型设计

由于原型结构的试验规模大，要求试验设备的容量和试验经费也大，所以现在的结构试验大多数是结构的部分或部件的试验，而且较多的还是采用缩小比例的模型试验。进行结构模型试验，除了必须遵循试件设计的原则与要求外，还应按照相似理论进行结构模型设计，要求模型与原型尺寸几何相似，并保持一定的比例；要求模型与原型材料相似，或具有某种相似关系；要求施加于模型的荷载按原型荷载的某一比例缩小或放大；要求确定模型结构试验过程中各参与的物理量的相似常数，并由此求得反映相似模型整个物理过程的相似条件。

8.2.1 模型的相似要求和相似常数

(1)几何相似

结构模型和原型应满足几何相似，即要求结构模型和原型之间所有对应部分尺寸应成比例，模型比例即为长度相似常数，即：

$$\frac{h_m}{h_p}=\frac{b_m}{b_p}=\frac{l_m}{l_p}=S_l \tag{8-1}$$

其中，下标 m 和 p 分别表示模型和原型。

模型和原型结构的面积比、截面模量比和惯性矩比分别为：

$$S_A=\frac{A_m}{A_p}=\frac{h_m \cdot b_m}{h_p \cdot b_p}=S_l^2 \tag{8-2}$$

$$S_w = \frac{W_m}{W_p} = \frac{\frac{1}{6}b_m \cdot h_m^{\ 2}}{\frac{1}{6}b_p \cdot h_p^{\ 2}} = S_l^{\ 3} \tag{8-3}$$

$$S_I = \frac{I_m}{I_p} = \frac{\frac{1}{12}b_m \cdot h_m^{\ 3}}{\frac{1}{12}b_p \cdot h_p^{\ 3}} = S_l^{\ 4} \tag{8-4}$$

根据变形体系的位移、长度和应变之间的关系，位移的相似常数为：

$$S_x = \frac{x_m}{x_p} = \frac{\varepsilon_m \cdot l_m}{\varepsilon_p \cdot l_p} = S_\varepsilon \cdot S_l \tag{8-5}$$

(2)质量相似

在结构的动力问题中，要求结构的质量分布相似，即模型与原型结构对应部分的质量成比例，质量相似常数为：

$$S_m = \frac{m_m}{m_p} \tag{8-6}$$

对于具有分布质量的部分，用质量密度(单位体积的质量) ρ 表示更为合适，质量密度相似常数为：

$$S_\rho = \frac{\rho_m}{\rho_p} \tag{8-7}$$

由于模型与原型对应部分质量之比为 S_m，体积之比 $S_v = S_l^{\ 3}$，所以单位体积质量之比即质量密度相似常数为：

$$S_\rho = \frac{S_m}{S_v} = \frac{S_m}{S_l^{\ 3}} \tag{8-8}$$

(3)荷载相似

荷载相似要求模型和原型在各对应点所受的荷载方向一致，荷载大小成比例。

集中荷载相似常数 $$S_p = \frac{P_m}{P_p} = \frac{A_m \cdot \sigma_m}{A_p \cdot \sigma_p} = S_\sigma \cdot S_l^{\ 2} \tag{8-9}$$

线荷载相似常数 $$S_w = S_\sigma \cdot S_l \tag{8-10}$$

面荷载相似常数 $$S_q = S_\sigma \tag{8-11}$$

弯矩或扭矩相似常数 $$S_M = S_\sigma \cdot S_l^{\ 3} \tag{8-12}$$

当需要考虑结构自重的影响时，还需要考虑重量分布的相似：

$$S_{m\varphi} = \frac{m_m \cdot g_m}{m_p \cdot g_m} = S_m \cdot S_g \tag{8-13}$$

式中：S_m、S_g——质量和重力加速度的相似常数。

由公式可知 $S_m = S_\rho \cdot S_l^{\ 3}$，而通常 $S_g = 1$，则：

$$S_{mg} = S_m \cdot S_g = S_\rho \cdot S_l^{\ 3} \tag{8-14}$$

(4)物理相似

物理相似要求模型与原型的各相应点的应力和应变、刚度和变形之间的关系相似。

$$S_\sigma = \frac{\sigma_m}{\sigma_p} = \frac{E_m \cdot \varepsilon_m}{E_p \cdot \varepsilon_p} = S_E \cdot S_\varepsilon \tag{8-15}$$

$$S_{\tau} = \frac{\tau_{m}}{\tau_{p}} = \frac{G_{m} \cdot \gamma_{m}}{G_{p} \cdot \gamma_{p}} = S_{\sigma} \cdot S_{\gamma} \tag{8-16}$$

$$S_{\nu} = \frac{\nu_{m}}{\nu_{p}} \tag{8-17}$$

上述式中，S_{σ}、S_{E}、S_{ε}、S_{τ}、S_{G}、S_{γ} 和 S_{ν} 分别为法向应力、弹性模量、法向应变、剪应力、剪切模量、剪应变、泊松比的相似常数。

由刚度和变形关系可知，刚度相似常数为：

$$S_{k} = \frac{S_{p}}{S_{x}} = \frac{S_{\sigma} \cdot S_{l}^{2}}{S_{l}} = S_{\sigma} \cdot S_{l} \tag{8-18}$$

(5)时间相似

对于结构动力问题，在随时间变化的过程中，要求结构模型和原型在对应的时刻进行比较，要求相对应的时间成比例，时间相似常数为：

$$S_{t} = \frac{t_{m}}{t_{p}} \tag{8-19}$$

(6)边界条件相似

要求模型和原型在与外界接触的区域内的各种条件保持相似，即要求支承条件相似、约束情况相似及边界上受力情况的相似。模型的支承和约束条件可以由与原型结构构造相同的条件来满足和保证。

(7)初始条件相似

对于结构动力问题，为了保证模型与原型的动力反应相似，还要求初始时刻运动的参数相似。运动的初始条件包括初始状态下的初始几何位置、质点的位移、速度和加速度。

8.2.2 模型设计的相似条件

结构模型试验的过程客观反映参与该模型工作的各有关物理量之间的相互关系。由于模型和原型的相似关系，因此它也必然反映模型和原型结构相似常数之间的关系。这样相似常数之间所应满足的一定关系就是模型与原型之间的相似条件，也是模型设计需要遵循的原则。

(1)结构静力模型试验的相似条件

一悬臂梁结构，在梁端作用一集中荷载 P(图 8-1)。

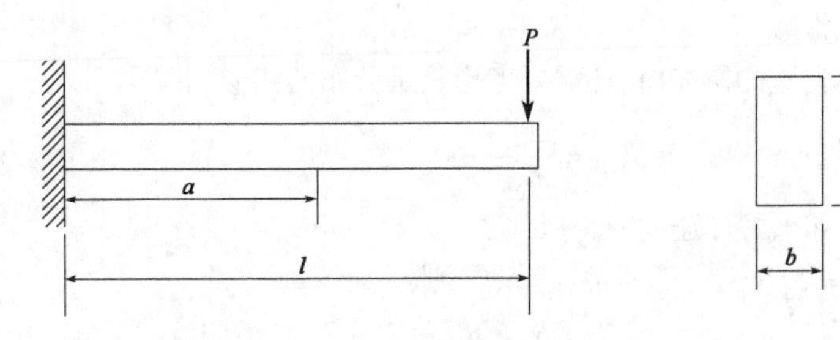

图 8-1 梁端受集中荷载 P 作用的悬臂梁

在 a 截面处的弯矩

$$M_{p} = P_{p}(l_{p} - a_{p}) \tag{8-20}$$

截面上的正应力

$$\sigma_{p} = \frac{M_{p}}{W_{p}} = \frac{P_{p}}{W_{p}}(l_{p} - a_{p}) \tag{8-21}$$

截面处的挠度
$$f_{p}=\frac{P_{p}a_{p}^{2}}{6E_{p}I_{p}}(3l_{p}-a_{p}) \tag{8-22}$$

当要求模型与原型相似时，则首先要求满足几何相似，即：

$$\frac{l_{m}}{l_{p}}=\frac{a_{m}}{a_{p}}=\frac{h_{m}}{h_{p}}=\frac{b_{m}}{b_{p}}=S_{l}$$

$$\frac{W_{m}}{W_{p}}=S_{l}^{3};\qquad \frac{I_{m}}{I_{p}}=S_{l}^{4}$$

同时要求材料的弹性模量 E 相似，即：

$$S_{E}=\frac{E_{m}}{E_{p}}$$

要求作用于结构的荷载相似，即：

$$S_{p}=\frac{P_{m}}{P_{p}}$$

当要求模型梁上 a_{m} 处的弯矩、应力和挠度和原型结构相似时，则弯矩、应力和挠度的相似常数分别为：

$$S_{M}=\frac{M_{m}}{M_{p}};\qquad S_{\sigma}=\frac{\sigma_{m}}{\sigma_{p}};\qquad S_{f}=\frac{f_{m}}{f_{p}}$$

将以上各物理量的相似常数关系代入公式(8-20)～公式(8-22)，则可得：

$$M_{m}=\frac{S_{M}}{S_{p}\cdot S_{l}}P_{m}(l_{m}-a_{m}) \tag{8-23}$$

$$\sigma_{m}=\frac{S_{\sigma}\cdot S_{l}^{2}}{S_{p}}\cdot\frac{P_{m}}{W_{m}}(l_{m}-a_{m}) \tag{8-24}$$

$$f_{m}=\frac{S_{f}\cdot S_{E}\cdot S_{I}}{S_{p}}\cdot\frac{P_{m}a_{m}^{2}}{6E_{m}I_{m}}(3l_{m}-a_{m}) \tag{8-25}$$

由以上公式(8-23)～公式(8-25)可知，仅当：

$$\frac{S_{M}}{S_{p}\cdot S_{l}}=1 \tag{8-26}$$

$$\frac{S_{\sigma}\cdot S_{l}^{2}}{S_{p}}=1 \tag{8-27}$$

$$\frac{S_{f}\cdot S_{E}\cdot S_{l}}{S_{p}}=1 \tag{8-28}$$

才满足：

$$M_{m}=P_{m}(l_{m}-a_{m}) \tag{8-29}$$

$$\sigma_{m}=\frac{P_{m}}{W_{m}}(l_{m}-a_{m}) \tag{8-30}$$

$$f_{m}=\frac{P_{m}a_{m}^{2}}{6E_{m}I_{m}}(3l_{m}-a_{m}) \tag{8-31}$$

这说明只有当公式(8-26)～公式(8-28)成立，模型才能和原型结构相似。因此公式(8-26)～公式(8-28)是模型和原型应该满足的相似条件。

这时可以由模型试验获得的数据按相似条件推算得到原型结构的数据，即：

$$M_p = \frac{M_m}{S_M} = \frac{M_m}{S_p \cdot S_l} \tag{8-32}$$

$$\sigma_p = \frac{\sigma_m}{S_\sigma} = \sigma_m \cdot \frac{S_l^2}{S_p} \tag{8-33}$$

$$f_p = \frac{f_m}{S_f} = f_m \cdot \frac{S_E \cdot S_l}{S_p} \tag{8-34}$$

从上例可知，模型的相似常数的个数多于相似条件的数目，模型设计时往往首先确定几何比例，即几何相似常数 S_l。此外，还可以设计确定几个物理量的相似常数。一般情况下，经常是先定模型材料，由此确定 S_E，再根据模型与原型的相似条件推导出其他物理量的相似常数的数值。表 8-1 列出了一般结构静力试验弹性模型的相似关系。当模型设计首先确定 S_l 及 S_E 时，则其他物理量的相似常数就都是 S_l 或 S_E 的函数或等于 1，例如应变、泊松比、角变位等均为无量纲数，它们的相似常数 S_ε、S_ν 和 S_θ 等均等于 1。

一般结构静力试验模型的相似关系 表 8-1

类　型	物 理 量	量　纲	相 似 关 系
材料特性	应力 σ	FL^{-2}	$S_\sigma = S_E$
	应变 ε	—	1
	弹性模量 E	FL^{-2}	S_E
	泊松比 ν	—	1
	质量密度 ρ	FT^2L^{-4}	$S_\rho = S_E/S_l$
几何特性	长度 l	L	S_l
	线位移 x	L	$S_x = S_l$
	角位移 θ	—	1
	面积 A	L^2	$S_A = S_l^2$
	惯性矩 I	L^4	$S_I = S_l^4$
荷载	集中荷载 P	F	$S_p = S_E S_l^2$
	线荷载 ω	FL^{-1}	$S_w = S_E S_l$
	面荷载 q	FL^{-2}	$S_q = S_E$
	力矩 M	FL	$S_M = S_E S_l^3$

在上例中如果考虑结构自重对梁的影响，则由自重产生的弯矩、应力和挠度用下式表示：

在 a 截面处的弯矩
$$M_p = \frac{\gamma_p A_p}{2}(l_p - a_p)^2 \tag{8-35}$$

截面上的正应力
$$\sigma_p = \frac{M_p}{W_p} = \frac{\gamma_p A_p}{2W_p}(l_p - a_p)^2 \tag{8-36}$$

截面处的挠度
$$f_p = \frac{\gamma_p A_p a_p^2}{24E_p I_p}(6l_p^2 - 4l_p a_p + a_p^2) \tag{8-37}$$

式中：A_p——梁的截面面积；

γ_p——梁的材料的重度。

同样可以得到如下相似关系，即：

$$\frac{S_M}{S_\gamma \cdot S_l^4} = 1 \tag{8-38}$$

$$\frac{S_\sigma}{S_\gamma \cdot S_l} = 1 \tag{8-39}$$

$$\frac{S_f \cdot S_E}{S_\gamma \cdot S_l^2} = 1 \tag{8-40}$$

上述式中：S_γ——材料重度的相似常数。

在模型设计与试验时，如果我们假设模型与原型结构的应力相等，则 $\sigma_m = \sigma_p$，即 $S_\gamma = 1$，由公式(8-39)可知，这时

$$S_\sigma = S_\gamma S_l = 1$$

因此

$$S_\gamma = \frac{1}{S_l}$$

如果 $1/S_l = 1/4$，则 $S_\gamma = 4$，即要求 $\gamma_m = 4\gamma_p$，当原型结构材料是钢材，则要求模型材料的重度是钢材的4倍，这是很难实现的。即使原型结构材料是钢筋混凝土，也存在一定的难度。在实际工作中，人们采用人工质量模拟的方法，即在模型结构上用增加荷载的方法，来弥补材料重度不足产生的影响，但附加的人工质量必须不改变结构的强度和刚度的特性。

如果不要求 $\sigma_m = \sigma_p$，而是采用与原型结构同样的材料制作模型，满足 $\gamma_m = \gamma_p$ 和 $E_m = E_p$，这时 $S_\gamma = S_E = 1$。

因此

$$\sigma_m = S_l \cdot \sigma_p$$

$$f_m = S_l^2 \cdot f_p$$

当模型比例很小时，则模型试验得到的应力和挠度比原型的应力和挠度要小得多，这样对试验量测提出更高的要求，必须提高模型试验的量测精度。

(2)结构动力试验模型的相似条件

单自由度质点受地震作用强迫振动的微分方程为：

$$m\frac{d^2x}{dt^2} + c\frac{dx}{dt} + kx = -m\frac{d^2x_g}{dt^2} \tag{8-41}$$

结构动力试验模型要求质点动力平衡方程式相似。按照结构静力试验模型的方法，同样可求得动力模型的相似条件：

$$\frac{S_c \cdot S_t}{S_m} = 1 \tag{8-42}$$

$$\frac{S_k \cdot S_t^2}{S_m} = 1 \tag{8-43}$$

上述式中：S_m、S_k、S_c、S_t——质量、刚度、阻尼和时间的相似常数。

同样可求得固有周期的相似常数：

$$S_T = \sqrt{\frac{S_m}{S_k}} \tag{8-44}$$

对于动力模型，为了保证与原型结构的动力反应相似，除了两者运动方程和边界条件相似外，还要求运动的初始条件相似，由此保证模型和原型的动力方程式的解满足相似要求。运动的初始条件包括质点的位移、速度和加速度的相似，即：

$$S_x = S_l;\quad S_{\dot{x}} = \frac{S_x}{S_t} = \frac{S_l}{S_t};\quad S_{\ddot{x}} = \frac{S_x}{S_t^2} = \frac{S_l}{S_t^2} \tag{8-45}$$

式中：S_x、$S_{\dot{x}}$、$S_{\ddot{x}}$——位移、速度和相似常数，反映了模型和原型运动状态在时间和空间上的相似关系。

在进行动力模型设计时，除了将长度［L］和力［F］作这基本物理量以外，还要考虑时间［T］的因素。表 8-2 为结构动力模型试验的相似关系。

结构动力模型试验的相似关系 表 8-2

类　型	物 理 量	量　纲	相 似 关 系
材料特性	应力 σ	FL^{-2}	$S_\sigma = S_E$
	应变 ε	—	1
	弹性模量 E	FL^{-2}	S_E
	泊松比 ν	—	1
	质量密度 ρ	FT^2L^{-4}	$S_\rho = S_E/S_l$
几何特性	长度 l	L	S_l
	线位移 x	L	$S_x = S_l$
	角位移 θ	—	1
	面积 A	L^2	$S_A = S_l^2$
荷载	集中荷载 P	F	$S_p = S_E S_l^2$
	线荷载 ω	FL^{-1}	$S_w = S_E S_l$
	面荷载 q	FL^{-2}	$S_q = S_E$
	力矩 M	FL	$S_M = S_E S_l^3$
动力性能	质量 m	$FL^{-1}T^2$	$S_m = S_\rho S_l^3$
	刚度 k	FL^{-1}	$S_k = S_E S_l$
	阻尼 c	$FL^{-1}T$	$S_c = S_m/S_t$
	时间、固有周期 T	T	$S_t = (S_m/S_k)^{1/2}$
	速度 $\dot{x}$	LT^{-1}	$S_{\dot{x}} = S_x/S_t$
	加速度 $\ddot{x}$	LT^{-2}	$S_{\ddot{x}} = S_x/S_t^2$

在结构抗震动力试验中，惯性力是作用在结构上的主要荷载，但结构动力模型和原型是在同样的重力加速度情况下进行试验的，因 $g_m = g_p$，所以 $S_g = 1$，这样在动力试验时要模拟惯性力、恢复力和重力等就十分困难。

模型试验时，材料弹性模量、密度、时间和重力加速度等物理量之间的相似关系为：

$$\frac{S_E}{S_g \cdot S_\rho} = S_t \tag{8-46}$$

由于 $S_g = 1$，则 $S_E/S_\rho = S_t$，当 $S_t < 1$ 的情况下，要求材料的弹性模量 $E_m < E_p$，而密度 $\rho_m > \rho_p$，这在模型设计选择材料时很难满足。如果模型采用原型结构同样的材料，即 $S_E = S_\rho = 1$，这时要满足 $S_g = 1/S_l$，则要求 $g_m = g_p$，即 $g > 1$，对模型施加非常大的重力加速度，这在结构动力试验中存在困难。为满足 $S_E/S_\rho = S_l$ 的相似关系，与静力模型试验一样，在模型上附加适当的分布质量，即采用高密度材料来增加结构上有效的模型材料密度。

以上模型设计实例证明，在参与研究对象各个物理量的相似常数之间必定满足一定的组合关系，当这相似常数的组合关系式等于1时，模型和原型相似，因此这种等于1的相似常数关系式即为模型的相似条件。人们可以由模拟试验的结果，按照相似条件得到原型结构需要的数据和结果，这样，求得模型结构的相似关系就成为模型设计的关键。

上述结构模型设计中所表示的各物理量之间的关系式均为无量纲的，它们均是在假定采用理想弹性材料的情况下推导求得的，实际上工程结构中较多的是钢筋混凝土或砌体结构，模型试验除了能获得弹性阶段应力分析的数据资料外，还要求能正确反映原型结构非线性性能，要求能给出与原型结构相似的破坏形态、极限变形能力和极限承载力，这对于结构抗震试验更为重要。

8.3 静载试验案例——带竖缝钢板剪力墙静力荷载试验

8.3.1 试验目的

依托于深圳某工程，重点考察离散竖向加劲钢板剪力墙的抗侧刚度、延性、极限承载力、耗能性能以及加劲肋的变形和应力发展，并确定钢板剪力墙和钢框架在设计荷载状态下各自承担的水平剪力和倾覆弯矩的百分比。

8.3.2 原工程

本节依托深圳某工程，结构形式为矩形钢管混凝土钢框架结构。平面尺寸65.5m×13.6m，最大柱网尺寸为6.9m×7m，4层以下为裙房，标准层高度为4.0m，4~13层为塔楼，标准层高2.8m。裙房高度11.2m，塔楼高度39.2m，建筑总高度44.5m。典型截面形式：□350×350×10/8矩形钢管柱，H400×200×6×12/14钢梁，如图8-2、图8-3所示，其中加劲肋采用槽钢形式。

图8-2 深圳梅山苑7号效果图

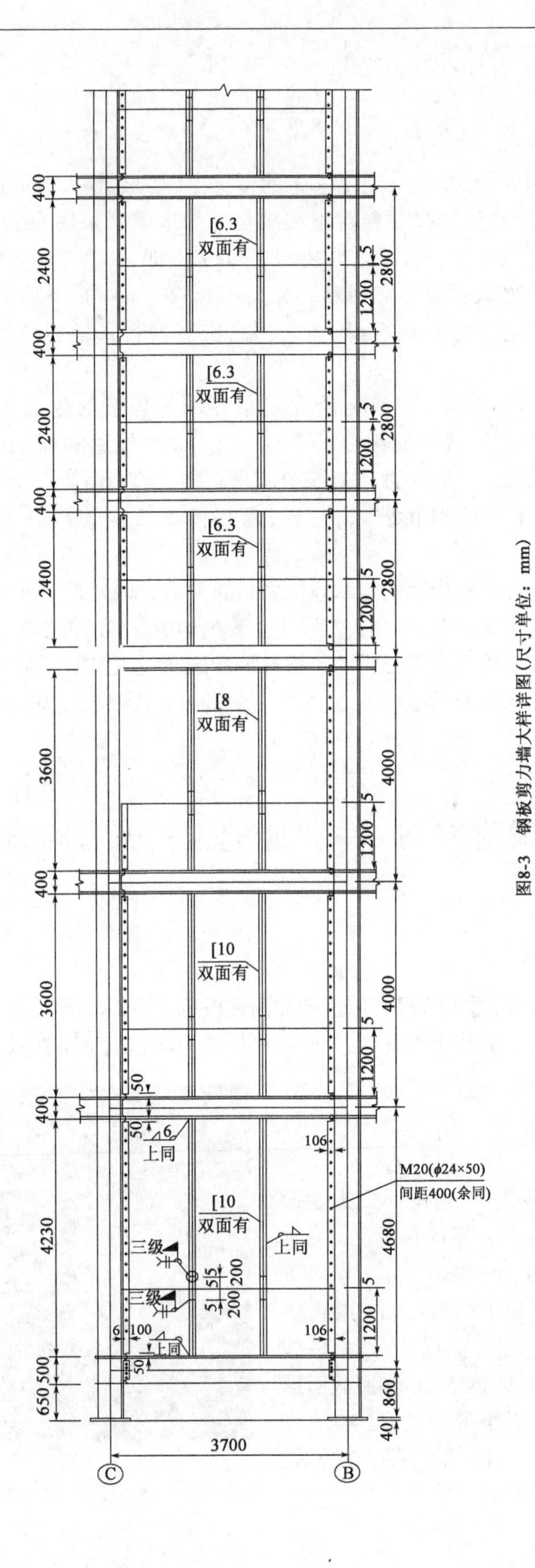

图8-3 钢板剪力墙大样详图(尺寸单位：mm)

8.3.3 试验方案

(1)试件设计

选取3层钢板剪力墙为研究对象,试件底层代表实际工程的底层,试件中间层代表实际工程的标准层,试件顶层代表实际工程顶层,试件缩尺比例为1/4。试验共设计了3榀模型,变化参数为加劲肋的布置方式和轴压比,具体的试件形式为:轴压比为0.2的双面竖向闭口加劲钢板剪力墙(SPSW-1)、轴压比为0.15的双面竖向闭口加劲钢板剪力墙(SPSW-2)、轴压比为0.15的交错竖向闭口加劲钢板剪力墙(SPSW-3)。钢框架梁采用焊接H形钢,钢框架柱采用方钢管,梁柱节点采用焊接形式,钢材采用Q235B。各构件截面尺寸、参数如表8-3所示。

各构件截面尺寸、参数　　表8-3

构件		截面尺寸(mm)	A(cm^2)	I_x(cm^4)	W_x(cm^3)	自重(kg/m)
原型结构	梁1	H400×220×16×18	137.44	35344.80	1767.24	107.89
	梁2	H400×200×16×18	137.44	35344.80	1767.24	107.89
	顶梁	H500×300×16×25	222.00	96837.50	3873.5	174.27
	柱	□400×400×22×22	332.64	79483.22	3974.16	261.12
	剪力墙1	3300×4230×16				
	剪力墙2	3300×3600×12				
	剪力墙3	3300×2400×6				
	竖向加劲	[10/[8/[6.3	12.76/10.25/8.45	25.6/16.6/11.9	39.7/25.3/16.1	10/8/6.6
模型结构	梁1/2	H150×100×5×8	22.70	907.66	121.02	17.81
	顶梁	H300×200×8×12	70.08	11360.67	757.37	55.01
	柱	□150×150×8×8	45.44	1531.93	204.26	35.67
	剪力墙1	825×1057.5×4				
	剪力墙2	825×900×3				
	剪力墙3	825×600×3				
	竖向加劲	组合槽钢30×30×3	2.52	4.64	4.16	1.98

(2)试验装置

试件的加载装置如图8-4和图8-5所示。水平往复荷载由1000kN的MTS液压伺服作动器施加,竖向荷载由可随动的竖向油压千斤顶施加,并在试验过程中保持恒定;竖向千斤顶和加载框架间的水平滑动滚轴,保证加载过程中试件的水平移动,并实现了限制竖向位移的目的。地梁两端的压梁,如图8-4a)所示,主要用于抵抗试件的整体倾覆力矩和防止试件平面内的刚体转动;地梁两端的机械千斤顶,用以阻止试件在加载方向的刚体位移。

为了防止试件在加载过程中发生平面外失稳,在梁柱节点处设置了侧向支撑系统,如图8-6所示。在框架一侧设置的斜撑弥补了加载框架自身刚度的不足,如图8-4b)和图8-6所示。

a)试验现场加载装置背面图

b)试验现场加载装置正面图

图 8-4 试验现场加载装置照片

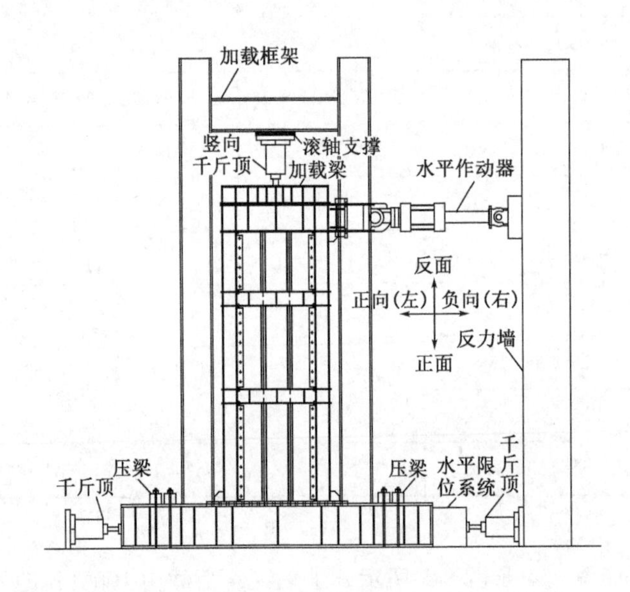

图 8-5 试验装置

(3)加载制度

试验开始时,首先按照设定的轴压比施加竖向荷载,随后用 MTS 液压伺服作动器施加水平往复荷载。水平往复荷载采用荷载-位移混合控制的加载方法,试件屈服前采用荷载控制加载,屈服后改为位移控制加载,以试件高度的 0.20%(6mm)作为加载位移增量进行加载,当试

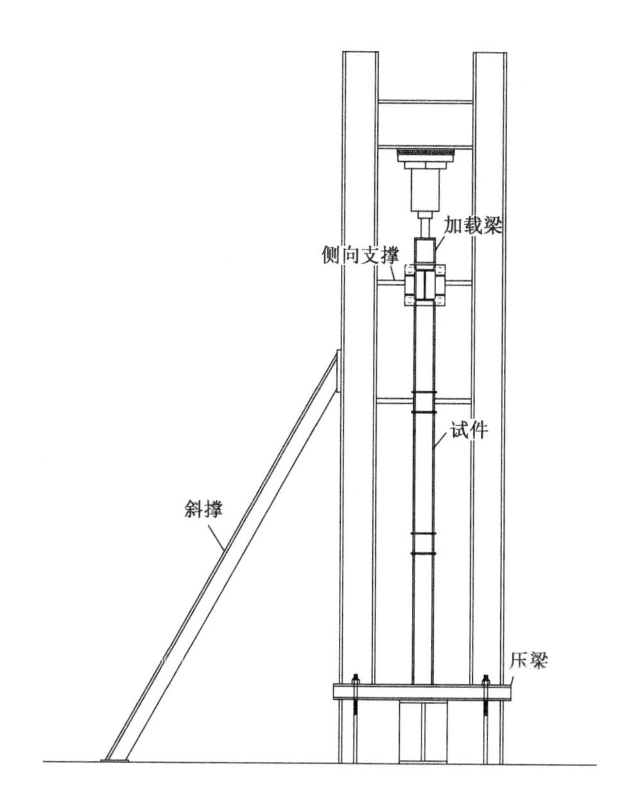

图 8-6 试件侧向支撑系统

件的水平荷载降低至峰值荷载的 85% 或试件变形严重时，可视为试件被破坏，试验结束。水平往复荷载加载时，先施加推力，为正向荷载；后施加拉力，为负向荷载。

(4)测点布置

为了得到试件的整体滞回-位移曲线，在顶梁处布置了 3 个位移计，其中 YHD6 和 YHD7 的量程均为 300mm，YHD8 的量程为 100mm。设置 YHD8 的主要原因在于，大量程位移计在位移值较小时"漂移"较大，设置一小量程位移计进行初始位移修正，在主控机房计算机上显示的顶层位移小于 YHD8 位移计的量程时，卸掉该位移计，试验继续进行。位移计 YHD2、YHD3、YHD4 和 YHD5 主要用来量测每层钢梁的梁端位移，位移计 YHD1 用以修正底板对加载端位移的影响，具体布置如图 8-7 所示。

水平剪力及倾覆弯矩在钢框架和内填剪力墙之间的分配比例主要取决于钢柱的内力，因此在每层钢柱沿底部、中部和顶部 3 个截面上均布置了应变片和应变花，如图 8-7 所示。另外，在剪力墙、加劲肋和钢梁的关键部位布置了应变片和应变花，以监测构件的塑性发展情况和关键点处的应力发展情况，如图 8-8 所示。

(5)数据采集

按照测点布置方案中的要求，用导线将应变片和位移计(YHD 型)连接到相应的采集箱中，随后通过数据传输网线将 14 个应变采集箱和 1 个位移计采集箱连接到主控机房中的 2 台主机上(DH3815N 静态应变分析仪)，主机与采集数据的计算机连接，完成了数据采集的连线工作。数据采集如图 8-9 所示。

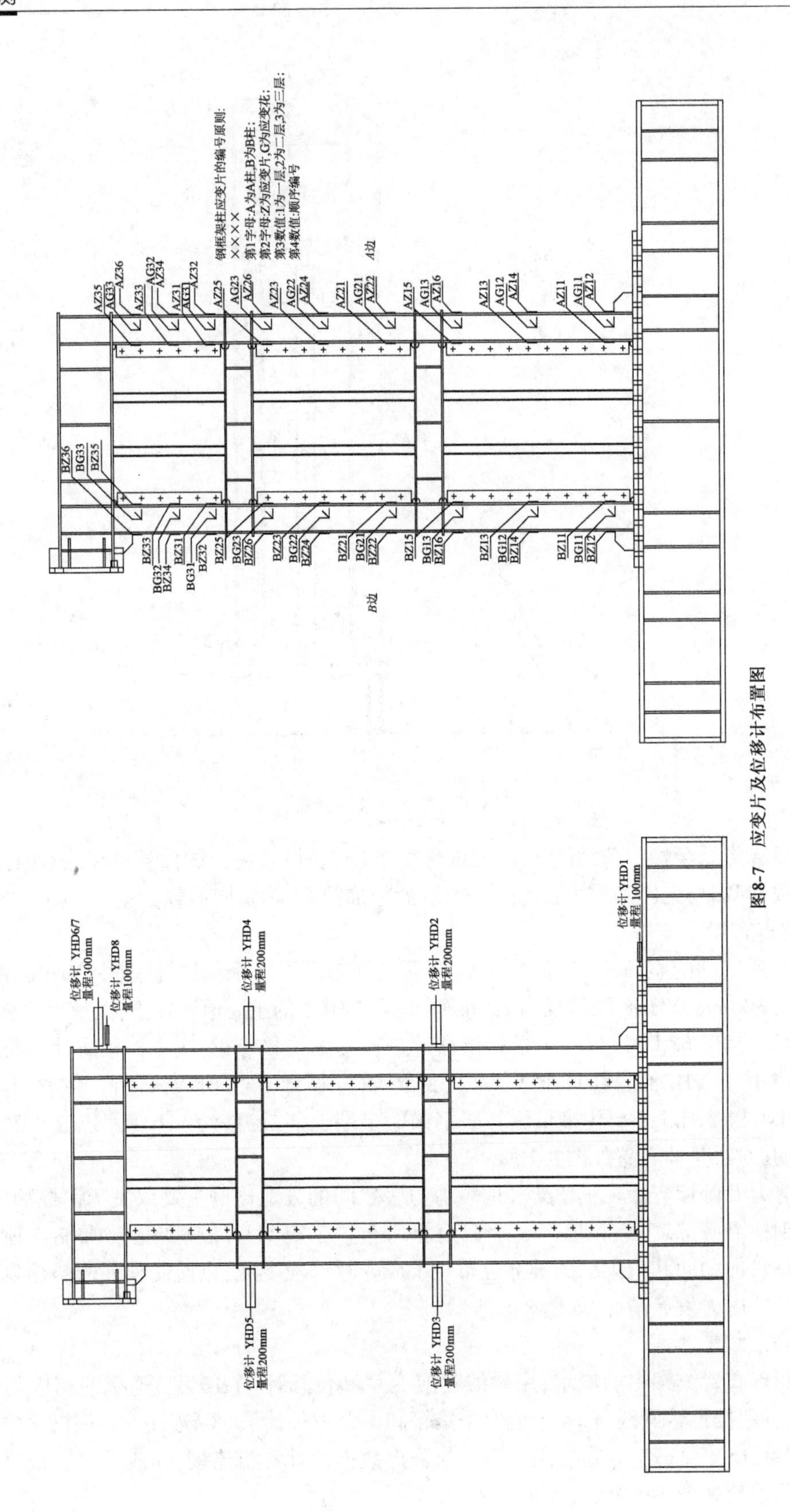

图8-7 应变片及位移计布置图

图 8-8 应变片连线及数据采集箱

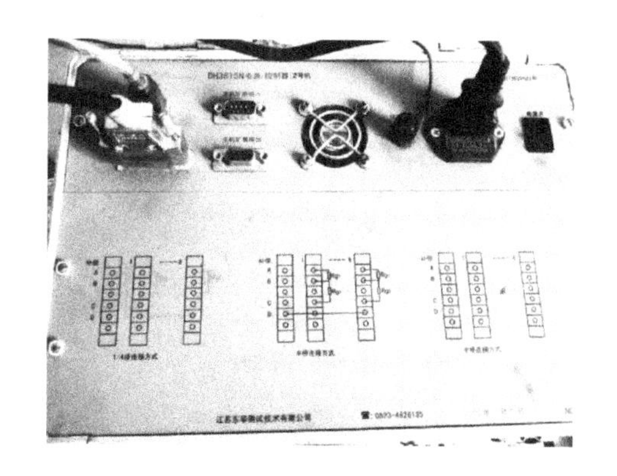

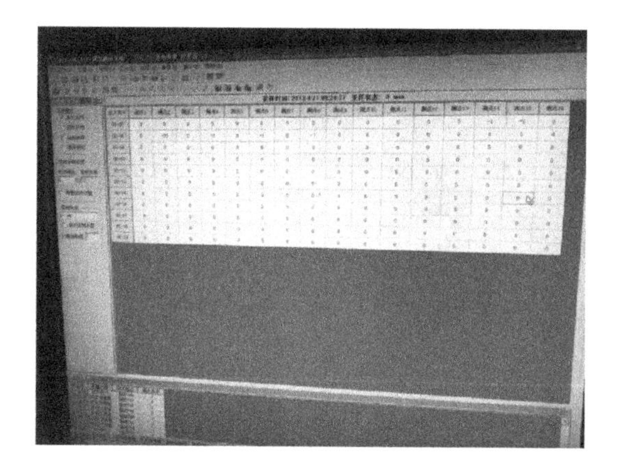

图 8-9 数据采集

8.4 动力荷载试验案例——钢箱梁桥模态测试

8.4.1 试验目的

桥梁结构的动力特性(如自振频率、阻尼系数、振型等)只与结构本身固有性质有关(如结构的组织形式、刚度、质量分布和材料性质等),而与荷载等其他条件无关,是桥梁结构振动系统的基本特性。

通过动力荷载试验(简称动载试验)以及结构固有模态参数的实桥测试,了解桥跨结构的动力特性及各控制部位在使用荷载下的动力性能(振幅、速度、加速度及冲击系数等)。其除了可用来分析结构在动荷载作用下的受力状态外,还可验证或修改理论计算值,并作为结构设计的依据,为桥梁以后的运营养护管理提供必要的数据和资料。

8.4.2 试验跨的选择

根据工程实际,选择主线桥的三跨连续钢箱梁作为测试对象,分别为 E 主线钢箱梁(30.2m+40.5m+17.1m)和 W 主线钢箱梁(30.2m+40.5m+24.8m),如图 8-10 和图 8-11 所示。

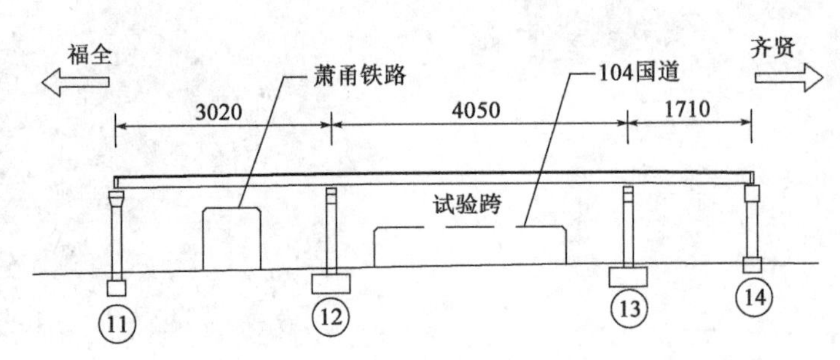

图 8-10　E 主线钢箱梁动载试验试验跨示意图(尺寸单位:cm)

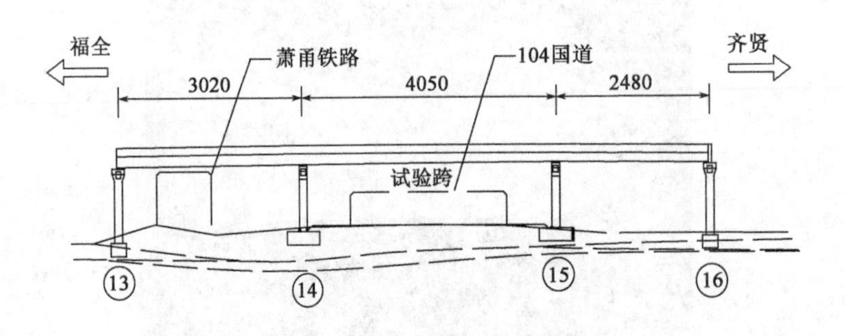

图 8-11　W 主线钢箱梁动载试验试验跨示意图(尺寸单位:cm)

8.4.3 试验元件及测试仪器

桥梁荷载试验主要仪器、设备清单如表 8-4 所示。

桥梁荷载试验主要仪器、设备清单 表 8-4

序 号	仪器、设备名称	型号规格	用 途	数 量
1	激光挠度仪	BJQN	主桥动挠度测试	1 套
2	动态信号测试分析系统	DH 5922	动力测试	1 套
3	高精度超低频加速度传感器	DH 610	基频、模态测试	11 个
4	辅助工具等	—	—	2 套
5	发电机等其他设备	—	—	—

8.4.4 试验内容及方法

动载试验中,通过脉动试验和跑车试验工况测试该桥结构的自振频率、振动模态及结构随车速变化的冲击系数,通过制动和跳车试验工况测试该桥在动荷载激发下的结构振动响应。

脉动试验:通过采用高灵敏度的拾振器和放大器测量结构在环境激励下的振动,然后进行自谱分析,求出结构自振特性。通过对拾振器拾取的响应信号进行谱分析,可确定桥梁的自振频率、振型及阻尼比。

在脉动试验中,采用竖向拾振器采集竖向振动速度信号,在主桥桥面两侧设置测点,测点位于护栏内侧 20cm 处,E、W 主线钢箱梁脉动试验拾振器布置分别如图 8-12、图 8-13 所示。

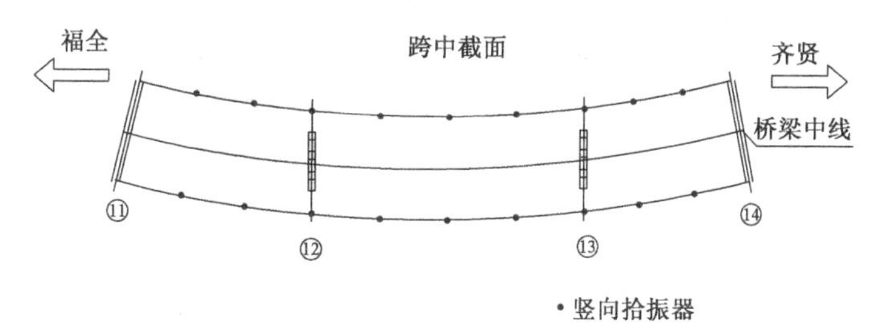

图 8-12 E 主线钢箱梁脉动试验拾振器布置图

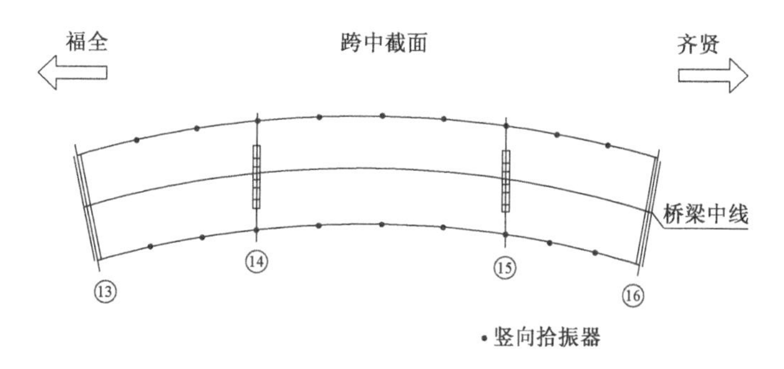

图 8-13 W 主线钢箱梁脉动试验拾振器布置图

将拾振器置于测点上,由其拾取桥梁结构在大地脉动作用下的振动响应,采样时间 30min,采样频率为 51.2Hz。

8.4.5 试验结果

经现场测试,W 主线钢箱梁的基频为 3.42Hz,阻尼比为 1.67%;E 主线钢箱梁的基频为 5.27Hz,阻尼比为 3.79%。W 主线钢箱梁和 E 主线钢箱梁的一阶模态图分别如图 8-14 和图 8-15 所示。

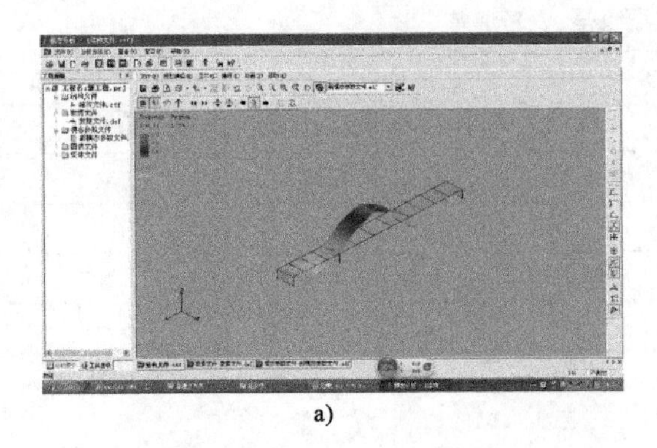
a)

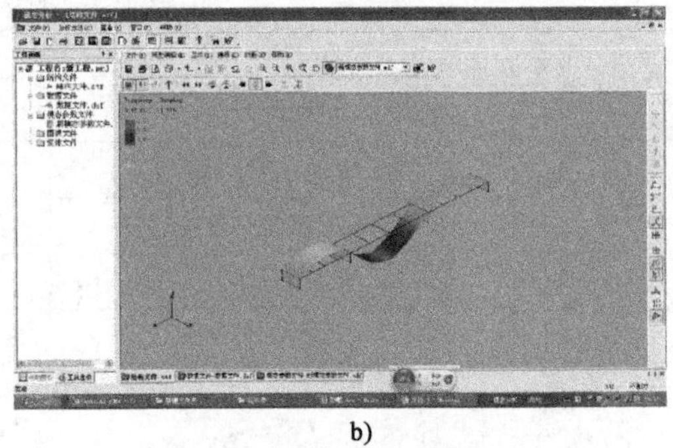
b)

图 8-14 W 主线钢箱梁一阶模态图

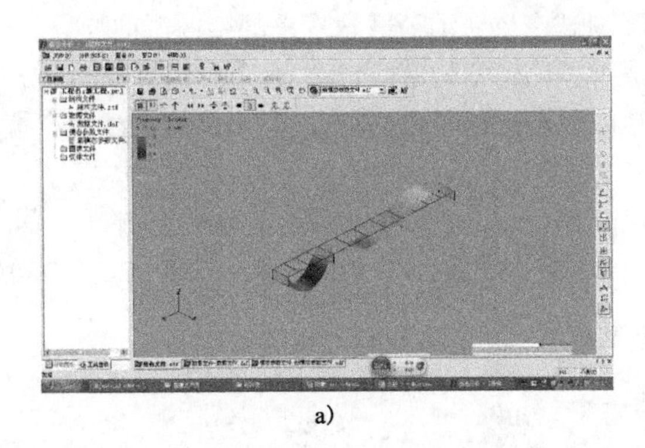
a)

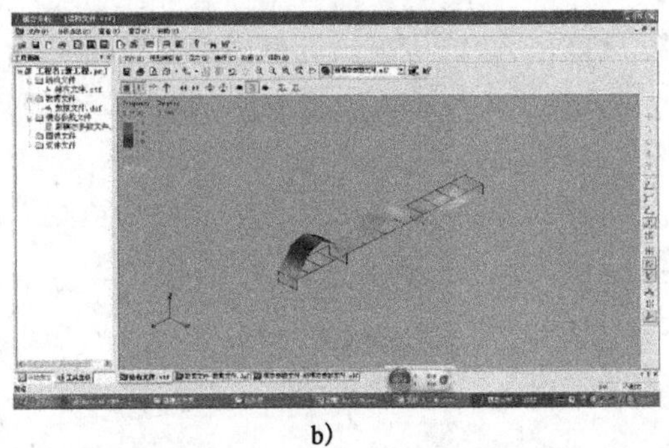
b)

图 8-15 E 主线钢箱梁一阶模态图

复习思考题

1. 结构模型试验的目的是什么?
2. 请简述相似性定理。
3. 进行静力模型设计时,应满足哪三方面的相似条件?
4. 模型材料原则上应满足什么条件?

第9章

钢结构残余应力检测与调控

9.1 残余应力研究背景

随着人类社会的不断发展，钢结构越来越多地应用在大型机场、桥梁、车站以及高层建筑等复杂结构中。这些巨型的建筑结构多变，受力情况复杂。同时伴随着主承重结构跨度大、焊缝密集等诸多常规无损检测技术难以克服的问题。

9.1.1 残余应力检测及调控的重要性

对复杂、弯扭构件多的钢结构工程，控制其施工过程中的结构变形、消除运营阶段的结构变形一直是工程建设的重要内容，残余应力的检测及调控技术可以很好地处理由于焊接产生的变形，以增加结构的使用寿命。钢结构设计说明中，在制作、安装环节对控制残余应力有明确要求。

9.1.2 钢结构工程残余应力产生的原因

残余应力是指消除外力或不均匀的温度场等作用后仍留在物体内的自相平衡的内应力。金属构件在焊接过程中的不均匀加热会在构件的内部产生应力，焊缝及其热影响区内的金相组织发生改变，导致钢材局部变脆；焊接过程中不均匀的温度场产生不均匀的内部膨胀，冷却后在焊缝长度方向、垂直于焊缝长度方向及母材厚度方向上都会产生残余应力；焊接残余应力和残余变形使构件受力时变形增加，降低了构件的刚度、稳定度以及结构疲劳强度。

9.1.3 残余应力的危害

(1)对结构刚度的影响

当外荷载产生的应力与结构中某区域的残余应力叠加之和达到屈服点时，这一区域的材料就会产生局部塑性变形，丧失进一步承受外荷载的能力，造成结构的有效截面面积减小，结构的刚度也随之降低。

(2)对受压杆件稳定性的影响

当外荷载引起的压应力与残余应力中的压应力叠加之和达到屈服点时，这一部分截面就丧失进一步承受外荷载的能力，这就削弱了构件的有效截面面积，并改变了有效截面的分布，降低了受压杆件的稳定性。

(3)对静载强度的影响

没有严重应力集中的焊接结构，只要材料具有一定的塑性变形能力，残余应力不影响结构的静载强度。反之，如材料处于脆性状态，则拉伸残余应力和外载应力叠加有可能使局部区域的应力首先达到断裂强度，导致结构早期破坏。

(4)对疲劳强度的影响

残余应力的存在使变荷载的应力循环发生偏移，这种偏移只改变其平均值，不改变其幅值。结构的疲劳强度与应力循环的特征有关，当应力循环的平均值增加时，其极限幅值就降低；反之则提高。因此，如应力集中处存在拉伸残余应力，疲劳强度将降低。

(5)对焊件加工精度和尺寸稳定性的影响

通过机械加工把一部分材料从焊件上切除时，此处的残余应力也被释放。残余应力原来的平衡状态被破坏，焊件发生变形，加工精度受到影响。

(6)对应力腐蚀开裂的影响

应力腐蚀开裂是拉伸残余应力和化学腐蚀共同作用下产生裂纹的现象，在一定材料和介质的组合下发生。应力腐蚀开裂所需的时间与残余应力大小有关，拉伸残余应力越大，应力腐蚀开裂的时间越短。

9.2 残余应力检测原理

经过人们不断摸索，残余应力检测技术在大型钢结构检测技术上的应用，可以很好地填补常规无损检测的技术空白。残余应力检测技术，分为有损检测和无损检测两大类。无损残余应力检测技术分为超声法、磁性法、X射线衍射法、中子衍射法以及同步辐射法。残余应力的检测方法对比见表9-1。图9-1列出了各种残余应力检测方法的检测空间分辨率和检测渗透力。由该图可以看出，超声残余应力检测法具有最大的检测渗透力，同时毫米级的分辨力也可以满足大型钢结构残余应力的检测要求。超声残余应力检测技术是一种新兴的残余应力检测技术，虽然在实验室条件下已经趋于成熟，但是如何克服大型钢结构检测现场复杂情况，仍是超声残余应力检测技术推广的难点。

残余应力的检测方法对比 表9-1

技术	原理	优势	劣势	标准	指标
X射线衍射法	基于布拉格方程,通过测量衍射角变化得到晶格间距变化,根据胡克定律和弹性力学原理,计算残余应力	微观残余应力检测,普遍使用,所测材料范围广	适合实验室、小型构件、检测深度浅,有一定辐射,需要清洗工件表面,需要标定和校准	中国:GB 7704—2017; 美国:ASTM E915-10; 欧盟:SN EN 15305—2008	一次检测时间:0.5s~2h; 平面分辨率:≤0.5mm^2; 检测深度:5~30μm; 最佳精度:200~300MPa
中子衍射法	原理与普通X射线衍射法类似,根据衍射峰位置的变化,求出残余应力	微观残余应力检测	基于实验室系统,防护条件严格,设备成本高,需要校准和标定	中国:GB/T 26140—2010; 国际:ISO/TS 21432—2005	一次检测时间:0.5s~2h; 平面分辨率:1mm^2; 检测深度:70μm~30cm; 最佳精度:100~200MPa
磁性法	当铁磁材料中有残余应力存在时,其磁性会发生变化,利用磁性的这种变化即可评定铁磁材料中的残余应力	宏观残余应力检测,检测快速,很高的敏感性,手持式	只适合铁磁材料,需要区分由应力引起特征信号,定性检测,受材料磁性影响,需要校准和标定	水利行业标准: SL 565—2012	一次检测时间:1s~10min; 平面分辨率:5mm^2; 检测深度:0.1~10mm; 最佳精度:200~400MPa
涡流法	以电磁理论为基础,通过检测被检金属部件的电磁性能变化,计算金属内部残余应力	宏观残余应力检测,快速、高效、成本低	需要标定,对检测激励频率要求高,检测深度不够,定性检测	国际:ISO 12718:2008	一次检测时间:1s~10min; 平面分辨率:5mm^2; 检测深度:60~200μm; 最佳精度:不确定
超声法	基于声弹性理论和非线性超声理论,利用残余应力与声速的关系来检测残余应力	宏观残余应力检测,普遍使用、非常快速、低成本、量化,较佳的分辨率和渗透力,手持式	需要标定和耦合	中国:GB/T 32073—2015	一次检测时间:1~20min; 平面分辨率:30~300mm^2; 检测深度:0.1~30mm; 最佳精度:±30MPa

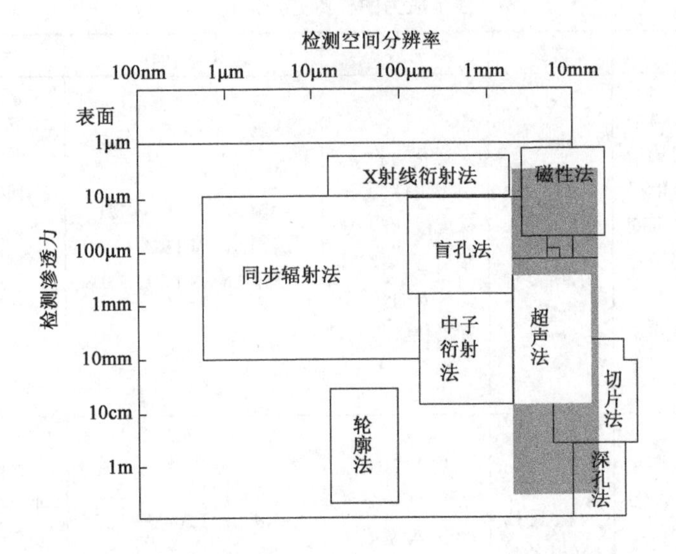

图 9-1　各种残余应力检测方法的检测空间分辨率和检测渗透力

9.2.1　声弹性理论

根据声弹性理论,弹性波在有应力的固体材料中的传播速度不仅取决于材料的二阶弹性常数和密度,还与高阶弹性常数和应力有关,表现为声弹性效应。声弹性理论是研究残余应力超声无损检测的重要理论依据。

超声临界折射纵波对应力尤其是沿传播方向的应力最为敏感,而垂直于应力方向且偏振方向与应力方向垂直的横波传播速度因应力的存在无明显变化。

声弹性理论基于下列假设:

(1)物体是弹性、均匀、连续的;

(2)声波的小扰动叠加在物体静态有限变形上;

(3)物体在变形中可视为等温或等熵过程。

9.2.2　临界折射纵波

由 Snell 定律可知,超声波折射现象中的折射角不仅与入射角有关系,还与超声波在两种介质中的传播速度有关,即:

$$\frac{\sin\theta_0}{V_0} = \frac{\sin\theta_l}{V_l} = \frac{\sin\theta_s}{V_s} \tag{9-1}$$

式中:V_0、V_l——纵波在介质Ⅰ和介质Ⅱ中的传播速度;

V_s——横波在介质Ⅱ中的传播速度;

θ_0——介质Ⅰ中纵波的入射角;

θ_l、θ_s——介质Ⅱ中纵波和横波的折射角。

根据 Snell 定律,会有一入射角使折射纵波的折射角等于90°,这个角度被称为第一临界角,第一临界角的计算公式如式(9-2)所示。

$$\theta_{cr} = \sin^{-1}\left(\frac{V_0}{V_l}\right) \tag{9-2}$$

式中：θ_{cr} ——超声纵波在两种介质中传播的第一临界角。

一般材料的第一临界角见表9-2。

一般材料的第一临界角　　表9-2

材　料	θ_{cr}	材　料	θ_{cr}
Fe	25°～28°	Cu	31°～34°
Al	22°～25°		

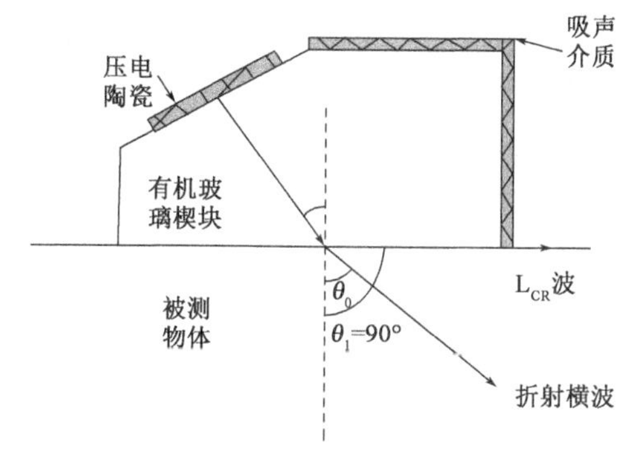

图9-2　临界折射纵波产生

当超声波以第一临界角入射到两种介质的接触面时，会在被测物体表面处激发出两种不同的纵波，即爬波和次表面纵波，其中后者就是L_{CR}波（图9-2），L_{CR}波的传播速度为纵波声速。研究表明，爬波在介质中传播几厘米之后便迅速衰减，且声速要小于纵波声速，而L_{CR}波能在介质中传播20cm以上。

在激发出L_{CR}波的同时，还会经波型转换在试件内部激发出折射横波，折射横波经多次界面反射的同时也经历了多次波型转换，波形分析难度很大。L_{CR}波沿试样表层传播，如图9-3所示，传播速度快、衰减小且信号分析定位相对简单。临界折射纵波的渗透深度是超声激发频率的函数，频率越低，渗透深度越深，一般为1个波长左右，如激励频率为1MHz的临界折射纵波的渗透深度为5～6mm，而激励频率为2.25MHz的临界折射纵波的渗透深度为2～3mm，所以利用该波形可以很好地检测到表面下方一定深度的应力值。

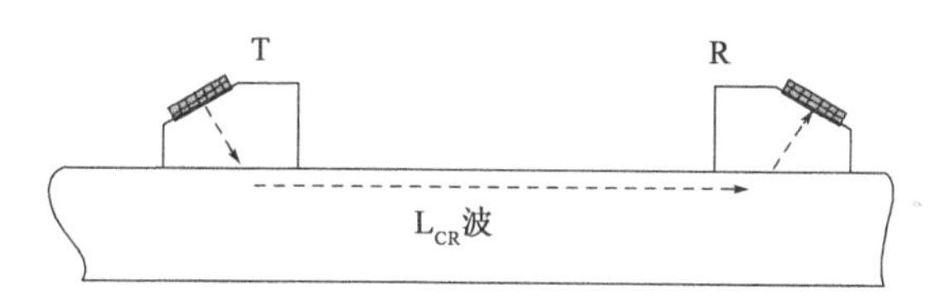

图9-3　L_{CR}波传播示意图

在零应力情况下，纵波在介质中的传播声速为：

$$V_0 = \sqrt{\frac{\lambda + 2\mu}{\rho_0}} \tag{9-3}$$

式中：ρ_0 ——零应力状态下的材质的密度；

λ、μ ——材质的二阶弹性常数。

有应力作用时，沿应力方向传播纵波波速与应力之间的关系如下：

$$\rho_0 V^2 = \lambda + 2\mu + \frac{\sigma}{3\lambda + 2\mu}\left[\frac{\lambda + \mu}{\mu}(4\lambda + 10\mu + 4m) + \lambda + 2l\right] \tag{9-4}$$

式中：V——有应力情况下纵波的传播速度；

l、m——三阶弹性常数；

σ——应力值，正值表示压应力，负值表示拉应力。

将 V_0 代入上式，可得：

$$V^2 = V_0^2(1 + k\sigma) \tag{9-5}$$

其中，k 为声弹性系数，且

$$k = \frac{\dfrac{4\lambda + 10\mu + 4m}{\mu} + \dfrac{2l - 3\lambda - 10\mu - 4m}{\lambda + 2\mu}}{3\lambda + 2\mu} \tag{9-6}$$

超声波传播速度的变化量与应力变化量之间的关系如下：

$$\frac{V}{V_0^2}\frac{\mathrm{d}V}{\mathrm{d}\sigma} = \frac{k}{2} \tag{9-7}$$

由于波速受应力变化的影响非常小，因此上式中波速的变化可近似视为一阶无穷小，则式(9-7)又可以简化为：

$$\mathrm{d}\sigma = \frac{2}{kV_0} \cdot \mathrm{d}V \tag{9-8}$$

式中：$\mathrm{d}\sigma$——应力的改变量(MPa)；

$\mathrm{d}V$——纵波传播速度的改变量；

V_0——零应力条件下纵波的传播速度。

由前面的分析可知，介质中沿应力方向传播的超声纵波波速改变量与应力变化量呈线性关系。应力为正值时表示材质中存在压应力，波速随压应力的增大而增大；反之，应力为负值时表示材质中存在拉应力，波速随拉应力的增大而减小。

声弹性效应很微弱，超声波的传播速度受应力变化的影响非常小。因声速测量难度大，传统的测量方法及设备较难实现对声速的精确测量。超声传播的声速与在固定距离内传播的声时满足特定关系，而计算时间量相对简单，这样，便可通过计算声时的变化来反映声速的变化，进而反映声弹性效应，这就是声时法的检测原理。

声速与传播时间之间的关系可以用式(9-9)来描述，将式(9-9)两边进行微分之后得出式(9-10)。

$$V = \frac{s}{t} \tag{9-9}$$

$$\mathrm{d}V = -\frac{s}{t^2}\mathrm{d}t \tag{9-10}$$

将上式代入式(9-8)，得：

$$\mathrm{d}\sigma = -\frac{2s}{kV_0t^2} \cdot \mathrm{d}t \tag{9-11}$$

对于固定的传播距离，由于 t 的改变量不大，可以近似认为 $t = t_0$，这样应力变化量与声速改变量之间的关系又可以转化为固定距离条件下应力变化量与传播声时改变量之间的关系，如式(9-12)所示。

$$\mathrm{d}t = -\frac{kt_0}{2} \cdot \mathrm{d}\sigma \tag{9-12}$$

式中：dt ——纵波传播声时的变化量；

t_0 ——零应力条件下纵波传播固定距离所需要的时间。

则根据声时的改变量就可测得对应的应力值。

声弹性理论：材料中的应力将引起超声波声速的变化。当纵波波动和传播方向与残余应力方向一致时，纵波对残余应力最敏感。拉应力为正值，压应力为负值。

超声残余应力检测原理如图 9-4 所示。

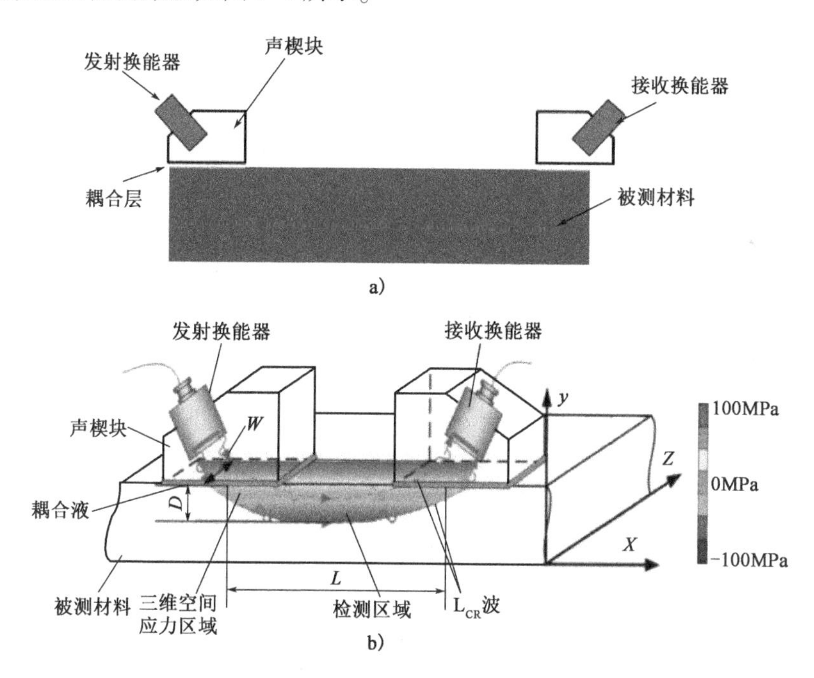

图 9-4 超声残余应力检测原理示意图

9.3 残余应力检测设备

(1)工作原理

钢结构焊接残余应力超声无损检测系统基于声时法研制，采用如图 9-5 所示的一发一收模式。超声发射卡在激励发射换能器的同时发出同步脉冲信号，同步脉冲控制数据采集卡采集信号。同时，为了消除温度对声时测量的影响，在系统中加入温度传感器，实时监测测量过程中的温度变化。检测传感器在检测过程中的位置信息由编码器反馈到计算机，可以准确检测钢结构焊接残余应力集中点的位置。为便于现场操作，选购便携式工控机，工控机由自身的蓄电池进行供电，无须外接电源，功耗小，工作时间长。

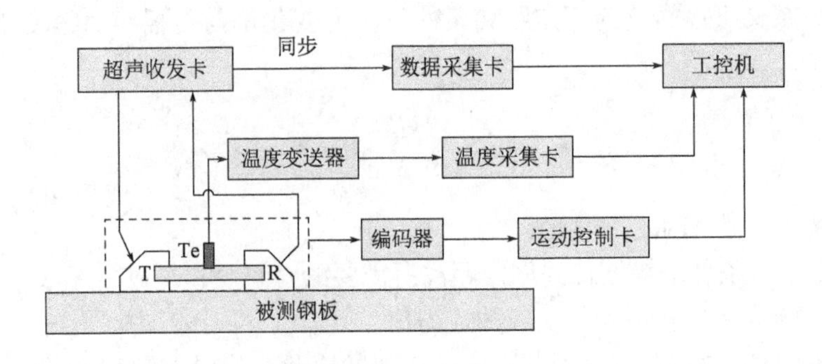

图 9-5 钢结构焊接残余应力超声无损检测系统原理图

临界折射纵波的渗透深度是超声频率的函数,频率越低,渗透深度越深。频率太低,在薄板内容易激发出导波,同时对应力不敏感;频率太高,渗透深度较浅,表面情况对测试结果影响很大,同时波形衰减很严重。综合多方面的因素,选择换能器的中心频率为 5MHz。

系统采用的 AD-IPR-1210 卡,最高采样率可达 100MHz。AD-IPR-1210 卡集超声发射与数据采集于一体,降低了电气延时的影响,提高系统的检测精度。

(2)检测设备

检测设备采用自主研发的残余应力超声无损检测设备,如图 9-6 所示。使用超声临界折射纵波可检测工件表面以下约 2mm 深度(检测深度与换能器的频率有关)的残余应力值,实现对钢管残余应力快速无损检测,准确判断和评估材料残余应力的大小及拉压状态。该设备对检测表面质量无特殊要求,对人体和环境无害,检测过程智能化,人机交互界面友好,可存储、输出检测报告,现场操作方便简单。该设备已获得国家多项发明专利,并已应用于多个企业。

图 9-6 残余应力超声无损检测设备

适用范围:厚度 1mm 以上、外径 50mm 以上的铁磁性材料管道焊接热影响区(包括直焊缝、环焊缝、螺旋焊缝、法兰直角焊缝的热影响区)、管道母材、压力容器的残余应力检测。

检测所用仪器的主要参数设置见表 9-3。

检测所用仪器的主要参数设置　　表9-3

超声换能器的中心频率	5MHz
激励电压	280V
滤波设置	设置高通2.5MHz,低通7.5MHz
增益	可调,本次检测为4~40dB

(3)检测探头

残余应力超声无损检测探头(图9-7)由超声收/发换能器和声楔块组成。

图9-7　残余应力超声无损检测探头

超声换能器是实现电能与声能相互转换的重要器件。发射换能器在工作过程中将电能通过机械振动转换成声能;相反,接收换能器则将声能转换成电能,过程是相逆的。

临界折射纵波法残余应力超声检测到的是激励换能器与接收换能器之间区域的平均残余应力。采用国际著名的奥林巴斯公司生产的C543型号的纵波换能器,中心频率在1.0M~10MHz可选。

9.4　残余应力检测流程

检测前用砂轮机将钢管检测区域金属表面打磨光整,标记好检测位置及序号;修磨探头曲率,使之与钢管检测位置良好贴合,探头表面适量涂抹耦合剂,探头稳定放置于钢管检测位置附近并连接探头和温度传感器;按仪器操作使用说明,输入探头的频率等检测基本参数;进行零应力标定,以确定检测构件材料残余应力的基准数值;待测量温度显示及探头耦合稳定后,开始某位置的残余应力检测,在检测部位均匀涂抹耦合剂,将检测探头平稳地放置在涂抹耦合剂的钢管表面。自动完成检测过程并显示检测的残余应力数值,正值(+)表示拉伸残余应力,负值(-)表示压缩残余应力。

记录数据:可以手动或自动记录检测结果,生成检测报告。

残余应力检测现场如图9-8所示。

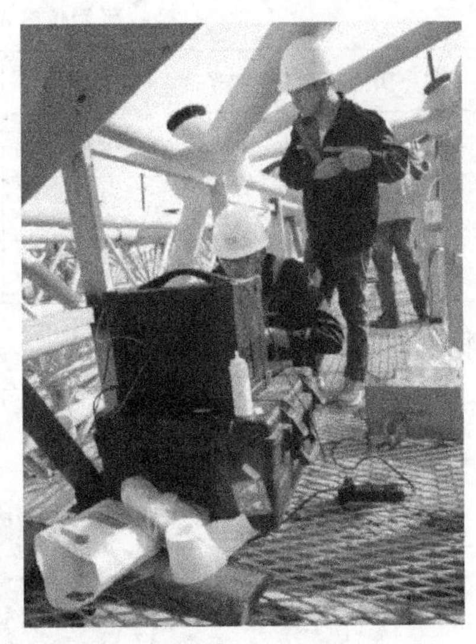

图 9-8　残余应力检测现场照片

9.5　残余应力数据分析

同一点位检测完成后,记录相关数据,并开始根据构件的结构形状预估残余应力的分布范围。对于检测得到的数据,如明显不符合现场的实际情况应舍弃并重新进行检测。检测也应分多次进行,直到多次检测的结果相对平稳,并趋于稳定。对于同一点位的检测数据,可以取平均值作为该点的残余应力值。

9.6　残余应力调控技术

利用高能声场调控和预置构件内部的残余应力,同时利用超声波检测残余应力、织构和微裂纹等状态因素,构成高温合金构件残余应力状态闭环调控系统。

在弹性固体材料中建立高能场,利用材料内部声场的强大波动能量,破坏、削弱或重建晶格间的约束力,起到对残余应力场的调控作用。一次调控降低率不小于 30% ,最终降低率不小于 50% 。

9.6.1　残余应力调控基本原理

1) 残余应力的数学描述

残余应力的消除过程实质上就是储存在材料中的弹性应变能通过微观或局部塑性变形逐渐释放的过程,其与位错运动有关。位错运动可使与残余应力相关的弹性形变的部分或全部转变为塑性变形。在宏观层面上,残余应力有各种各样的表现形式,但都与材料内部的相对形变有关。相对形变的各个部分互相牵制,导致在金属内部产生残余应力。在微观层面上,残余应力存在于材料内部时,金属内部原子结构发生畸变。晶格畸变表现为位错、晶界和亚晶界等,大量实践表明,晶界和亚晶界是大量位错堆积的结果。所以可以认为,残余应力的本质是晶格畸变,晶格畸变很大程度上是由位错引起的。因此,要消除残余应力,在宏观意义上来说,就是使那些弹性应力在外力的帮助下实现塑性屈服,从而实现应力的松弛;而在微观意义上,就是给位错原子以足够的动力,克服其阻力,通过滑移出晶体内部,实现晶格畸变的减少。残余应力的力学模型如图 9-9 所示。

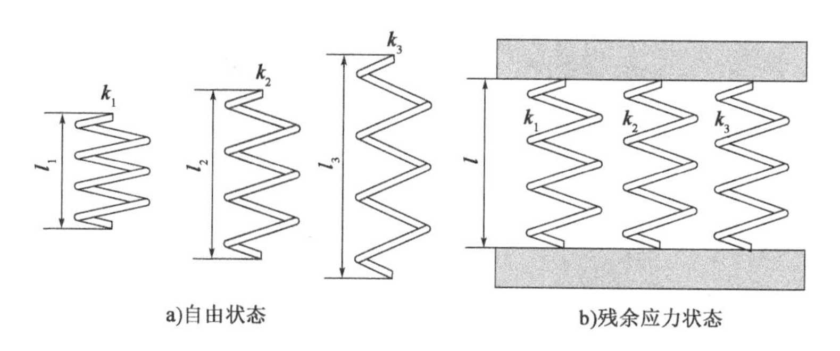

图 9-9 残余应力的力学模型

为了定量研究位错应力场,借用位错的点阵模型(Peierls-Nabarro 模型),如图 9-10 所示,假设把晶体沿着滑移面剖开,各原子间相对移动半个原子间距 $b/2$,再将破开的面连接起来,就构成了位错点阵模型,然后再拼合起来,就构成了刃形位错。

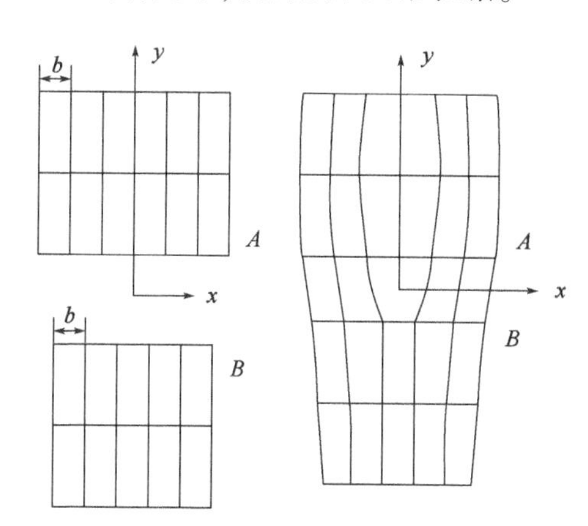

图 9-10 位错点阵模型

滑移面 A、B 存在互相作用,同时滑移面上下的原子也互相作用,使整体保持平衡状态。滑移面 B 及滑移面 B 以下的原子使滑移面 A 的原子向外铺开;滑移面 A 及滑移面 A 以上的原子使滑移面 B 的原子向里收缩。在这种相互作用下,滑移面 A、B 上的原子及滑移面 A 以上和滑移面 B 以下的原子都偏离了原来的位置。

为了简化模型,忽略原子在 y 方向的位移,假设沿 x 轴 A 面上的原子位移为 $u(x)$,则 B 面上的原子位移是 $-u(x)$ 。设 $\phi(x)$ 为沿 x 轴方向相对应的一对原子之间的间距,则有:

$$\begin{cases} \phi(x) = 2u(x) + \dfrac{b}{2} & (x > 0) \\ \phi(x) = 2u(x) - \dfrac{b}{2} & (x < 0) \end{cases} \tag{9-13}$$

为了求出位移曲线,可作如下假设:

(1)将滑移面上下的晶体看作各向同性的连续介质；

(2)将滑移面 A 作用于滑移面 B 的切应力认为是 $\phi(x)$ 的泛函数，并且周期为 b，故有：

$$\tau_{xy} = C\sin\left(\frac{2\pi\phi}{b}\right) \tag{9-14}$$

式中：τ_{xy} ——滑移面间切应力；

C ——常数。

根据胡克定律，$\tau_{xy} = G\dfrac{\phi}{a}$，其中 a 为滑移面间距。由于滑移面上的相对位移很小，所以 $\sin\theta \approx \theta$，故而有：

$$C = \frac{Gb}{2\pi a} \tag{9-15}$$

反之，B 面作用于 A 面的切应力为：

$$-\tau_{xy} = -\frac{Gb}{2\pi a}\sin\left(2\pi\frac{\phi}{b}\right) = \frac{Gb}{2\pi a}\sin\left(4\pi\frac{u}{b}\right)$$

基于以上假设，该模型的解为：

$$u(x) = -\frac{b}{2\pi}\tan^{-1}\frac{x}{\zeta} \tag{9-16}$$

式中，$\zeta = \dfrac{a}{2(1-\nu)}$，$\nu$ 为泊松比。

联立式(9-13)～式(9-16)，得：

$$\tau_{xy} = \frac{Gb}{2\pi a}\sin\left(2\tan^{-1}\frac{x}{\zeta}\right) \tag{9-17}$$

位错的能量分三部分，即 $W = W_A + W_B + W_{AB}$。其中，W_A 和 W_B 分别是上下两部分晶体中的弹性能；W_{AB} 是 A、B 两原子面之间的错排能。弹性能利用弹性连续介质模型的方法计算：

$$W_A + W_B = \frac{Gb^2}{4\pi a}\zeta\ln\frac{\zeta^2 + r_1^2}{\zeta^2} = \frac{Gb^2}{8\pi(1-v)}\zeta\ln\frac{\zeta^2 + r_1^2}{\zeta^2} \tag{9-18}$$

当 $r_1 \gg \zeta$ 时，有：

$$W_A + W_B \approx \frac{Gb^2}{4\pi(1-\nu)}\zeta\ln\frac{r_1}{\zeta} \tag{9-19}$$

错排能 W_{AB} 为整个滑移面中因位错存在引起原子错排而储存的能量。经计算，错排能为：

$$W_{AB} \approx \frac{Gb^2}{4\pi(1-\nu)}\left[1 + 2\exp\left(-\frac{4\zeta\pi}{b}\right)\cos(4a\pi)\right] \tag{9-20}$$

则位错总能量为：

$$\begin{aligned} W &= W_A + W_B + W_{AB} \\ &= \frac{Gb^2}{8\pi(1-\nu)}\zeta\ln\frac{\zeta^2 + r_1^2}{\zeta^2} + \frac{Gb^2}{4\pi(1-\nu)}\left[1 + 2\exp\left(-\frac{4\zeta\pi}{b}\right)\cos(4a\pi)\right] \end{aligned} \tag{9-21}$$

2)高能超声对材料残余应力的松弛作用

超声波以超声振动在介质中的传播,是在弹性介质中传播的机械波。超声波既是一种波动形式,又是一种能量形式。在强度较低时可以用其波动和传播特性实现检测与测量;当强度超过一定值时,就可以利用其能量通过它与传声媒质的相互作用使物质的一些物理、化学或生物特性和状态发生改变,或者使这种改变过程加快,使用适当的换能器可产生大功率的超声波,而通过聚焦、变幅杆等方法,还可以获得更高声强的高能超声。

声波传播到原先静止的介质中,使介质质点在平衡位置附近来回振动,同时在介质中产生压缩和膨胀的过程,前者使介质具有振动动能,后者使介质具有形变位能,两部分的和就是由于声扰动使介质得到的声能量。

声场中取一足够小的质元,其体积为 V_0 ,压强 P_0 ,密度为 ρ_0 ,由于声扰动使该质元的动能为:

$$E_k = \frac{1}{2}(\rho_0 V_0) u^2 \tag{9-22}$$

质元的体积在声波作用下由 V_0 变为 $V = m_0/\rho$,因此得到势能:

$$E_p = -\int_{V_0}^{V} \Delta P \mathrm{d}V = -\int_{V_0}^{V} p \mathrm{d}V \tag{9-23}$$

式中,负号表示在质元内压强和体积的变化方向相反。考虑到质元在压缩和膨胀过程中质量保持一定,则体积元体积的变化和密度的变化之间关系为:

$$\frac{\mathrm{d}\rho}{\rho} = -\frac{\mathrm{d}V}{V} \tag{9-24}$$

对于小振幅波,则可简化为:

$$\mathrm{d}V = -\frac{\mathrm{d}\rho}{\rho_0} V_0 \tag{9-25}$$

$$\Delta P = p = c^2(\rho - \rho_0) \tag{9-26}$$

所以:

$$E_p = \int_{\rho_0}^{\rho} c^2(\rho - \rho_0) \mathrm{d}\rho \frac{V_0}{\rho_0} = \frac{V_0}{2\rho_0} c^2 (\rho - \rho_0)^2 = \frac{p^2}{2\rho_0 c^2} V_0 \tag{9-27}$$

质元 V_0 在声波作用下获得的总能量 $E = E_k + E_p$,即:

$$E = E_k + E_p = \frac{1}{2}\rho_0 V_0 u^2 + \frac{1}{2}\frac{p^2}{\rho_0 c^2} V_0 \tag{9-28}$$

传声媒质中任何一点的声压 P 都是时间 t 与频率 f 的函数:

$$P = A\sin(2\pi f t) \tag{9-29}$$

式中: A ——声压振幅。

超声波在介质中传播时,随着传播距离的增加,声束扩散和散射以及介质吸收等会使超声波在传播过程中衰减,当平面波在介质中传播时,其声压衰减可用下式表示:

$$P_a = P_0 \mathrm{e}^{-a_x} \tag{9-30}$$

式中: P_0 ——起始声压;

P_a ——超声波从声压为 P_0 处传播一段距离 x 后的声压；

a_x ——衰减系数。

金属晶粒引起散射衰减，晶粒尺寸远小于超声波的波长，所以，散射衰减系数可以用下式表示：

$$a_s = CFd^3f^3 \tag{9-31}$$

式中：C ——常数；

f——超声频率；

F ——各向异性因子；

d ——晶粒直径。

吸收衰减主要是由介质内摩擦引起的吸收和热传导造成的，吸收衰减系数的计算表达式为：

$$a_x = \frac{2\pi^2 f^2 K^2}{\rho_0 c^3}\left(\frac{1}{c_v} + \frac{1}{c_p}\right) \tag{9-32}$$

式中：f——超声波频率；

c ——超声波声速；

ρ_0 ——介质密度；

K ——热传导系数；

c_v——定容比热；

c_p——定压比热。

由式(9-32)可知，超声传播的吸收衰减系数 a_x 与频率 f 的平方成正比，而与声速的立方成反比，由于 ρ、c_v、c_p 与材料属性有关，所以超声传播能量的衰减与传播超声的材料本身也有关系。

联立方程(9-28) ~ 方程(9-32)，得到：

高能超声提供的距功率超声源距离为 x 的质元所获得的能量为：

$$E = \frac{1}{2}\rho_0 V_0 u^2 + \frac{1}{2}\frac{[A\sin(2\pi ft)]^2 V_0}{\rho_0 c^2}\exp\left\{-2x\left[cfd^3f^3 + \frac{2\pi^2 f^2 K^2}{\rho_0 c^3}\left(\frac{1}{c_v} + \frac{1}{c_p}\right)\right]\right\} \tag{9-33}$$

由方程(9-33)可知，高能超声提供给金属内部质元的能量与金属材料本身的密度 ρ_0 、材料的定容比热 c_v，定压比热 c_p 等固有属性成正比，与超声在其内部传播的速度 c 成反比；同时，与超声本身提供的声压振幅 A 和频率 f 的平方成正比。

而由式(9-21)知，质元位错总能量为：

$$W = \frac{Gb^2}{8\pi(1-v)}\zeta\ln\frac{\zeta^2 + r_1^2}{\zeta^2} + \frac{Gb^2}{4\pi(1-v)}\left[1 + 2\exp\left(-\frac{4\zeta\pi}{b}\right)\cos(4a\pi)\right]$$

当超声波提供给金属内部质元的能量大于由于位错产生的束缚能时，即当 $E > W$ 时，金属内部的残余应力将得以释放。这从理论上初步证明了利用高能量超声波是可以控制残余应力的，该技术方案的基础研究部分已用初步试验验证了对残余应力控制的可能性，但控制的效率和效果与材料特性、激励频率、耦合方式、控制的局部位置等因素有关，需要进行进一步研究。

9.6.2 残余应力调控系统

(1)工作原理

将大功率超声能量注入应力调控区域，利用弹性波的波动能量改变原有的位错结构，使得位错从不稳定的高能位运动到低能位相对稳定的位置，原来的位错构造被打破，重新形成新的低组态能、低弹性性能的构造，改变残余应力的分布状态。理论和试验研究表明，高能超声能量对钢结构焊接残余应力具有减弱、消除和调控的作用。利用这一现象，研制钢结构焊接残余应力多通道高能超声定量调控系统，如图 9-11 所示。该系统由高能超声换能器、多通道高功率超声放大器、超声信号激励控制器、工控机以及辅助工装夹具等组成。

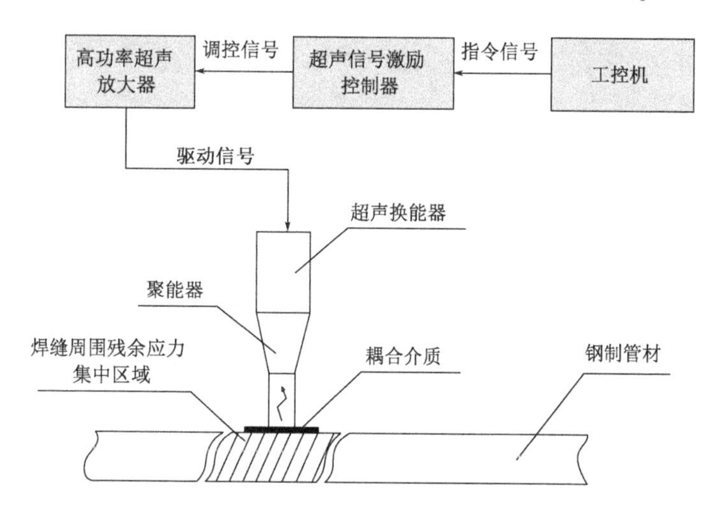

图 9-11 钢结构焊接残余应力多通道高能超声定量调控系统原理图

在对钢结构焊接残余应力进行调控时，先通过工控机配合调控系统软件发出控制指令，超声信号激励控制器接收控制指令后，向高功率超声放大器发出调控信号，高功率超声放大器根据调控信号驱动高能超声换能器产生高能超声束，按照设定要求将高能超声束的能量注入钢结构刚体中，从而对钢结构焊接残余应力进行调节。

高能超声声场对残余应力的调控方法不同于超声冲击处理法和喷丸处理法，其执行机构轻巧、使用灵活方便、小噪声、高效率、低成本，且节能环保，对金属或非金属构件内残余应力进行调控后，不会在构件表面产生新的冲击或裂纹损伤，是一种新型极具吸引力的调控残余应力、提高疲劳强度的处理方法。

(2) 调控设备

残余应力调控系统按设备可以分为超声信号控制系统和高能超声激励器及工装系统。超声信号控制系统即带有频率、电压和功率等控制的超声波发生器，其主要功能是将 220V、频率 50Hz 的交流电转换成高频电振荡信号。该系统中使用的超声波发生器的工作原理如图 9-12 所示，它主要是由多元件的集成电路组成，并形成一个闭环的工作系统。

10 通道超声信号控制系统实物如图 9-13 所示。

高能超声激励器的功能是将从发生器传入的高频电振荡信号转换成机械振动再传递出去，而自身只消耗很少能量。随着超声技术的发展，各类超声元件也应运而生，目前生产中应用最多的换能器是磁致伸缩换能器和压电换能器。

该调控系统中的激励器即压电换能器，其电能与机械能的转换功能的实现，是根据压电材料如压电陶瓷的逆压电效应来完成的(图 9-14)。当在材料两端施加交变电场时，压电材料就会产生相应的交变形变，从而使压电片向外辐射超声波。压电换能器的优点在于结构尺寸小、电声转换效率高、发热与辐射功率较小等。其组成部分主要有压电陶瓷材料、预紧螺栓、电极片和绝缘管等,即使在负载变化情况下也能产生稳定的超声波。

高能超声波换能器及工装实物如图 9-15 所示。

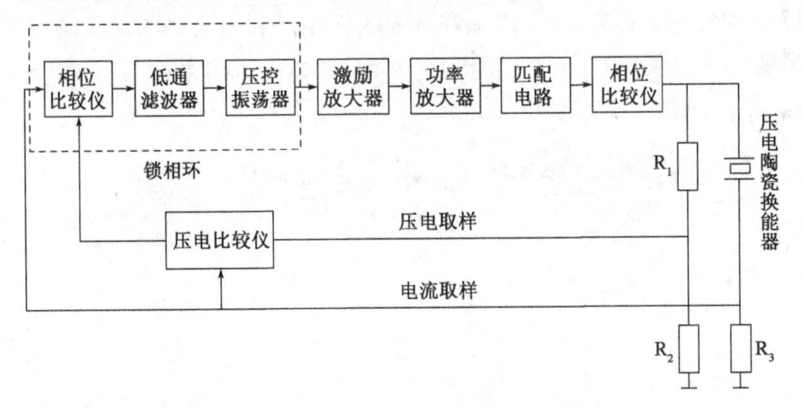

图 9-12　超声波发生器工作原理图

图 9-13　10 通道超声信号控制系统实物图

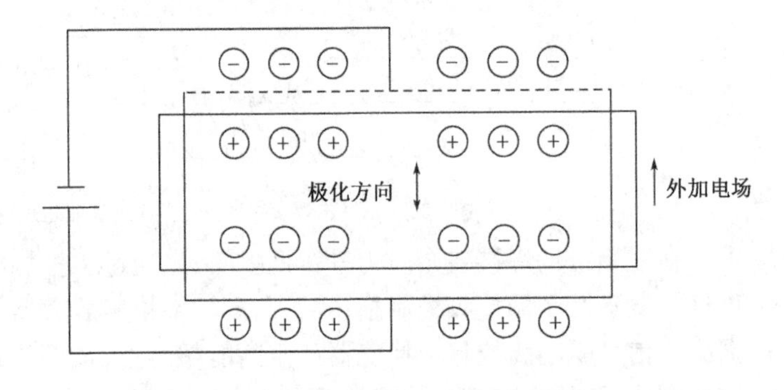

图 9-14　激励器工作原理图

a)

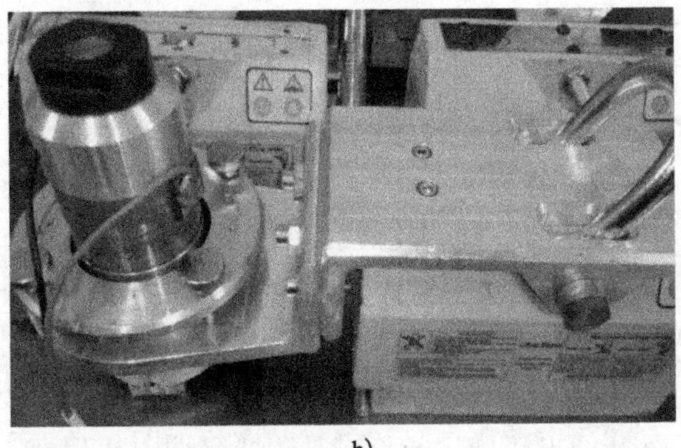

b)

图 9-15　高能超声波换能器及工装实物图

9.7　残余应力检测实例

北京新机场的建筑钢结构是由无数钢材焊接而成,包含多条直线和曲线焊缝,焊缝及周围的热影响区是应力集中区域。在钢结构体焊接完成后,利用多通道高能超声调控装置进行定量原位调控,调控装置的工作模式分为两种:直入射超声纵波调控和斜入射超声导波调控。

直入射超声纵波调控方式可以在焊缝两侧附近工作,调控效率高,适用于焊缝规则且工作空间较大的钢结构区域;斜入射超声导波调控方式可以在离焊缝较远的位置工作,通过导波的形式将超声能量传导至焊缝处进行应力消除,适用于各类不规则焊缝或工作空间狭小的钢结构区域。调控系统设计了10~20路输出电源,可以同时激励多个激励器对钢结构进行应力消减。钢结构焊接应力调控装置工作示意如图9-16所示。利用磁吸装置把调控装置按焊缝位置布置好,调节螺杆对高能超声换能器施加预紧力,使其固定在钢结构表面,最后设置调控参数后就可以开始工作。多通道高能超声定量调控系统可以大大提高残余应力的调控效率,对应力集中区域做到有效、精确的定量调控。

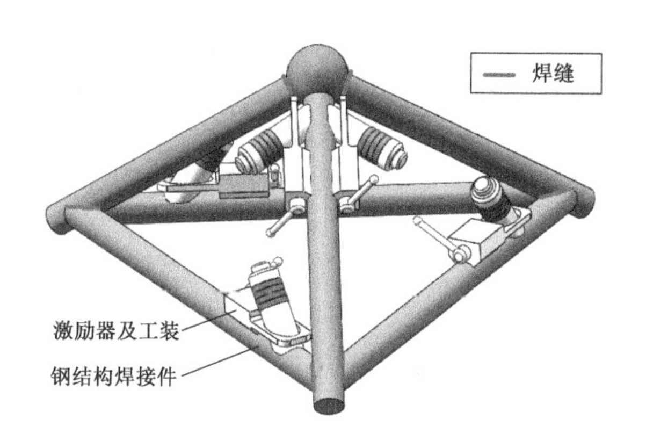

图9-16 钢结构焊接应力调控装置工作示意图

调控设备性能参数具体如下。

输出通道数:≥10通道。

单路输出功率:多通道高能超声调控系统是根据钢结构的类型、尺寸及调控需求而设计的,超声波发生器共有10~20路输出电源,即可以使多个超声激励器同时工作,实现对钢结构焊接残余应力的高效、快速调控,单路输出最大功率为100~350W,每一路的输出功率多挡可调,可以根据实际工作条件进行设置。

激励时间:激励时间即为激励器对工件进行调控的工作时长。为简化工作流程,实现精确调控,调控系统的激励时间可以根据实际需求进行设置,铝合金一般为10~20min,钢一般为15~25min。

焊接残余应力消减率:大于30%~50%。

设备供电电压:(220±20)V。

调控频率范围:10~40kHz。

有效调控深度:0~100mm。

杭州华新检测技术股份有限公司在北京理工大学相关人员协助下,2017年5月10日至5月21对C3反C型柱柱脚位置218个点位加载前后各进行了一次检测。数据显示C3反C型柱整体为压缩服役应力,卸载前后应力平均差值在-60~-140MPa之间。其中,卸载后FⅠ、FⅡ主柱压应力值在-230~-270MPa之间,FA、FB、FC柱的压缩应力值在-70~-90MPa之间。服役应力分布较为规律和平衡,均为两侧(FⅠ、FⅡ柱)受压应力高,中间(FA、FB、FC 柱)受压应力较低。根据以上数据比对显示,整体结构卸载后 C3 反 C 型柱所受压缩服役应力呈上升趋势,各分柱(以 FB 柱为中心,FⅠ、FA—FB—FC、FⅡ)所受压应力左右均衡并对称。

C3 反 C 型柱柱脚检测位置示意如图 9-17 所示。

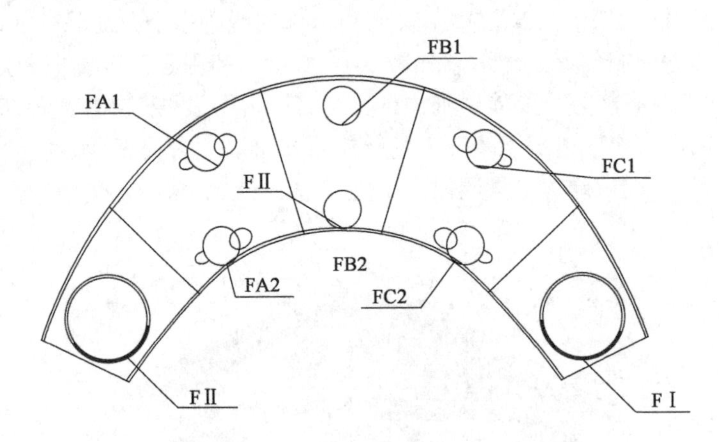

图 9-17　C3 反 C 型柱柱脚检测位置示意图

2017 年 5 月 25 日,对加载后的 C3 反 C 型柱腕部焊缝共 47 个点位进行了残余应力检测。数据显示 C3 反 C 型柱两大柱Ⅰ1 和Ⅱ1 处焊缝为压缩服役应力,Ⅰ2 和Ⅱ2 处焊缝为拉伸服役应力。压缩服役应力均匀分布在 -120 ~ -90 MPa 之间,拉伸服役应力均匀分布在 90 ~ 120MPa 之间。

加载后的 C3 反 C 型柱腕部焊缝检测示意如图 9-18 所示。

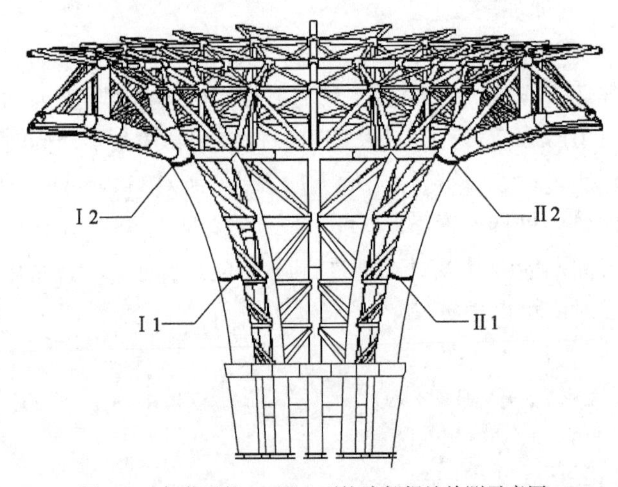

图 9-18　加载后的 C3 反 C 型柱腕部焊缝检测示意图

2017 年 6 月 30 日,北京新机场建设指挥部航站区工程部在指挥部第二会议室组织召开了航站区钢结构残余应力检测专题会会议。指挥部规划设计部、财务部、招标采购部、计划合同部、审计监察部、航站区工程部。北京市建筑设计研究院有限公司、北京华城建设监理有限责任公司、杭州华新检测技术股份有限公司等单位相关人员参加会议。会议介绍了北京新机场钢结构残余应力检测情况。会议确定对北京新机场航站楼钢结构进行焊接残余应力检测及调控工作,并提出由于 C3 反 C 型柱两根大柱的检测结果偏高,建议对两根大柱母材分 6 层逐层进行服役应力检测,以确定两根大柱的检测结果偏高是否为焊接残余应力所致。

2017 年 8 月 9 日,对 C3 反 C 型柱两根大柱母材每根柱由基座向上共分 6 个层级,每个层级 32 个点位,共计 384 个点位进行服役应力检测。

数据显示 C3 反 C 型柱双侧主立柱(Ⅰ、Ⅱ柱)整体为压缩应力。在每根大柱的 6 个层级中,每单层检测区域受压面的压缩应力平均值大于受拉面的压缩应力平均值,且由基台向上(即Ⅰ-1 ~ Ⅰ-6 或Ⅱ-1 ~ Ⅱ-6)同侧的压缩应力平均值为逐步上升趋势,至第 5 层和第 6 层处开始有所降低,总体服役应力变化在 -10 ~ -250MPa 之间。Ⅰ柱和Ⅱ柱总体服役应力变化趋势相同,双侧服役应力分布较为规律和平衡,同层服役应力数值相差不多。

C3 反 C 型柱母材检测示意如图 9-19 所示。

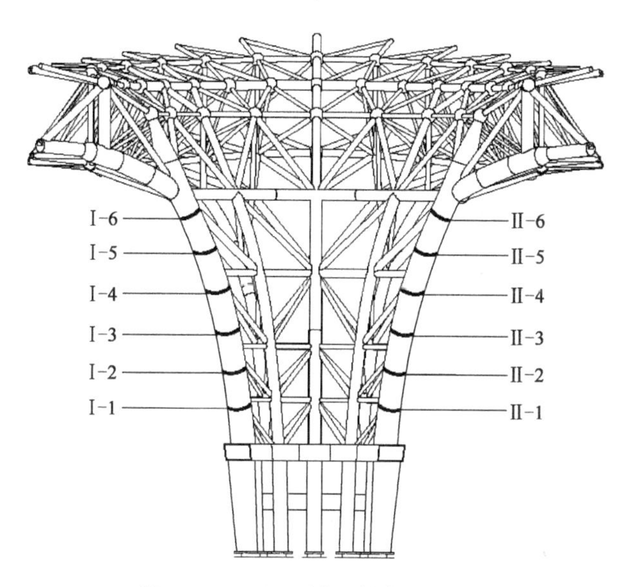

图 9-19 C3 反 C 型柱母材检测示意图

2017 年 9 月 16 日,针对北京新机场建设单位提供的位置,对 C3-1 区、C3-2 区 C 型柱双侧主受力柱(直径 1500mm 柱和 700mm 中间柱)共计 213 个点位进行服役应力检测。数据显示 C3-1 区、C3-2 区 C 型柱双侧主立柱(FⅠ、FⅡ柱)整体服役应力为压缩应力,应力值在 -160 ~ -80MPa 之间;中间柱(FA1、FB2)拉伸应力与压缩应力交替出现,应力值在 -30 ~ 25MPa 之间。C3-1 区与 C3-2 区总体服役应力变化趋势相同,双侧服役应力分布较为规律和平衡,同层服役应力数值相差不多。

C3-1 区、C3-2 区 C 型柱柱脚检测位置示意如图 9-20 所示。

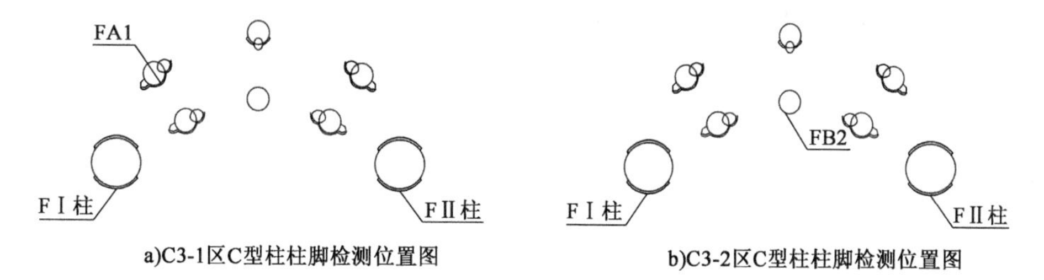

图 9-20 C3-1 区、C3-2 区 C 型柱柱脚检测位置示意图

注:阴影部分为实际检测部位。

2017 年 9 月 27 日，对条形天窗合拢焊缝中的 3 个位置（TG-1、TG-2、TG-3），共计 20 个点位进行服役应力检测。数据显示，条形天窗合拢焊缝整体为拉伸应力，除两个个别点为压缩应力（应力值为 -5.3MPa 和 -18.7MPa）外，其余应力值均在 0～55MPa 之间。

天窗合拢焊缝位置如图 9-21 所示。

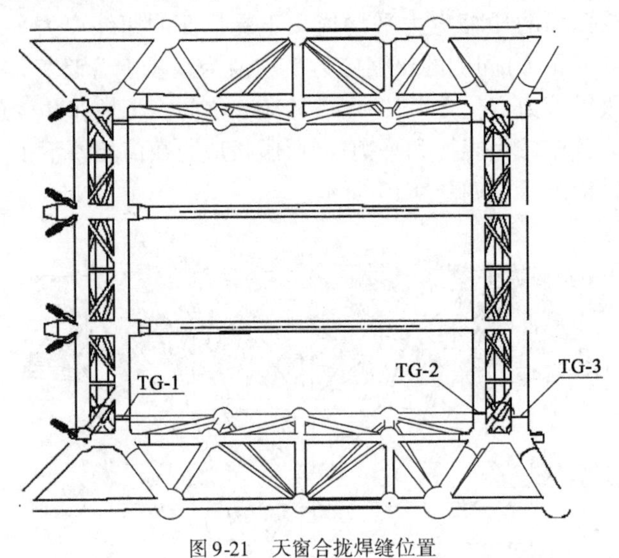

图 9-21　天窗合拢焊缝位置

由于检测结果显示并未存在严重的焊接残余应力，因此不需要进行相应的调控工作。2017 年 10 月 22 日将检测结果递交给指挥部，共计检测点位 882 个。

北京新机场现场残余应力检测的成功实施具有很大的意义，其使残余应力检测可以在现场实施，以往残余应力检测大部分都是在实验室或者具有良好检测环境的各种加工厂加工中心进行。北京新机场现场残余应力检测处于炎热的夏季，许多构件检测温度达到 50℃以上，这在实验室以及各种加工厂很难见到。现场检测在夜间进行，避开白天的高温，对于表面状态不好的部位现场使用抛光机和砂纸进行打磨，解决了残余应力在高温、高空等检测困难的难题。首创在大型机场钢结构复杂结构下的残余应力检测，以往的残余应力检测大部分为简单的管子、钢板等简单结构残余应力检测，不涉及大型钢结构复杂结构的检测。C 型柱在焊接过程中附加了诸多荷载，通过对其残余应力进行检测，了解其受力状态是否符合设计及施工单位要求。整体屋顶存在关键点荷载，通过对其残余应力进行检测，证明了其安全性符合设计及施工单位的要求。

复习思考题

1. 钢结构残余应力的危害有哪些？
2. 简述残余应力检测设备的工作原理。
3. 简述残余应力的检测流程。
4. 简述残余应力调控系统的工作原理。

参 考 文 献

[1] 全国人民代表大会常务委员会. 中华人民共和国计量法[L]. 2017-12-27.

[2] 全国人民代表大会常务委员会. 中华人民共和国标准化法[L]. 2017-11-04.

[3] 建设部. 建设工程质量检测管理办法[L]. 2005-09-28.

[4] 中华人民共和国国家标准. 钢结构设计标准:GB 50017—2017[S]. 北京:中国建筑工业出版社,2017.

[5] 中华人民共和国国家标准. 钢结构焊接规范:GB 50661—2011[S]. 北京:中国建筑工业出版社,2012.

[6] 中华人民共和国国家标准. 钢结构工程施工质量验收规范:GB 50205—2001[S]. 北京:中国计划出版社,2002.

[7] 中华人民共和国国家标准. 质量管理体系　基础和术语:GB/T 19000—2016[S]. 北京:中国标准出版社,2016.

[8] 中华人民共和国国家标准. 合格评定　词汇和通用原则:GB/T 27000—2006[S]. 北京:中国标准出版社,2006.

[9] 中华人民共和国国家标准. 碳素结构钢:GB/T 700—2006[S]. 北京:中国标准出版社,2007.

[10] 中华人民共和国国家标准. 优质碳素结构钢:GB/T 699—2015[S]. 北京:中国标准出版社,2015.

[11] 中华人民共和国国家标准. 低合金高强度结构钢:GB/T 1591—2018[S]. 北京:中国标准出版社,2018.

[12] 中华人民共和国国家标准. 建筑结构用钢板:GB/T 19879—2015[S]. 北京:中国标准出版社,2016.

[13] 中华人民共和国国家标准. 合金结构钢:GB/T 3077—2015[S]. 北京:中国标准出版社,2016.

[14] 中华人民共和国国家标准. 耐候结构钢:GB/T 4171—2008[S]. 北京:中国标准出版社,2009.

[15] 中华人民共和国国家标准. 钢的成品化学成分允许偏差:GB/T 222—2006[S]. 北京:中国标准出版社,2006.

[16] 中华人民共和国国家标准. 钢及钢产品　力学性能试验取样位置及试样制备:GB/T 2975—2018[S]. 北京:中国标准出版社,2018.

[17] 中华人民共和国国家标准. 金属材料　拉伸试验 第1部分:室温试验方法:GB/T 228. 1—2010[S]. 北京:中国标准出版社,2011.

[18] 中华人民共和国国家标准. 静力单轴试验机的检验　第1部分:拉力和(或)压力试验机测力系统的检验与校准:GB/T 16825. 1—2008[S]. 北京:中国标准出版社,2009.

[19] 中华人民共和国国家标准. 外径千分尺:GB/T 1216—2018[S]. 北京:中国标准出版社,2018.

[20] 中华人民共和国国家标准. 钢的伸长率换算　第1部分:碳素钢和低合金钢:GB/T

17600.1—1998[S].北京:中国标准出版社,1999.
[21] 中华人民共和国国家标准.钢的伸长率换算　第2部分:奥氏体钢:GB/T 17600.2—1998[S].北京:中国标准出版社,1999.
[22] 中华人民共和国国家标准.金属材料　弯曲试验方法:GB/T 232—2010[S].北京:中国标准出版社,2011.
[23] 中华人民共和国国家标准.金属材料　夏比摆锤冲击试验方法:GB/T 229—2007[S].北京:中国标准出版社,2008.
[24] 中华人民共和国国家标准.摆锤式冲击试验机的检验:GB/T 3808—2018[S].北京:中国标准出版社,2018.
[25] 中华人民共和国行业标准.摆锤式冲击试验机检定规程:JJG 145—2007[S].北京:中国质检出版社,2008.
[26] 中华人民共和国国家标准.数值修约规则与极限数值的表示和判定:GB/T 8170—2008[S].北京:中国标准出版社,2009.
[27] 中华人民共和国国家标准.焊接接头冲击试验方法:GB/T 2650—2008[S].北京:中国标准出版社,2008.
[28] 中华人民共和国国家标准.焊接接头拉伸试验方法:GB/T 2651—2008[S].北京:中国标准出版社,2008.
[29] 中华人民共和国国家标准.焊缝及熔敷金属拉伸试验方法:GB/T 2652—2008[S].北京:中国标准出版社,2008.
[30] 中华人民共和国国家标准.焊接接头弯曲试验方法:GB/T 2653—2008[S].北京:中国标准出版社,2008.
[31] 中华人民共和国国家标准.焊接接头硬度试验方法:GB/T 2654—2008[S].北京:中国标准出版社,2008.
[32] 中华人民共和国国家标准.一般工程用铸造碳钢件:GB/T 11352—2009[S].北京:中国标准出版社,2009.
[33] 中华人民共和国国家标准.表面粗糙度比较样块　铸造表面:GB/T 6060.1—2018[S].北京:中国标准出版社,2018.
[34] 中华人民共和国国家标准.铸造表面粗糙度　评定方法:GB/T 15056—2017[S].北京:中国标准出版社,2017.
[35] 中华人民共和国国家标准.铸件　尺寸公差、几何公差与机械加工余量:GB/T 6414—2017[S].北京:中国标准出版社,2017.
[36] 中华人民共和国国家标准.钢和铁　化学成分测定用试样的取样和制样方法:GB/T 20066—2006[S].北京:中国标准出版社,2006.
[37] 中华人民共和国国家标准.铸钢件　超声检测　第1部分:一般用途铸钢件:GB/T 7233.1—2009[S].北京:中国标准出版社,2010.
[38] 中华人民共和国行业标准.钢结构超声波探伤及质量分级法:JG/T 203—2007[S].北京:中国标准出版社,2007.
[39] 中华人民共和国国家标准.焊缝无损检测　超声检测　技术、检测等级和评定:GB/T 11345—2013[S].北京:中国标准出版社,2014.

[40] 中华人民共和国国家军用标准. 磁粉检测:GJB 2028A—2007[S]. 北京: 国防科工委军标出版发行部,2007.
[41] 中华人民共和国国家标准. 建筑结构检测技术标准:GB/T 50344—2004[S]. 北京: 中国建筑工业出版社,2004.
[42] 中华人民共和国行业标准. 空间网格结构技术规程:JGJ 7—2010[S]. 北京: 中国建筑工业出版社,2011.
[43] 中华人民共和国行业标准. 建筑变形测量规范:JGJ 8—2016[S]. 北京: 中国建筑工业出版社,2016.
[44] 中华人民共和国国家标准. 涂覆涂料前钢材表面处理　表面清洁度的目视评定　第1部分:未涂覆过的钢材表面和全面清除原有涂层后的钢材表面的锈蚀等级和处理等级:GB/T 8923.1—2011[S]. 北京: 中国标准出版社,2012.
[45] 中华人民共和国国家标准. 漆膜附着力测定法:GB/T 1720—1979[S]. 北京: 中国标准出版社,1979.
[46] 中华人民共和国国家标准. 色漆和清漆　漆膜的划格试验:GB/T 9286—1998[S]. 北京: 中国标准出版社,1999.
[47] 中华人民共和国行业标准. 钢结构防火涂料应用技术规范:CECS 24—1990[S]. 北京: 中国计划出版社,1990.
[48] 中华人民共和国国家标准. 电弧螺柱焊用圆柱头焊钉:GB/T 10433—2002[S]. 北京: 中国标准出版社,2004.
[49] 中华人民共和国国家标准. 紧固件机械性能　螺栓、螺钉和螺柱:GB/T 3098.1—2010[S]. 北京: 中国标准出版社,2011.
[50] 中华人民共和国国家标准. 普通螺纹　基本尺寸:GB/T 196—2003[S]. 北京: 中国标准出版社,2004.
[51] 中华人民共和国国家标准. 钢结构用高强度大六角头螺栓、大六角螺母、垫圈技术条件:GB/T 1231—2006[S]. 北京: 中国标准出版社,2006.
[52] 中华人民共和国国家标准. 钢结构用扭剪型高强度螺栓连接副:GB/T 3632—2008[S]. 北京: 中国标准出版社,2008.
[53] 中华人民共和国国家标准. 钢结构用高强度大六角头螺栓:GB/T 1228—2006[S]. 北京: 中国标准出版社,2006.
[54] 中华人民共和国国家标准. 钢网架螺栓球节点用高强度螺栓:GB/T 16939—2016[S]. 北京: 中国标准出版社,2016.
[55] 中华人民共和国国家标准. 紧固件标记方法:GB/T 1237—2000[S]. 北京: 中国标准出版社,2004.
[56] 中华人民共和国国家标准. 无损检测　超声检测　相控阵超声检测方法:GB/T 32563—2016[S]. 北京: 中国标准出版社,2016.
[57] 中华人民共和国国家标准. 厚度方向性能钢板:GB/T 5313—2010[S]. 北京: 中国标准出版社,2011.
[58] 中华人民共和国国家标准. 碳素钢和中低合金钢　多元素含量的测定　火花放电原子发射光谱法(常规法):GB/T 4336—2016[S]. 北京: 中国标准出版社,2016.

[59] 中华人民共和国国家标准. 厚钢板超声检测方法:GB/T 2970—2016[S]. 北京: 中国标准出版社,2016.
[60] 中华人民共和国国家标准. 铸钢件磁粉检测:GB/T 9444—2007[S]. 北京: 中国标准出版社,2008.
[61] 中华人民共和国国家标准. 钢结构现场检测技术标准:GB/T 50621—2010[S]. 北京: 中国建筑工业出版社,2011.
[62] 中华人民共和国行业标准. 锻钢件磁粉检测:JB/T 8468—2014[S]. 北京: 机械工业出版社,2014.
[63] 中华人民共和国国家标准. 金属熔化焊焊接接头射线照相:GB/T 3323—2005[S]. 北京: 中国标准出版社,2005.
[64] 中华人民共和国国家标准. 无损检测 残余应力超声临界折射纵波检测方法:GB/T 32073—2015[S]. 北京: 中国标准出版社,2015.
[65] 中华人民共和国国家标准. 建筑与桥梁结构监测技术规范:GB 50982—2014[S]. 北京: 中国建筑工业出版社,2015.
[66] 中华人民共和国行业标准. 钢筋套筒灌浆连接应用技术规程:JGJ 355—2015[S]. 北京: 中国建筑工业出版社,2015.
[67] 中华人民共和国国家标准. 无损检测 X 射线应力测定方法:GB/T 7704—2017[S]. 北京: 中国标准出版社,2017.
[68] 中华人民共和国国家标准. 无损检测 测量残余应力的中子衍射方法:GB/T 26140—2010[S]. 北京: 中国标准出版社,2017.
[69] 中华人民共和国水利行业标准. 水工金属结构残余应力测试方法——磁弹法:SL 565—2012[S]. 北京: 中国水利水电出版社,2012.
[70] 李生田,刘志远. 焊接结构现代无损检测技术[M]. 北京:机械工业出版社,2000.
[71] 郭兵,雷淑忠. 钢结构的检测鉴定与加固改造[M]. 北京:中国建筑工业出版社,2006.
[72] 邹广华,刘强. 过程装备制造与检测[M]. 北京:化学工业出版社,2003.
[73] 上海市金属结构行业协会. 建筑钢结构焊接工艺师[M]. 北京:中国建筑工业出版社,2006.
[74] 郭荣玲,马淑娟,申哲. 钢结构工程质量控制与检测[M]. 北京:机械工业出版社,2007.
[75] 袁海军.《钢结构现场检测技术标准》实施指南[M]. 北京:中国建筑工业出版社,2011.
[76] 朱超. 钢结构材料检测与管理[M]. 北京:中国建筑工业出版社,2011.
[77] 朱志强,许玉宇,顾伟. 钢分析化学与物理检测[M]. 北京:冶金工业出版社,2013.
[78] 李家伟,陈积懋. 无损检测手册[M]. 北京:机械工业出版社,2002.
[79] 陈禄如,等. 建筑钢结构施工手册[M]. 北京:中国计划出版社,2002.
[80] 赵伟,张征文. 钢结构桥梁[M]. 北京:人民交通出版社,2015.